高等学校计算机应用人才培养系列教材

JavaScript 程序设计

贾素玲　王强　主编
张剑　曹爽　董亮　编著

清华大学出版社
北京

内 容 简 介

本书是为高等院校计算机及相关专业高年级学生所编写的一本 JavaScript 教材。全书共有 12 章，分别介绍了动态编程语言；JavaScript 的语法、数据类型和变量等基础知识；表达式和操作符；JavaScript 中逻辑控制语句的基本结构；JavaScript 中的事件处理机制；JavaScript 的对象模型，并且重点介绍了窗口和框架对象；文档和文档元素；表单和表单元素；JavaScript 与 Applet 和 ActiveX 控件间的互操作方法；如何在实际当中应用 JavaScript 来实现网页特效；Cookie 机制，并且探讨了 JavaScript 中的安全问题；目前流行的 Ajax 技术，并且说明了 JavaScript 在其中的应用方式。

本书可以作为四年制大学本科计算机专业及相关专业的 JavaScript 语言教材，同时亦可作为相关研究人员和工程技术人员的参考书籍。

本书封面贴有清华大学出版社防伪标签，无标签者不得销售。
版权所有，侵权必究。侵权举报电话：010-62782989　13701121933

图书在版编目(CIP)数据

JavaScript 程序设计/贾素玲,王强主编;张剑等编著.—北京：清华大学出版社,2007.5(2018.7重印)
(高等学校计算机应用人才培养系列教材)
ISBN 978-7-302-14829-6

Ⅰ.J…　Ⅱ.①贾…②王…③张…　Ⅲ.JAVA 语言－程序设计　Ⅳ.TP312
中国版本图书馆 CIP 数据核字(2007)第 034213 号

责任编辑：索　梅　赵晓宁
封面设计：傅瑞学
责任校对：梁　毅
责任印制：刘海龙

出版发行：清华大学出版社
　　网　　址：http://www.tup.com.cn, http://www.wqbook.com
　　地　　址：北京清华大学学研大厦 A 座　　　　　　邮　　编：100084
　　社 总 机：010-62770175　　　　　　　　　　　　邮　　购：010-62786544
　　投稿与读者服务：010-62776969, c-service@tup.tsinghua.edu.cn
　　质量反馈：010-62772015, zhiliang@tup.tsinghua.edu.cn
　　课件下载：http://www.tup.com.cn, 010-62795954

印 装 者：河北纪元数字印刷有限公司
经　　销：全国新华书店
开　　本：185mm×260mm　　　印　张：19　　　字　数：467 千字
版　　次：2007 年 5 月第 1 版　　　　　　　　　印　次：2018 年 7 月第 11 次印刷
印　　数：21201～21500
定　　价：34.00 元

产品编号：022479-02

序

打开本套丛书的朋友，如果你抱有获得 IT 应用成功的愿望或想尽快加入令人羡慕的 IT 行业发展的期盼，相信这套丛书将使你豁然开朗。

信息技术是当代人类社会中发展最快、渗透性最强、应用面最广的先导技术，这些日新月异的新技术不仅改变了世界，也改变了人们的生活。掌握计算机基础知识，提高计算机应用能力，不再是计算机专业人士的特长，并且已经成为许多行业必备的基本技能。计算机技术不仅仅是一门独立的学科，而且日益成为其他学科飞速发展的助推器。对于当代的大学生，或者想进入五彩缤纷的 IT 应用领域的朋友，要跟上信息时代的步伐，就必须掌握现代科学技术，调整自己的知识结构，使自己具备开拓创新的意识和能力，以适应当前社会发展。

信息时代离不开信息化人才，掌握计算机基础知识和提高应用能力，是信息化人才培养的一个重要环节。我们知道，印度是当今的计算机软件出口王国，软件产业的发展成就令人赞叹。之所以如此，除了政府长期实施的一系列扶持政策外，主要还是得益于持之以恒、行之有效的系列化的优秀教材和教育培训。

本套系列教材的形成，一是根据教育部人才培养的指导方针，以培养 IT 应用人才为目标，在引进推广印度 IT 培训教材的同时，借鉴国内外的计算机专业、信息管理专业人才培养的经验，力求课程的设置重点突出、循序渐进，将知识学习与能力培养相结合，使理论与实践完美融合；二是以企业对信息化人才的需求为依据，把面向对象、数据库、软件体系结构、软件工程的思想融入教材体系中，将基本技能的培养与主流应用技术相结合，培养具有扎实基础的实用型人才；三是在多年从事信息化人才培养和信息系统项目开发的经验基础上，充分理解企业人才需求层次和大学传统人才培养模式的错位，把课程体系的理论知识学习成功转变为应用能力的掌握，使大学真正成为企业的人才资源库。这就是我们开发这套系列教材的最终目标。

计算机基础和语言类的教材，可以说是多如牛毛，那么本套系列教材又凭什么在市场竞争中获得优势呢？

一是知识系列化。本套系列教材以"面向对象、数据库、软件工程、信息系统开发、……、项目管理"的思想为主线，以 Java、XML 为主流技术，形成系列化的能力培养阶梯，使得学生能从一个初学入门者，逐渐成长为合格的 IT 应用技术开发人才。

二是理论实践化。本套系列教材从应用实践的需要入手，合理组织每门课程的结构和内容，在总体框架下，通过大量的案例训练使学生掌握程序设计语言的核心技术和应用技巧，使理论知识在实践中得到升华，在不知不觉中能力得到积累和提高。

三是案例实战化。本套系列教材的编著者既是教师又是软件工程师，具有丰富的教学经验和软件项目开发经验，善于把握计算机技术与学生能力需求之间的尺度，按照循序渐进、突出重点的原则，从多个承担的科研项目中精心抽取和设计教材中引入的案例，使案例与技术更接近实战的要求。

　　四是重点内容课件化。除学生用书外，本套系列教材还配有完善的课件，既可以直接为教师上课服务，也能为学生提供本课程的学习要点，引导学生深刻理解每一章节的主体内容，轻松完成相关知识的学习和案例设计。

　　总之，本套系列教材的指导思想是力求内容新颖、概念清晰、结合实践需要，突出应用能力的培养，使学生在循序渐进的学习中，达到软件项目开发的技术能力要求，成为满足企业信息化需要的人才。

　　本套系列教材在编写过程中得到了多方专业人士的指导、支持和帮助，在此表示由衷的感谢。尽管我们在教材编著时力求准确，但难免存在不当之处，恳请各位同仁和读者批评指正。

编　者

2007 年 3 月 10 日

前言

引言

在计算机技术迅猛发展的今天，面对 Web 应用出现了众多功能强大而且日趋成熟的技术，例如 HTML、XML、Java 等。那么与这些技术相比，JavaScrip 具有什么优势呢？为什么值得我们去学习呢？

其原因非常简单：HTML 只能生成静态的 Web 页面，无法针对用户行为做出动态响应；XML 语言功能强大，可以定义其他标记语言，是开发 Web 应用的关键技术，也是今后网络发展的趋势之一，但是它与 HTML 一样，无法对用户行为做出动态响应；Java 是 SUN 公司开发的一种需要编译的高级面向对象语言，可以用来开发嵌入式应用、桌面应用和 Web 应用等各种程序，虽说其功能强大，但是编程复杂，常用于服务器端的任务处理；而 Applet 虽然功能强大，可以进行绘图、网络和多线程的操作，但是不能在总体上控制浏览器。

JavaScript 的面世满足了在 HTML 文档中直接嵌入脚本，动态响应用户行为的需求，它是一种基于脚本的程序设计语言，提供了基于 Web 客户端和服务器端组件开发的功能。通过在 HTML 中使用 JavaScript，网页能够利用各种表单元素和超链接直接对用户行为作出反应。而且不同于编译型语言（如 Java），JavaScript 是一种解释型语言。编译型语言要编译为二进制编码执行，而 JavaScript 应用程序通过 Web 浏览器端的 JavaScript 解释器便可直接执行。JavaScript 还可以直接操作 Applet 和 Axtive X 控件，在 Web 页面上创建丰富多彩的多媒体应用。同时，JavaScript 还可以用于开发服务器中使用的 Web 应用程序，Netscape 和 Microsoft 公司的 Web 服务器对此都给予了支持。

而且，随着 Web 2.0 的浪潮，异步 JavaScript XML 技术（Asynchronous JavaScript XML, Ajax）成为了 Web 技术发展的一个新亮点，其特征就是允许浏览器与服务器通信而无须刷新当前页面。Ajax 的主要组成是 JavaScript 语言，Ajax 的核心理念就是通过 JavaScript 语言和一些其他的技术来实现对服务器的异步调用，本书将在最后一章对这部分内容做一些初步探讨，有兴趣的读者可以深入研究。

本书内容

全书共有 12 章。第 1 章概述 JavaScript 语言，并且简单介绍其他的一些动态编程语言；第 2 章介绍 JavaScript 的词法、数据类型和变量等基础知识；第 3 章介绍表达式和操作符；第 4 章介绍 JavaScript 中逻辑控制语句的基本结构；第 5 章探讨 JavaScript 中的事件处理机制；第 6 章引入 JavaScript 的对象模型，并且重点介绍窗口和框架对象；第 7 章介绍文档和文档元素；第 8 章介绍表单和表单元素；第 9 章探讨 JavaScript 与 Applet 和 ActiveX 控件间的互操作方法；第 10 章演示如何在实际当中应用 JavaScript 来实现网页特效；第 11 章介绍 Cookie 机制，并且探讨 JavaScript 中的安全问题；第 12 章对目前流行的 Ajax 技术进行概述，并且说明 JavaScript 在其中的应用方式。

本书特色

　　系统全面：本书内容较为全面地覆盖 JavaScript 各方面内容，由浅入深，循序渐进，使读者可以在短时间内轻松掌握，对 JavaScript 有一个全面认识。另外，本书还简单概述 Ajax 的相关内容，使读者可以对当前 JavaScript 的热点有所了解。

　　应用性强：本书从实际应用出发，在讲解 JavaScript 理论与技术的同时，还列举若干例题，并将运行结果通过图片展现出来。这样既有针对性地帮助读者掌握细节知识的应用方法，还提高了本书的可读性。

目标读者

　　本书全面系统地讲解了 JavaScript 的核心语法和对象模型，并通过大量简单易懂的实例对所讲述知识进行了深入说明，非常适合 JavaScript 初学者学习使用。另外，本书还针对实际应用，讲解了许多 JavaScript 可以实现的常用功能与特效，可以对开发人员提供实践中的指导和帮助。本书使用者需要掌握一些程序设计语言的基本知识，还需要熟悉 HTML 语言，了解基本的 HTML 标签的含义和使用方法。

致谢

　　参与本书编写的还有北京航空航天大学硕士研究生曹爽、董亮和唐荣文，在此，对他们所付出的劳动表示衷心的感谢！同时，还要感谢北京航空航天大学博士研究生许珂和清华大学出版社的工作人员为本书的出版付出的辛勤劳动！

编　者
2007 年 3 月

目 录

第 1 章 JavaScript 简介 ································· 1

1.1 什么是 JavaScript ································· 1
    1.1.1 JavaScript 的定义 ································· 2
    1.1.2 JavaScript 的发展历史 ································· 2
    1.1.3 JavaScript 的特性 ································· 2
    1.1.4 JavaScript 的应用 ································· 3
    1.1.5 JavaScript 的局限 ································· 4
    1.1.6 JavaScript 与 Java ································· 4
1.2 编写第一个 JavaScript 程序 ································· 5
    1.2.1 HTML 的基本结构 ································· 5
    1.2.2 使用＜SCRIPT＞标记 ································· 6
    1.2.3 使用 JavaScript 文件 ································· 7
    1.2.4 添加注释 ································· 8
    1.2.5 从不兼容的浏览器中隐藏 JavaScript ································· 9
    1.2.6 在 HEAD 段或者 BODY 段中放置 JavaScript ································· 10
    1.2.7 调试 JavaScript ································· 10
1.3 JavaScript 开发工具 ································· 12
1.4 脚本语言简介 ································· 14
    1.4.1 什么是脚本语言 ································· 14
    1.4.2 VBScript ································· 14
    1.4.3 PHP ································· 15
    1.4.4 Perl ································· 15
    1.4.5 Python ································· 15
    1.4.6 Ruby ································· 16
本章小结 ································· 16
习题 1 ································· 17

第 2 章 词法、数据类型和变量 ································· 18

2.1 JavaScript 中词法结构 ································· 18
    2.1.1 大小写敏感 ································· 18
    2.1.2 语句分隔符 ································· 18

2.1.3　保留字 ··· 19
　2.2　JavaScript 中的原始数据类型 ··· 20
　　　2.2.1　数值型 ··· 20
　　　2.2.2　字符型 ··· 22
　　　2.2.3　布尔型 ··· 24
　2.3　函数 ·· 25
　　　2.3.1　创建函数 ··· 25
　　　2.3.2　调用函数 ··· 26
　　　2.3.3　作为数据类型的函数 ··· 26
　　　2.3.4　JavaScript 中的内置函数 ·· 28
　2.4　对象 ·· 28
　　　2.4.1　创建对象 ··· 28
　　　2.4.2　操作对象的属性 ··· 29
　　　2.4.3　操作对象的方法 ··· 29
　2.5　数组 ·· 30
　　　2.5.1　创建数组 ··· 30
　　　2.5.2　访问数组元素 ··· 31
　　　2.5.3　数组的属性 ··· 32
　　　2.5.4　数组的方法 ··· 32
　　　2.5.5　多维数组 ··· 34
　2.6　特殊的数据类型 ·· 35
　　　2.6.1　Null ··· 35
　　　2.6.2　Undefined ··· 35
　2.7　数据类型转换 ·· 36
　　　2.7.1　数据类型的自动转换 ··· 36
　　　2.7.2　数据类型的明确转换 ··· 37
　2.8　变量 ·· 39
　　　2.8.1　变量的声明 ··· 39
　　　2.8.2　变量的使用 ··· 40
　　　2.8.3　局部变量和全局变量 ··· 41
　本章小结 ·· 42
　习题 2 ·· 42

第 3 章　表达式与操作符 ·· 43

　3.1　表达式 ·· 43
　3.2　运算符概述 ·· 43
　　　3.2.1　运算符的优先级 ··· 43
　　　3.2.2　运算数的类型 ··· 45
　　　3.2.3　运算符的类型 ··· 45

3.3 算术运算符 …………………………………………………………………………… 45
3.4 比较运算符 …………………………………………………………………………… 49
3.5 逻辑运算符 …………………………………………………………………………… 51
  3.5.1 逻辑与运算符(&&) ……………………………………………………………… 52
  3.5.2 逻辑或运算符(‖) ………………………………………………………………… 53
  3.5.3 逻辑非运算符(!) ………………………………………………………………… 54
3.6 逐位运算符 …………………………………………………………………………… 54
3.7 条件运算符(?:) ……………………………………………………………………… 56
3.8 赋值运算符 …………………………………………………………………………… 57
  3.8.1 简单的赋值运算符 ……………………………………………………………… 57
  3.8.2 带操作的赋值运算符 …………………………………………………………… 57
3.9 其他运算符 …………………………………………………………………………… 58
  3.9.1 逗号运算符(,) …………………………………………………………………… 58
  3.9.2 新建运算符(new) ……………………………………………………………… 58
  3.9.3 删除运算符(delete) …………………………………………………………… 58
  3.9.4 typeof 运算符 …………………………………………………………………… 59
  3.9.5 void 运算符 ……………………………………………………………………… 59
本章小结 ……………………………………………………………………………………… 59
习题 3 ………………………………………………………………………………………… 60

第 4 章 逻辑控制语句 …………………………………………………………………… 61

4.1 复合语句 ……………………………………………………………………………… 61
4.2 if 语句 ………………………………………………………………………………… 61
  4.2.1 简单 if 语句 ……………………………………………………………………… 61
  4.2.2 if…else…语句 …………………………………………………………………… 62
  4.2.3 else if 语句 ……………………………………………………………………… 63
  4.2.4 if 语句的嵌套 …………………………………………………………………… 64
4.3 switch 语句 …………………………………………………………………………… 67
4.4 while 语句 …………………………………………………………………………… 70
4.5 do…while 语句 ……………………………………………………………………… 71
4.6 for 语句 ……………………………………………………………………………… 74
4.7 for…in 语句 ………………………………………………………………………… 75
4.8 标签语句 ……………………………………………………………………………… 77
4.9 break 和 continue 语句 ……………………………………………………………… 77
  4.9.1 break 语句 ……………………………………………………………………… 77
  4.9.2 continue 语句 …………………………………………………………………… 79
4.10 异常处理语句 ………………………………………………………………………… 80
4.11 其他语句 ……………………………………………………………………………… 81
  4.11.1 return 语句 …………………………………………………………………… 81

  4.11.2 with 语句 ··· 83
 本章小结 ·· 84
 习题 4 ·· 84

第 5 章 事件和事件处理 ·· 85

 5.1 理解事件 ·· 85
  5.1.1 事件概述 ·· 85
  5.1.2 事件类型 ·· 85
  5.1.3 事件处理器 ·· 87
 5.2 处理事件 ·· 89
  5.2.1 通过 HTML 属性处理事件 ···································· 89
  5.2.2 通过 JavaScript 属性处理事件 ······························· 90
 5.3 JavaScript 中的事件处理 ·· 91
  5.3.1 处理链接事件 ·· 91
  5.3.2 处理窗口事件 ·· 93
  5.3.3 处理图形事件 ·· 94
  5.3.4 处理图形映射事件 ··· 95
  5.3.5 处理窗体事件 ·· 97
  5.3.6 处理错误事件 ·· 99
 5.4 事件对象 ··· 100
 本章小结 ··· 102
 习题 5 ··· 103

第 6 章 窗口和框架 ·· 104

 6.1 JavaScript 对象模型 ·· 104
  6.1.1 浏览器对象的层次结构 ······································ 104
  6.1.2 浏览器对象模型中的层次 ··································· 105
  6.1.3 浏览器对象的属性和方法 ··································· 106
  6.1.4 应用事件 ·· 106
 6.2 window 对象 ·· 107
  6.2.1 window 对象的属性和方法 ································· 107
  6.2.2 window 对象的应用 ··· 108
 6.3 frame 对象 ·· 112
  6.3.1 创建框架 ·· 112
  6.3.2 frame 对象的属性和方法 ··································· 113
  6.3.3 使用 frame 对象 ·· 113
 6.4 location 对象 ·· 117
  6.4.1 location 对象的属性和方法 ································· 117
  6.4.2 location 对象的应用 ··· 118

6.5 history 对象 ·· 121
    6.5.1 history 对象的属性和方法 ·· 121
    6.5.2 history 对象的应用 ·· 122
6.6 navigator 对象 ·· 125
    6.6.1 navigator 对象的属性和方法 ·· 125
    6.6.2 navigator 对象的应用 ·· 126
6.7 screen 对象 ·· 127
    6.7.1 screen 对象的属性和方法 ·· 127
    6.7.2 screen 对象的应用 ·· 127
本章小结 ··· 128
习题 6 ··· 128

第 7 章 文档和文档元素 ··· 129

7.1 document 对象 ·· 129
    7.1.1 document 对象概述 ·· 129
    7.1.2 document 对象的属性和方法 ·· 130
    7.1.3 document 对象的应用 ·· 132
7.2 link 对象 ·· 135
    7.2.1 link 对象概述 ··· 135
    7.2.2 link 对象的属性和方法 ··· 136
    7.2.3 link 对象的应用 ··· 136
7.3 anchor 对象 ·· 139
    7.3.1 anchor 对象概述 ·· 139
    7.3.2 anchor 对象的属性和方法 ·· 140
    7.3.3 anchor 对象的应用 ·· 140
7.4 image 对象 ··· 142
    7.4.1 image 对象概述 ··· 142
    7.4.2 image 对象的属性和方法 ··· 143
    7.4.3 image 对象的应用 ··· 143
7.5 使用 div 标签 ·· 149
本章小结 ··· 153
习题 7 ··· 153

第 8 章 表单和表单元素 ··· 154

8.1 form 对象 ··· 154
    8.1.1 form 对象概述 ··· 154
    8.1.2 form 对象的属性和方法 ·· 155
    8.1.3 form 元素的组成 ·· 155
    8.1.4 form 对象的应用 ·· 156

8.2 form 元素中的按钮对象 ·········· 159
 8.2.1 button 对象 ·········· 159
 8.2.2 submit 对象 ·········· 160
 8.2.3 reset 对象 ·········· 160
 8.2.4 按钮对象的应用 ·········· 161
8.3 form 元素中的文本对象 ·········· 164
 8.3.1 text 对象 ·········· 164
 8.3.2 textarea 对象 ·········· 164
 8.3.3 password 对象 ·········· 165
 8.3.4 文本对象的应用 ·········· 166
8.4 select 与 option 对象 ·········· 171
 8.4.1 select 对象 ·········· 171
 8.4.2 option 对象 ·········· 172
 8.4.3 select 与 option 对象的应用 ·········· 172
8.5 form 元素中的选择按钮对象 ·········· 179
 8.5.1 radio 对象 ·········· 179
 8.5.2 checkbox 对象 ·········· 180
 8.5.3 选择按钮对象的应用 ·········· 181
8.6 form 元素中的其他对象 ·········· 185
 8.6.1 fileUpload 对象 ·········· 185
 8.6.2 hidden 对象 ·········· 185
本章小结 ·········· 187
习题 8 ·········· 188

第 9 章 Applet 和 ActiveX 控件 ·········· 189

9.1 Applet ·········· 189
 9.1.1 Java 简介 ·········· 189
 9.1.2 Java 的特性 ·········· 190
 9.1.3 Applet 简介 ·········· 191
 9.1.4 Applet 体系结构 ·········· 192
 9.1.5 Applet 的生命周期 ·········· 192
 9.1.6 开发一个简单的 Applet ·········· 193
 9.1.7 使用 JavaScript 操作 Applet ·········· 195
9.2 ActiveX 控件 ·········· 201
 9.2.1 ActiveX 简介 ·········· 202
 9.2.2 使用 ActiveX 控件 ·········· 202
 9.2.3 使用 JavaScript 操作 ActiveX 控件 ·········· 203
本章小结 ·········· 204
习题 9 ·········· 205

第 10 章　JavaScript 应用与实践··········206

- 10.1　文字特效··········206
  - 10.1.1　文字移动··········206
  - 10.1.2　文字色彩··········209
  - 10.1.3　文字形状··········211
- 10.2　控件特效··········213
  - 10.2.1　按钮特效··········213
  - 10.2.2　鼠标特效··········214
- 10.3　图片特效··········218
- 10.4　页面特效··········223
- 10.5　树状菜单··········225
- 本章小结··········231
- 习题 10··········232

第 11 章　Cookie 与 JavaScript 安全··········233

- 11.1　Cookie··········233
  - 11.1.1　Cookie 概述··········233
  - 11.1.2　使用 Cookie··········236
  - 11.1.3　Cookie、隐藏表单域、查询字符串性能比较··········244
- 11.2　JavaScript 中的安全概览··········249
- 11.3　JavaScript 中的安全模型··········250
  - 11.3.1　同源策略··········250
  - 11.3.2　数据感染··········251
  - 11.3.3　脚本签名策略··········251
- 本章小结··········252
- 习题 11··········253

第 12 章　Ajax 技术基础··········254

- 12.1　Ajax 简介··········254
  - 12.1.1　Web 技术当前发展遇到的问题··········254
  - 12.1.2　Ajax 的出现··········256
  - 12.1.3　Ajax 相关技术··········257
  - 12.1.4　使用 Ajax 的注意事项··········257
- 12.2　简单的 Ajax 实例··········258
  - 12.2.1　XMLHttpRequest 对象的创建··········258
  - 12.2.2　XMLHttpRequest 对象常用的方法与属性··········259
  - 12.2.3　简单的 Ajax 程序实例··········260
  - 12.2.4　Ajax 程序与服务器的交互过程··········263

12.3 Ajax 与服务器的交互 ………………………………………………………… 264
　　12.3.1 把服务器的响应解析为 XML ……………………………………… 264
　　12.3.2 如何向服务器发送请求参数 ………………………………………… 268
本章小结 ……………………………………………………………………………… 273
习题 12 ………………………………………………………………………………… 273

附录 A　JavaScript 语言中的重要对象 …………………………………………… 274

附录 B　HTMLElement 对象 ……………………………………………………… 279

附录 C　input 对象 ………………………………………………………………… 281

参考文献 ……………………………………………………………………………… 283

第 1 章 JavaScript 简介

Internet 是 20 世纪最伟大的发明之一，在现代社会中，它逐渐成为人们日常生活中最不可缺少的组成部分。Web 是 Internet 上最重要的应用，读者今天看到的 Web 应用如此丰富多彩并且充满了创造力和想象力，都得益于它的动态交互能力。回顾历史，Web 从静态发展到动态也经历了一个漫长的过程。

1994 年前后，Internet 在世界范围内得到了迅猛发展，其由学术研究领域进入商业领域的步伐不断加快，基于 Internet 的 WWW 应用也逐渐发展壮大起来。Web 的关键组成部分是 HTML 页面和客户端浏览器，但是，当时 Internet 上的 HTML 页面普遍比较乏味和死板，很难满足那些迷恋于 Web 浏览的人们的多种需求，尤其是在与人交互方面有很大的不足。

随着 Web 技术的不断发展，为了更好地满足使用者的交互要求，Netscape 公司开发了在 Navigator 浏览器中使用的脚本语言 JavaScript。JavaScript 可以在浏览器显示完网页之后再改变页面的内容，可以通过表单和对话框与用户交互，可以响应用户的键盘和鼠标事件，可以创建动画等多媒体效果，可以在 HTML 页面中实现简单的游戏程序，甚至可以完全控制浏览器窗口本身。JavaScript 的出现，使得信息和用户之间不再只是一种显示和浏览的关系，而是具备了动态交互的能力。如今的网页为用户提供了丰富的交互功能，这些已经远远超越了信息浏览的界限。各家网站为了吸引用户的注意，使用各种特效。这些特效的实现就有 JavaScript 的功劳。

随着 Web 技术的不断演变，先后出现了许多适用于 Web 开发的脚本语言，如 VBScript、PHP、Perl、Python 和 Ruby，而且随着 ASP 和 JSP 等服务器端技术的成熟，JavaScript 的作用受到了一定程度的削弱。虽然如此，JavaScript 仍然是使用最为广泛的客户端脚本语言。而且，随着最近风靡整个 Web 开发领域的技术 Ajax 的流行，作为其基础的 JavaScript 也必然会再度成为人们瞩目的焦点。

本书将全面讲解关于 JavaScript 的编程知识，带领读者走入 JavaScript 的殿堂，并在最后一章中介绍 Ajax 的相关知识，使读者与时代同步，领略 JavaScript 的实用魅力。

1.1 什么是 JavaScript

有了前面的介绍，想必读者已经迫不及待得要学习如何开发 JavaScript 程序了。在正式开发之前，首先介绍一些和 JavaScript 有关的概念。

1.1.1　JavaScript 的定义

JavaScript 是一种基于对象和事件驱动并具有安全性能的解释型脚本语言，用于开发交互式的 Web 页面。它不仅可以直接应用在 HTML 页面中以实现动态效果，也可以用在服务器端完成访问数据库、读取文件系统等操作。

脚本语言是一种通过浏览器的解释程序解释执行的程序设计语言。每次运行的时候，解释程序都会把程序代码翻译成可执行的格式。常见的脚本语言有 VBScript、PHP、Perl、Python 和 Ruby。

1.1.2　JavaScript 的发展历史

为了实现网页的动态交互功能，Netscape 公司为 Navigator 浏览器开发了一种脚本语言，叫做 LiveScript。在随后的 Navigator 2.0 版本中，Netscape 在其中加入了对 Java 小应用程序的支持。也许是为了向 Java 看齐，他们把 LiveScript 改名叫做 JavaScript，这时的版本为 1.0。也正是这次改名，为后来许多人混淆 Java 与 JavaScript 的概念埋下了伏笔。关于两者的区别，在 1.1.6 小节中会有说明。

Microsoft 公司在 Internet Explorer 3.0 中加入了自己的脚本语言功能，其功能与 Navigator 2.0 中的类似。Netscape 在 Navigator 3.0 中引入了 JavaScript 1.1，在 Navigator 4.0 中引入了 JavaScript 1.2。JavaScript 1.1 增加的新特性有支持更多的浏览器对象和用户自定义函数。JavaScript 1.2 增加了新对象、方法和属性，并且支持样式表、层、正则表达式和签名脚本。Microsoft 公司在 Internet Explorer 4.0 中发行了自己的 JavaScript 版本，叫做 Jscript。Microsoft 还在 IIS 中提供了对服务器端 JavaScript 的支持。

对于同一种技术而言，每个厂商使用自己的技术标准是不利于其发展的。例如，Netscape 的 JavaScript 和 Microsoft 的 Jscript 在语言本身方面有很大差异，使得开发人员需要为 Navigator 和 Internet Explorer 编写几乎完全不同的程序，这在一定程度上阻碍了 JavaScript 的发展。为了调和这个分歧，诞生了一种国际标准化的 JavaScript 版本，叫做 ECMAScript。在随后发布的 JavaScript 和 Jscript 版本都采用了符合 ECMAScript 规范的方式进行了设计。虽然如此，两者仍然有许多不同的特性。

本书中讲解的 JavaScript 将遵照 ECMAScript 规范，力求在 Internet Explorer 和 Netscape 都能正常运行。但是由于 Internet Explorer 在目前的浏览器市场上占据了绝对统治地位，不失一般性，书中的例子将通过 Internet Explorer 进行展示。

1.1.3　JavaScript 的特性

作为一种脚本语言，JavaScript 具有以下特性：

1. 简单性

JavaScript 是一种脚本语言，它采用小程序段的方式实现编程。同其他脚本语言一样，JavaScript 也是一种解释性语言，它提供了一个简易的开发过程。它的基本结构形式与 C 和

C++等编程语言十分类似。但与这些语言不同的是,JavaScript 不需要先编译,而是在程序运行过程中被逐行地解释。它与 HTML 标识结合在一起,从而方便用户的使用操作。另外,它的变量类型采用的是弱类型,并未使用严格的数据类型,这样开发人员在使用的时候可以更加灵活。

2. 动态性

JavaScript 是动态的,它可以直接对用户输入作出响应,无须经过 Web 服务端程序进行处理。它对用户的响应,是采用事件驱动的方式进行的。所谓事件,就是指在页面中执行了某种操作所产生的动作,比如按下鼠标、移动窗口。当事件发生后,可能会引起相应的事件响应,这就是事件驱动方式。

3. 安全性

JavaScript 是一种安全性语言,它不能访问本地磁盘系统,并且不能将数据存入服务器,不允许对网络文档进行修改和删除,只能通过浏览器实现信息浏览或动态交互,从而有效地防止数据的丢失。当然,这在一定程度上也限制了 JavaScript 的作用范围,使得不能进行复杂业务处理。在安全性与功能的完善方面做权衡是每个运行在浏览器中的程序都要考虑清楚的,如果读者有过 Java 小应用程序(Applet)的开发经验,想必对此应该非常熟悉。

4. 跨平台性

JavaScript 依赖于浏览器本身运行,与操作环境无关,即只要有能运行浏览器程序的计算机,并有支持 JavaScript 的浏览器就可以正确执行。这和 Java 语言倡导的"一次编写,到处运行"有异曲同工之效。

1.1.4　JavaScript 的应用

作为一种脚本语言,JavaScript 在 Web 应用程序中的应用非常广泛。它不仅可以用于编写在浏览器中执行的脚本程序,而且还可以编写在服务器端执行的脚本程序。

在服务器端程序开发方面,最近几年比较流行的技术是 JSP 和 ASP,它们都可以接受客户端的请求并且把响应结果传送回客户端中去。JavaScript 可以作为 ASP 的实现脚本来开发服务器端应用程序。服务器端的 JavaScript 有较强的数据库处理能力,例如 JavaScript 服务器端的 SendMail 对象可以用来创建电子邮件系统。

当然,JavaScript 最常用的领域还是在客户端。开发人员需要将 JavaScript 脚本程序嵌入或者链接到 HTML 文件中。当用户使用浏览器读取含有 JavaScript 代码的 HTML 页面时,JavaScript 脚本程序就会和 HTML 代码一起被下载到客户端,这样浏览器自带的脚本解释程序就可以解释并且执行 JavaScript 代码,而后在页面中显示执行的结果。在客户端应用方面,JavaScript 主要用于实现以下一些功能:

- JavaScript 一个非常重要的功能是与 HTML 表单交互。它可以通过控制 Form 对象及 Form 元素对象实现对页面中某个表单的输入元素的值进行读写操作。在这个方面,开发人员经常使用 JavaScript 进行提交表单前的合法性验证,例如,金额项是否使用了数字和某些字符串的格式是否正确输入等内容。这种功能使得不必把表单内容发送

- 到服务器端验证，简化了服务器端程序的编写，并且大大节省了网络开销。
- JavaScript 另外一个重要应用就是事件处理，即在用户触发某些特定事件的时候执行预先写好的程序来处理。例如，用户单击表单中的 submit 按钮，就会触发该按钮的 click 事件，用于进行数据合法性验证。
- JavaScript 还具有对浏览器的控制能力。如它可以弹出对话框向用户显示简单的消息，也可以通过对话框从用户那里获得简单的输入信息。此外，它还可以打开或者关闭浏览器窗口，这些窗口可以被指定为任意大小和任意的显示方式。
- JavaScript 还可以通过自带的 document 对象操作 HTML 文档的外观和内容。例如，开发人员可以操作 document 对象指定文档的颜色和字体的样式，并且可以在 HTML 代码中任意添加内容，甚至可以从无到有生成一个完整的文档。
- 另外，作为 Web 应用中常用到的功能，JavaScript 还可以读写 Cookie。Cookie 是一种将用户登录信息等内容存储在用户本机上的技术。在用户访问相应网站的时候，Cookie 将被发送到服务器端，服务器端程序通过处理 Cookie 中含有的用户信息，可以为用户提供一些个性化的记忆功能。Cookie 虽然存储在用户的客户机上，但是只有服务器端程序才能对它进行操作，这样会产生很大的网络开销。JavaScript 诞生以后，由于其本身具有操作 Cookie 的能力，使得开发人员可以直接通过 JavaScript 在客户端处理 Cookie，在简化开发的同时也节省了网络开销。

当然，JavaScript 所具有的功能还远不止这些，虽然它是一门相对来说比较简单的语言，但是如果能够熟练掌握，同样可以让自己的 Web 应用程序添色不少。这些还需要读者在今后的开发过程中慢慢学习和体会。

1.1.5　JavaScript 的局限

JavaScript 虽然具有许多强大的功能，但是它也有自己的局限，有许多任务是不能完成的。例如：

（1）出于安全性的考虑，JavaScript 不能对服务器和客户机上的文件进行读写操作（Cookie 文件除外）。

（2）JavaScript 不能用于制作多用户程序。

（3）JavaScript 不能用于对安全性认证的处理。

1.1.6　JavaScript 与 Java

很多人都认为 JavaScript 与 Java 有关或者是它的一个简化版本，这是关于 JavaScript 的一个最大误解。实际上，它们是两种完全不同的程序设计语言。和 JavaScript 不同，Java 是 SUN 公司开发的一种需要编译的面向对象高级语言，可以用来开发嵌入式应用、桌面应用和 Web 应用等各种程序，比 JavaScript 要复杂得多。JavaScript 之所以要在前面用 Java 字样来修饰，也许这仅仅是一个营销策略而已。就像前面介绍的一样，JavaScript 最初被称为 LiveScript，只是由于看到 Java 的出现才改名叫做 JavaScript，这么做的目的可能是要借用 Java 的声誉来提高自己的地位。

说清了二者的区别，也需要认识到，虽然它们是完全不同的程序设计语言，但是如果把它们结合起来一起开发 Web 应用,可以获得意想不到的效果,这是因为它们的特性是互补的。同样作为运行在浏览器中的程序,Applet 虽然功能强大,可以进行绘图、网络和多线程的操作,但是不能在总体上控制浏览器,相反,JavaScript 却可以控制浏览器的行为和内容。而且值得庆幸的是,客户端的 JavaScript 可以与嵌入网页中的 Applet 进行交互,并且能够控制它的行为,开发人员利用这一点,可以把 Applet 和 JavaScript 结合起来使用,开发出更为出色的 Web 程序。

1.2 编写第一个 JavaScript 程序

如果读者有过 HTML 页面的开发经历就会知道,虽然市场上用来开发网页的集成化工具很多,例如 FrontPage 和 Dreamweaver,但是实际上只要有一个文本编辑器和一个浏览器,就可以开发出同样精美的页面。由于 JavaScript 是嵌入到 HTML 代码中的,所以,所有支持 HTML 的工具都有 JavaScript 的开发功能。这些工具提供了很多辅助开发的能力,为程序员开发网页带来了极大的便利。当然,为了学习一门语言,建议读者采用简单的文本编辑器来编写程序,例如 Windows 自带的记事本。

本节将通过一个简单实例让读者对 JavaScript 有一个感性的认识。

1.2.1 HTML 的基本结构

在学习 JavaScript 编程之前,读者应该首先了解 HTML 代码的基本结构。HTML 是一种超文本标记语言,正是由于它可以在普通文本中嵌入多种不同的标记,使它具有了不同于普通文本的超文本能力。HTML 代码必须通过浏览器解释执行才能正确显示。例 1-1 是一个简单的 Hello World 页面的源代码:

例 1-1 简单的 Hello World 页面代码

```
<html>
    <head>
        <title>Hello World! </title>
    </head>
    <body>
        Hello World!
    </body>
</html>
```

例 1-1 的运行结果如图 1-1 所示。

从上面的代码中,可以看出 HTML 标记的基本结构:一个 HTML 文件由一对 <HTML> 标记构成。一对 <HTML> 标记内可以嵌套其他标记,例如,<HTML> 标记从总体上看就是由 <HEAD> 和 <BODY> 两个标记组成的,其中 <HEAD> 里面包含需要被浏览器使用的信息,<BODY> 表示的是网页要显示的内容。

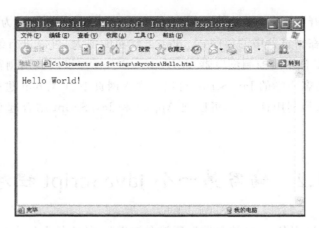

图 1-1　例 1-1 的运行结果

注意：HTML 是一种不区分大小写的标记语言，例如＜html＞和＜HTML＞是等价的。本书在完整的例程中都将使用小写的 HTML 标记。

1.2.2　使用＜SCRIPT＞标记

HTML 是基于标记的文本，同样，在其中嵌入 JavaScript 代码也需要使用标记，这个标记就是＜SCRIPT＞，开发人员需要把 JavaScript 脚本写到＜SCRIPT＞和＜/SCRIPT＞中间，这样当浏览器读取＜SCRIPT＞标记的时候，就会自动解释执行其中的脚本代码。例 1-2 的页面嵌入了一段 JavaScript 代码，用来弹出一个信息对话框显示"Hello World!"。

例 1-2　通过 JavaScript 弹出 Hello World 对话框

```
<html>
    <head>
        <title>Hello World! </title>
    </head>
    <body>
        <script language="javascript">
            alert("Hello World!");
        </script>
    </body>
</html>
```

例 1-2 的运行结果如图 1-2 所示。

通过例 1-2 的代码可以看到，使用＜SCRIPT＞标记的时候需要为它定义 language 属性，用来指定这个＜SCRIPT＞采用的是什么类型的脚本语言。这里使用的脚本语言是 JavaScript，所以 language 的属性值为 javascript。同样地，如果使用的是 VBScript 脚本语言，该属性值应该设为 vbscript。

例 1-2 中只有一条语句，是通过调用 alert 方法来弹出对话框显示"Hello World!"信息。需要注意的是，在例 1-2 中，＜SCRIPT＞标记放在＜BODY＞标记中，也可以放在＜HEAD＞标记中。在实际应用中，读者可以根据需要，灵活调整 JavaScript 代码的位置。

图 1-2　例 1-2 的运行结果

1.2.3　使用 JavaScript 文件

如果 JavaScript 代码比较简短,把它放在 HTML 代码中不会显得凌乱。但是,如果 JavaScript 代码非常多,则会使得 HTML 代码看起来非常凌乱,在以后修改和维护的过程中可能会遇到很多问题。另外,如果在整个开发过程中经常使用代码中的一些方法,则需要把它们复制到每个页面中,不利于代码的复用。这时就需要把 JavaScript 代码写到一个单独的文件中,这种 JavaScript 文件的扩展名是 .js,这样开发人员可以在<SCRIPT>标记中通过 src 属性引入放在外部的 JavaScript 文件,其作用与把代码直接写在页面里是一样的。在这里,读者需要注意下面几点:

(1) JavaScript 文件的扩展名必须是 .js。

(2) JavaScript 文件就是普通的文本文件。

(3) JavaScript 文件中不需要使用<SCRIPT>标记,直接写 JavaScript 代码就可以。

例 1-3 通过使用外部 JavaScript 文件实现了和例 1-2 相同的效果。

例 1-3　使用外部 JavaScript 文件弹出 Hello World 对话框

```
<html>
    <head>
        <title>Hello World! </title>
    </head>
    <body>
        <script language = "javascript" src = "FirstJavaScript.js">
        </script>
    </body>
</html>
```

从例 1-3 的代码中看到,<SCRIPT>标记中间并没有任何代码,只是通过增加了一个 src 属性类引入外部 JavaScript 文件 FirstJavaScript.js。执行后的效果与例 1-2 相同。下面是 FirstJavaScript.js 文件的内容：

```
alert("Hello World!");
```

该文件只含有上面这一条语句。需要注意的是，由于 FirstJavaScript.js 文件与 HTML 文件保存在同一个目录中，所以例 1-3 中的 src 属性值不必标明路径。如果实际开发中两个文件保存在不同的目录中，则需要正确指定外部 JavaScript 文件的位置，指定时既可以使用绝对路径，也可以使用相对路径。

1.2.4 添加注释

开发人员在实际开发应用的时候，一般都需要按规定为代码添加详细的注释。基本上所有的高级编程语言都支持注释功能。注释就是写在程序代码中间用来说明代码作用的文字，它们不会被执行，可以包括程序创建的日期、开发人员的名字、变量的含义、方法的含义等内容。编写注释是一种良好的程序设计习惯，除了方便自己查阅，还可以为今后的维护工作提供极大的便利。

JavaScript 为开发人员提供了两种注释：单行注释和多行注释。单行注释使用双斜线"//"作为注释标记，将"//"放在一行代码的末尾或者单独一行的开头，它后面的内容就是注释部分。注释行数比较少的时候可以使用单行注释，但是如果行数很多，则每写一行都需要在前面加上"//"，比较麻烦，这个时候就应该使用多行注释，它可以包含任意行数的注释文本。多行注释以"/*"标记开始，以"*/"标记结束，中间的所有内容都为注释文本。例 1-4 为例 1-3 的代码加上了注释。

例 1-4 为例 1-3 的代码添加注释

```
<html>
    <head>
        <title>Hello World! </title>
    </head>
    <body>
        <script language = "javascript" src = "FirstJavaScript.js">
            //This is a single-line comment sample
            /*
            This is a multi-lines comment sample
            We don't have to use the // in front of the line
            */
        </script>
    </body>
</html>
```

例 1-4 为例 1-3 的代码分别添加了单行注释和多行注释。这里需要说明的是，因为是为 JavaScript 脚本添加注释，所以注释内容应该写到<SCRIPT>标记中。

1.2.5 从不兼容的浏览器中隐藏 JavaScript

前面已经介绍过，并不是所有的浏览器都支持 JavaScript，例如以前的 Internet Explorer 2 就不支持 JavaScript。并且，由于浏览器版本和 JavaScript 版本之间存在一个兼容性问题，所以可能导致某些 JavaScript 代码在一些浏览器版本中不能正确执行。如果浏览器不能识别<SCRIPT>标记，就会将<SCRIPT>和</SCRIPT>之间的 JavaScript 脚本代码当作普通的 HTML 字符显示在浏览器中。

针对这类问题，开发人员可以使用 HTML 注释来注释 JavaScript 代码，这样不支持 JavaScript 的浏览器就不会把代码内容当作文本显示到页面上，而是把它们当作注释，不会做任何操作。这种做法的编写方式如下：

```
<!-- html comment begin
alert("Hello World!");
// html comment end -->
```

"<!--"是 HTML 中注释的开头标志，"-->"是注释的结束标志。另外，需要注意的是，最后一行是以 JavaScript 单行注释"//"开始的，它告诉 JavaScript 编译器忽略 HTML 注释的内容。

除了上面介绍的这种方法，Internet Explorer 和 Navigator 也提供了一种关闭 JavaScript 程序的标记，这就是<NOSCRIPT>标记，在标记中间可以写入一些文本内容。这样，当遇到不支持 JavaScript 或者不希望执行 JavaScript 的浏览器时，就会直接显示标记中的文本内容。这种做法的编写方式如下：

```
<NOSCRIPT>
    The javascript code can not be execute.
</NOSCRIPT>
```

例 1-5 是上面两种方法的综合应用。

例 1-5　在不兼容的浏览器中隐藏 JavaScript

```
<html>
    <head>
        <title>Hello World! </title>
    </head>
    <body>
        <script language = "javascript">
            <!-- html comment begin
            alert("Hello World!");
            // html comment end -->
        </script>
        <NOSCRIPT>
            The javascript code can not be execute.
        </ NOSCRIPT>
    </body>
```

```
</html>
```

例 1-5 在支持并且不限制 JavaScript 运行的浏览器中可以正常弹出信息对话框。但是，如果遇到限制 JavaScript 运行的浏览器，则不会弹出信息对话框，而是在页面中显示＜NOSCRIPT＞标记中的提示信息"The javascript code can not be execute."。图 1-3 显示了当浏览器限制 JavaScript 运行时例 1-5 的运行结果。

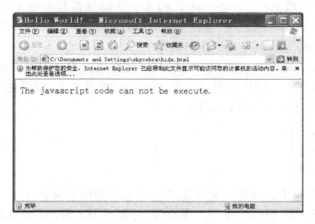

图 1-3　例 1-5 的运行结果

1.2.6　在 HEAD 段或者 BODY 段中放置 JavaScript

浏览器根据标记出现的先后顺序决定翻译的先后顺序，所以当一个 HTML 中含有多个＜SCRIPT＞标记时，总是先执行在前面的 JavaScript 代码。＜HTML＞标记由＜HEAD＞标记和＜BODY＞标记组成，前面解释例子的时候已经提到，JavaScript 代码既可以放在＜HEAD＞段中，也可以放在＜BODY＞段中，甚至还可以放在二者之间，具体选择位置时要根据程序功能的不同来灵活考虑。当然，放在＜HEAD＞段中会比放在＜BODY＞段中先翻译，因此如果是公用的方法，需要被页面其他地方的代码调用，则最好放在＜HEAD＞段中。

1.2.7　调试 JavaScript

经常编程的人应该都用过调试程序，从最原始的屏幕输出方法，到各种集成开发工具所提供的高级调试功能，调试已成为开发人员日常工作的重要一环。同样，在开发 JavaScript 程序时也必然会遇到调试的问题，本节将向读者介绍 JavaScript 程序调试的基本概念和方法。

从总体上讲，JavaScript 的程序错误主要有两大类：语法错误和语义错误。语法错误指开发人员写出的 JavaScript 代码不符合语法规则，不能被浏览器解释程序正确解释执行。例如，某个方法的小括号丢失或者直接使用未定义的变量等问题。例 1-6 的代码就含有一个语法错误。

例 1-6 含有语法错误的 JavaScript 程序

```html
<html>
    <head>
        <title>Hello World! </title>
    </head>
    <body>
    <script language = "javascript">
        <!-- html comment begin
        alert("Hello World!";
        // html comment end -->
    </script>
    </body>
</html>
```

在浏览该页面时会弹出错误提示对话框,如图 1-4 所示。

图 1-4 例 1-6 的运行结果

从图 1-4 中可以看到,当浏览器加载含有语法错误的页面时,它会弹出一个对话框提示用户发生了什么错误和错误发生的位置。这样,根据提示,可以很快找出错误的原因是 alert 方法丢掉了最后一个")",及时改正就可以了。从这个例子中,可以发现,语法错误一般都是由于开发人员的粗心引起的,在运行的时候会被浏览器发现并提示,这样开发人员可以很快找到错误所在并且立即解决,因而不会对程序造成太大的影响。

这里还有一点需要注意的是,因为有些浏览器版本可以设置禁止脚本调试,例如 Internet Explorer 6.0,这样用户在打开有语法错误的网页时就不会收到错误提示。如果想恢复这个功能,需要打开 Internet Explorer,并且单击"工具"→"Internet 选项",而后选择"高级"选项卡,对 Internet Explorer 进行高级设置,如图 1-5 所示。

图 1-5 在 Internet Explorer 中取消禁止脚本调试的功能

图1-5显示了"高级"选项卡中的部分内容,其中用圆圈标出的选项是"禁止脚本调试(Internet Explorer)",只要把它前面的"√"去掉就可以恢复浏览器对脚本错误的提示和调试功能。

语义错误与语法错误不同,出现语义错误的代码不违反JavaScript语法规则,可以被浏览器正确执行,但是运行结果不符合开发人员的意愿。解决语义错误通常比较复杂,需要开发人员仔细阅读代码并且利用专业的调试工具跟踪检查。

为了更好更快地调试JavaScript代码,往往需要借助某些调试工具。在所有的JavaScript调试器里,使用最多的可能就是Microsoft脚本调试器。图1-4表示的是网页在浏览器加载的时候发生错误,从而引发浏览器弹出错误提示对话框。这时,如果单击"否"按钮,则表示忽视这个错误,如果选择"是"按钮,则会弹出Microsoft脚本调试器供用户进行代码调试,如图1-6所示。

图1-6 Microsoft脚本调试器

Microsoft脚本调试器是一款功能非常强大和实用的脚本调试工具,可以实现暂停脚本、步进执行脚本、监视脚本值和在命令窗口执行语句等功能,为开发人员调试程序提供了极大的方便。关于它的具体用法,感兴趣的读者可以自己参考相关书籍或者该工具的帮助文件。

1.3 JavaScript开发工具

对于JavaScript而言,可以使用的开发工具主要有两大类:一类是最基本的文本编辑工具;一类是专业的可视化开发工具。

文本编辑工具是最基础的开发工具,也是人们日常生活中使用比较广泛的一种。这种方式简单、易用,使用起来比较方便。但是如果要开发比较大型的JavaScript应用,使用这种方式比较费时费力。文本编辑工具又分成两种类型：第一种是 Windows 自带的记事本，它是一种纯文本工具，不提供对 JavaScript 语言特性的任何支持；第二种是 UltraEdit 和 EditPlus 等高级文本编辑工具，这类工具能够提供对很多语言元素的高亮显示等功能，方便读者开发。图 1-7 所示是 UltraEdit-32 文本编辑器。

图 1-7　UltraEdit-32 文本编辑器

常见的可视化工具是 FrontPage 和 Dreamweaver。利用这些工具可以很容易地在编辑 HTML 页面的时候加入脚本。它们具有许多处理 JavaScript 特性的功能，例如代码自动生成、调试和语法敏感性编辑等，因此广泛应用于网页开发人员当中，尤其是 Dreamweaver，基本上是网页开发人员的必备工具。但是需要注意的是，这些工具会在自动生成的 JavaScript 代码中加入一些冗余代码。图 1-8 所示是 Dreamweaver MX 的主界面情况。

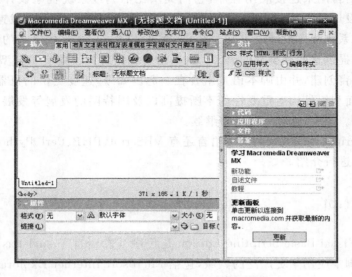

图 1-8　Dreamweaver MX 的主界面

1.4 脚本语言简介

前面已经介绍过,JavaScript 是一种脚本语言,那么什么是脚本语言？主要都有哪些脚本语言？它们的发展现状如何？本节将对上述的一些问题做个简单的概述,帮助读者对 JavaScript 以及其他的脚本语言有更深入的认识。

1.4.1 什么是脚本语言

在过去的二十几年里,人们编写计算机程序的方法发生了根本的转变。这种转变是从 C 或 C++ 等系统程序设计语言到 Perl 或 JavaScript 等脚本语言的过渡。

Perl 和 JavaScript 等脚本语言代表一种与 C 或 Java 为代表的系统程序设计语言完全不同的编程形式。与系统程序设计语言相比,脚本语言是为不同的工作而设计,这导致了语言间的根本不同。系统程序设计语言起源于内存等最初期的计算机元素,它为建立数据结构和算法而创建。相反,脚本语言为连接应用而设计。系统程序设计语言使用强类型定义来帮助处理复杂事务,而脚本语言使用无类型定义来简化组件间的联系,并提供快速应用开发。

与系统程序设计语言不同,脚本语言是可以"解释"的,指令语句由中间程序（即命令解释程序）顺序执行。解释过程虽然降低了执行效率,但脚本语言简单易学并提供了强大的功能。脚本可以嵌入 HTML 页中,用来格式化内容,也可以用来实施包含高级商业逻辑的 COM 组件。

总之,脚本语言用来连接应用程序,它们提供比汇编或系统程序设计语言更高层的编程,比系统程序设计语言更弱的类型。脚本语言牺牲执行速度来提高开发速度。

脚本语言和系统程序设计语言互为补充,并且 20 世纪 60 年代以来的大多数主要的计算机平台都同时提供这两种类型的语言。这些语言在组件框架中有着典型的应用：组件由系统程序设计语言创建,并由脚本语言组合在一起。如今,速度更快的机器、更好的脚本语言、图形用户界面和组件构造重要性的不断提高以及因特网的发展等发展趋势大大提高了脚本语言的应用。今后,这种趋势必将继续。

除了 JavaScript,目前流行的脚本语言还有 VBScript、PHP、Perl、Python 和 Ruby 等,下面将对它们分别进行介绍。

1.4.2 VBScript

Microsoft Visual Basic Scripting Edition 是程序开发语言 Visual Basic 家族的最新成员,它将灵活的脚本应用于更广泛的领域,包括 Microsoft Internet Explorer 中的 Web 客户机脚本和 Microsoft Internet Information Service 中的 Web 服务器脚本。

VBScript 使用 ActiveX 脚本与宿主应用程序对话。使用 ActiveX Script,浏览器和其他宿主应用程序不再需要每个脚本部件的特殊集成代码。ActiveX 脚本使宿主应用程序可以编译 Script，获取和调用入口点及管理开发者可用的命名空间。通过 ActiveX Script，语言厂商可以建立标准脚本运行时语言。

Internet Explorer 中默认的脚本语言就是 VBScript。

1.4.3 PHP

PHP 是嵌入 HTML 文件的一种脚本语言。它的语法大部分是从 C、Java 和 Perl 语言中借用而来，并形成了自己的独有风格。它的目标是让 Web 程序员快速地开发出动态的网页。PHP 脚本程序可以使用特别的 PHP 标签进行引用，这样网页开发人员不必完全依赖 HTML 生成网页，由于程序是在服务器端执行，所以客户端看不到 PHP 代码。

1.4.4 Perl

Perl 是 Practical Extraction Report Language 的缩写，它是一种非常强大的脚本语言。Perl 语言的历史可以追溯到 1987 年，有一个叫 Larry Wall 的人为了解决他作为 Unix 管理员所碰到的系统编程问题，开发了 Perl 语言作为工具。

Perl 之所以具有强大的吸引力是因为它填补了 UNIX 外壳编程和 C 语言应用程序编程之间的空白。Perl 既具有前者的简洁性，又具有后者的功能性。正如 Wall 所说："Perl 是一种解释型语言，用于优化扫描任意的文本文件，并且从这些文件中提取信息而后依据这些信息打印报表。对很多系统管理任务而言，它也是一种非常好的语言。Perl 语言有如下特点：

（1）Perl 语言倾向于实用（易用、高效和完整）而不是优美（精练、优雅和短小）。"采用简单明了的语法、数据类型和数据结构，学习起来相当容易。Perl 提供了丰富的功能集，其中包括内置的符号调试程序和对面向对象编程的支持。

（2）先进的数据流追踪机制让 Perl 能确定数据是否来自不安全处，因而能阻止潜在的危险操作。

（3）Perl 具有高度可移植性，能在所有主要的平台上运行。它还可以访问 TCP/IP 套接字。

（4）Perl 程序写在普通的文本文件中，由 Perl 运行时环境转换成字节码形式，然后在执行之前，Perl 解释程序把字节码转换成机器码。

（5）Perl 最常用在编写 Web 服务器的后端应用程序等领域。

1.4.5 Python

Python 是最近非常流行的一种脚本语言。也许最初设计 Python 语言的人并没有想到今天 Python 会在工业和科研上获得如此广泛的应用。著名的自由软件作者 Eric Raymond 在《如何成为一名黑客》中，将 Python 列为黑客应当学习的四种编程语言之一，并建议人们从 Python 开始学习编程。这的确是一个中肯的建议，对于那些从来没有学习过编程的人而言，Python 是最好的选择之一。"易用"与"速度的完美结合"是 Python 最大的优点，很多初学 Java 的人都会被 Java 的 CLASSPATH 搞得晕头转向，调试半天也运行不了一个"Hello World！"程序，用 Python 就不会有这种问题，只要装上就能直接使用。Python 是一种脚本语言，写好了就可以直接运行，省去了编译连接的麻烦。而且 Python 还有一种交互的方式，如果是一段简单的小程序，连编辑器都可以省了，直接敲进去就能运行。

Python 是一种清晰的语言，用缩进来表示程序的嵌套关系可谓是一种创举，把过去软性的编程风格升级为硬性的语法规定。与 Perl 不同，Python 中没有各种隐晦的缩写，不需要去强记各种奇怪的符号的含义。Python 是一种面向对象的语言，但它的面向对象特性却不像 C++ 那样强调概念，而是更注重实用。它不是为了体现对概念的完整支持而把语言搞得很复杂，而是用最简单的方法让编程者能够享受到面向对象特性带来的好处，这正是 Python 能像 Java、C♯ 那样吸引众多支持者的原因之一。

Python 是一种功能丰富的语言，它拥有一个强大的类库和数量众多的第三方扩展。脚本语言通常运行很慢，但 Python 的运行速度却比人们想象得快得多。这是由于虽然 Python 是一种脚本语言，但实际上也可以对它进行编译，就像编译 Java 程序一样将 Python 程序编译为一种特殊的字节码，在程序运行时，执行的是字节码，省去了对程序文本的分析解释，速度自然提升很多。

Python 可以用在许多场合。当程序需要大量的动态调整或者要求功能强大并且富有弹性的时候，Python 可以发挥很好的功效。

1.4.6　Ruby

相信不少读者都听说过 Ruby On Rails 的大名，它是目前 Web 开发领域非常流行的一个轻量级框架。Ruby On Rails 的指导原则是"不要重复你自己"（Don't Repeat Yourself），意思是说你写的代码不会有重复的地方。例如，以往数据库的接口往往是类似的程序代码但是在很多地方都要重复用到，这无论是给编写还是维护都造成了很大的代价。相反，Ruby On Rails 给开发人员提供了简便的解决方案，使开发人员只需要短短的几行代码就可以实现强大的功能。而且，它还提供了代码生成工具，不需要编写一行代码就可以实现强大的管理程序。Ruby On Rails 通过 reflection 和 runtime extension 减少了对配置文件的依靠，这和 Java 与 C♯ 语言方向有很大不同，为开发人员减少了很多配置和部署上的麻烦，但在性能上却完全可以满足一般网站的需求。

Ruby On Rails 的基础就是 Ruby 语言，Ruby 是一种简单易学的面向对象脚本语言，同 Perl 一样，Ruby 也有文字处理、系统管理等丰富的功能，但是 Ruby 要更简单、容易理解和扩充，更适宜小应用程序的快速开发。

本 章 小 结

➢ JavaScript 是一种基于对象和事件驱动并具有安全性能的解释型脚本语言，用于开发交互式的 Web 页面。

➢ JavaScript 不仅可以直接应用在 HTML 页面中以实现动态效果，也可以用在服务器端完成访问数据库、读取文件系统等操作。
- ➤ HTML是基于标记的文本，在其中嵌入JavaScript程序需要使用＜SCRIPT＞标记，并且把该标记的language属性值设为"javascript"。开发人员需要把JavaScript脚本写到＜SCRIPT＞和＜/SCRIPT＞中间，这样当浏览器读取＜SCRIPT＞标记的时候，就会自动解释执行其中的脚本代码。
- ➤ JavaScript脚本还可以写到外部的.js文件中，然后通过src属性来引入。
- ➤ 通过＜NOSCRIPT＞标记可以在不兼容JavaScript的浏览器中显示说明内容。
- ➤ 开发JavaScript的工具很多，既可以使用最基本的文本编辑工具，也可以使用专业的可视化开发工具，如FrontPage和Dreamweaver等。
- ➤ 目前流行的主要脚本语言还有VBScript、PHP、Perl、Python和Ruby等。

习 题 1

1. JavaScript的定义和应用领域？
2. 如何通过＜SCRIPT＞标记在HTML页面中嵌入JavaScript代码？
3. 如何使用外部JavaScript文件？
4. 如何在不兼容的浏览器中隐藏JavaScript？
5. 能够开发JavaScript的工具有哪些？

第 2 章　词法、数据类型和变量

与人类语言类似，每一门计算机语言都有着自己独特的语言规则，从字与词的构成，到词语和语句的使用都有着严格的约束，详细说明了如何使用此种计算机语言编写程序。扎实掌握计算机语言的语法规则，是开发人员灵活使用计算机语言编写程序的基础。本章主要介绍 JavaScript 语法中的基础内容，主要包括词法结构、数据类型、运算符、控制语句以及函数。

2.1　JavaScript 中词法结构

JavaScript 中的词法结构主要对大小写敏感、语句分隔符、注释、保留字等内容进行了说明，是应用 JavaScript 语言编写程序的必要准备。

2.1.1　大小写敏感

JavaScript 核心语言具有大小写敏感的特点，也就是说 JavaScript 是一种区分大小写的计算机语言。在使用过程中，必须保持变量名称、函数名称以及关键字等标识符前后大小写一致。例如，变量名称 name 与 Name 代表两个不同的变量，在使用这两个变量的时候一定要确保所有字母大小写的正确，否则将导致错误的调用变量。再比如，控制语句 if…else…中的关键字，如果将 if 写成 IF 或者将 else 写成 Else，都将导致语法错误，从而无法执行原有的控制语句。

2.1.2　语句分隔符

所有的计算机语言都需要使用特定的符号将程序中的语句分开，与 Java 类似，在 JavaScript 中使用分号（;）分隔语句。例如：

```
username = "admin";
password = "JavaScript";
```

其中，username="admin"与 password="JavaScript"分别构成了两个完整的简单语句，

使用分号将完整的语句分开。但是在 JavaScript 中,不一定必须使用分号来分隔语句,如果两个语句之间存在换行符的话(即两个语句放置在不同的行中),那么前一个语句后面可以省略分号。例如:

```
username = "admin"
password = "JavaScript";
```

但是在语句之间省略分号容易引发错误,因为如果换行符之前的语句构成一个完整的语句而没有分号的话,那么 JavaScript 会认为是编程人员漏掉了分号,并将自动在换行符位置上插入一个分号。这样的默认逻辑会在特定的时候改变程序的初衷,从而产生错误。例如在程序中可能会有这样一个语句:"return true;"即表示在某一时刻返回"真"。但是如果写成下面形式:

```
return
true;
```

这时 JavaScript 会将上面的语句按照下面的方式处理:

```
return;
true;
```

这样一来,JavaScript 实际处理的语句与原来要表达的含义发生了变化,使原有程序无法达到预期的结果。产生这种错误的情况很多,所以在编程过程中一定要养成一个良好的习惯,规范地使用分号作为语句之间的分隔符。

2.1.3 保留字

保留字又称为关键字。每一门计算机语言为了规范命名代码,都设计了若干保留字,这些保留字一般都表示特定的含义,可以完成相应的功能。

值得注意的是,保留字都被编程语言自身使用,其含义和功能是被预先设计好的。其中一部分保留字只能被编程人员使用而无法修改,但是也存在一些用做属性名、方法名和构造函数的保留字,程序员可以创建与之同名的变量或者函数,从而重新定义这些属性和方法。不过除非在迫切需要并且有足够把握的情况下,否则不要使用这些保留字。

表 2-1 列出了 JavaScript 中部分保留字。它们是 JavaScript 语言的一部分,每一个保留字都具有特殊的意义,编程人员只能使用,无法改变,也不可以将它们用做程序中的变量名、函数等。

表 2-1 JavaScript 中的部分保留字

break	export	null	while
case	for	return	with
continue	function	switch	false
default	if	this	true
delete	import	typeof	
do	in	var	
else	new	Void	

表 2-2 中列出了 JavaScript 中应该尽量避免使用的一部分保留字。这些保留字都被 JavaScript 赋予了特定的含义，虽然可以定义与之重名的变量和函数，但这将改变原有的意义和功能，所以一般情况下，应该避免使用这些保留字。

表 2-2 JavaScript 应避免使用的保留字

alert	focus	netscape	resizeTo
arguments	frames	number	scroll
Array	Function	Object	scrollbars
blur	history	Open	scrollBy
Boolean	home	opener	scrollTo
callee	Infinity	outerHeight	self
caller	innerHeight	outerWidth	setInterval
captureEvents	innerWidth	Packages	setTimeout
clearInterval	isFinite	pageXOffset	status
clearTimeout	isNaN	pageYOffset	statusbar
close	java	parent	stop
closed	length	parseFloat	String
confirm	location	parseInt	toolbar
constructor	locationbar	personalbar	top
Date	Math	print	toString
defaultStatus	menubar	prompt	unescape
document	moveBy	prototype	unwatch
escape	moveTo	RegExp	valueOf
eval	name	releaseEvents	watch
Find	NaN	resizeBy	Window

2.2　JavaScript 中的原始数据类型

　　数据类型是每一种计算机语言中最为基础的内容。JavaScript 中的数据类型可分为原始数据类型和复杂数据类型。其中原始数据类型包括数字型、字符型和布尔型；复杂数据类中包括对象、数组和函数，数组和函数可以理解成特殊的对象类型。

　　由于对象、数组和函数的内容比较复杂，将在 2.3～2.5 小节详细论述，本小节只针对简单数据类型进行讲解。

2.2.1　数值型

　　与其他编程语言类似，JavaScript 中最基本的数据类型之一是数值型，但是与其他编程语言不同的是，JavaScript 在使用过程中并不区分整型与浮点型。

　　整数是不包含分数以及小数的正数或者负数，在 JavaScript 中，整数的取值范围是 -2^{53}（-90071992540990）～2^{53}（90071992540990），例如 100、0、-25 等都是整数。浮点

型数值是指包含分数或者小数的数字,在 JavaScript 中,浮点型数值的取值范围是 $-1.7976931348623157\times10^{308}\sim-5\times10^{-324}$ 和 $1.7976931348623157\times10^{308}\sim5\times10^{-324}$,例如 -1.5、0.25、100.89 等都是浮点型数值。

虽然在使用数值型数据的时候不需要区分整型和浮点型,但是所使用的数值不能超过其类型对应的范围,即如果使用整型,那么数值必须在 $-2^{53}\sim2^{53}$ 之间,如果使用的是浮点型数值,那么数值必须在 $-1.7976931348623157\times10^{308}\sim-5\times10^{324}$ 或者 $5\times10^{-324}\sim1.7976931348623157\times10^{308}$ 之间,如果超过了取值的上边界,那么该值将变为一个特殊的正无穷,如果超过了取值的下边界,那么该值将变为一个特殊的负无穷。

在使用 JavaScript 过程中,虽然大部分情况都是在处理十进制数值,尤其是一般形式的十进制数值,但是读者也应该了解一下数值其他形式的表述方式。

(1) 科学记数法

科学记数法又称为指数形式,是以一种简短方式表达极大或者小数位数过多数字的方法,例如,1.68E-10 就是一个采用科学记数法表示的数字,等于 1.68×10^{-10}。在 JavaScript 中,以科学计数法表示的数字只要在其对应的边界内就是合法的表示方法。

(2) 八进制数值

八进制数字系统只使用 0~7 这 8 个阿拉伯数字。在 JavaScript 中,八进制数字以数字 0 开头,即在 JavaScript 中以 0 开头的、由 0~7 组成的数字都是八进制数字。例如,016、025 等都是合法的八进制表示方法。

(3) 十六进制数值

十六进制数字系统使用 0~9 以及字母 A~F 表示数值,其中,字母 A~F 分别代表十进制中的 10~15。在 JavaScript 中,十六进制数字以 0x 或者 0X 开头,即在 JavaScript 中以 0x 或者 0X 开头的、由 0~9 以及字母 A~F 组成的数字都是十六进制数字。例如,0x16、0X25 都是合法的十六进制数字。

以上各种数字的表示方法都是合法的,在 JavaScript 应用中,只要不超过其类型对应的边界,都可以获得 JavaScript 的正确支持。例 2-1 是一个简单描述数值型数据的小程序,这段代码将在网页中输出整型、浮点型、科学记数型以及八进制和十六进制的数值数据。图 2-1 是程序输出的实际结果,从图中可以看到,对于八进制和十六进制的数值数据,直接输出后在网页上是以十进制的形式显示的。

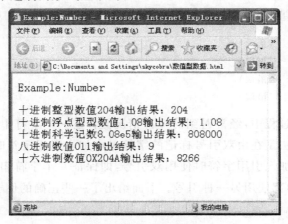

图 2-1 数值型数据的简单描述

例 2-1 数值型数据的简单描述

```html
<html>
    <head>
        <title>Example: Number</title>
    </head>
    <body>
        <h3>Example: Number</h3>
        <pre>
          <script language = "JavaScript">
                var NumberOfInt = 204;
                var NumberOfFloat = 1.08;
                var NumberOfScience = 8.08e5;
                var NumberOfOctal = 011;
                var NumberOfHex = 0X204A;
                document.writeln("十进制整型数值 204 输出结果:" + NumberOfInt);
                document.writeln("十进制浮点型型数值 1.08 输出结果:" + NumberOfFloat);
                document.writeln("十进制科学记数 8.08e5 输出结果:" + NumberOfScience);
                document.writeln("八进制数值 011 输出结果:" + NumberOfOctal);
                document.writeln("十六进制数值 0X204A 输出结果:" + NumberOfHex);
          </script>
        </pre>
    </body>
</html>
```

2.2.2 字符型

字符型数据又称为字符串,由零个或者多个字符(包括字母、数字和标点)组成。程序中的字符串应该用单引号或者双引号封装起来,使用单引号标记字符串和使用双引号标记字符串效果是一样的,只是开头和结尾所使用的标记符号要一致。下面的例子说明了正确表示字符串的方法以及错误的情况:

"ABC"　　　　　　(正确)
'字符串'　　　　　　(正确)
'document"　　　　(错误)
"window'　　　　　(错误)

在使用字符串的过程中,经常遇到的一种情况是:在一个字符串中需要使用单引号或者双引号。正确的方法是在由双引号标记的字符串中加入引用字符时使用单引号,在由单引号标记的字符串中加入引用字符时使用双引号,即保证一个字符串的开头和结尾使用同一种引号,而字符串内部使用另一种引号。下面给出了一些正确的例子进行说明:

"这是一个'重点'问题!"
'他在"认真"学习 JavaScript!'

1. 转义字符

如何用一个字符串表达计算机中的一个目录呢？可以直接写成 C:\Program Files\Microsoft Office 吗？答案是不可以！这个问题涉及到一个特殊的字符\。在 JavaScript 中，"\"称为转义字符，转义字符和其他字符混合使用称为转义序列，某些转义序列可以表示特殊的含义，如果转义序列没有特定的含义，那么"\"将被忽略，而显示原有的字符。例如，\JavaScript 和 JavaScript 的显示效果是一样的。表 2-3 列出了 JavaScript 中具有特殊含义的转义序列。

表 2-3 JavaScript 中的转义字符

转义序列	代表含义	转义序列	代表含义
\b	退格符	\t	水平制表符
\f	换页符	\'	单引号
\n	换行符	\"	双引号
\r	回车符	\\	反斜线符

根据上面的讲述，要使用 JavaScript 表达字符串 C:\Program Files\Microsoft Office，正确的写法应该是：

document.writeln("C:\\Program Files\\Microsoft Office ");

2. HTML 标记字符串

在实际编写程序的过程中，经常需要通过 JavaScript 语句输出包含 HTML 标记的字符串，实现方法很简单，只要将 HTML 标记作为字符串的一部分，放在恰当的位置即可。下面是一个简单的例子：

document.writeln("<H1>Example：HTML String</H1>");

例 2-2 是一个综合使用字符串的小程序，这段代码说明了如何使用单引号、双引号在页面上输出字符串，以及转义字符的作用，最后通过 JavaScript 代码在界面上输出了包含 HTML 标记的字符串，图 2-2 是程序运行的实际结果。

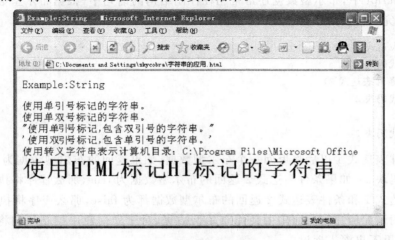

图 2-2 字符串的应用

例 2-2 字符串的应用

```html
<html>
    <head>
        <title>Example: String</title>
    </head>
    <body>
        <h3>Example: String</h3>
        <pre>
            <script language = "JavaScript">
            document.writeln('使用单引号标记的字符串。');
            document.writeln("使用单双号标记的字符串。");
            document.writeln('"使用单引号标记,包含双引号的字符串。"');
            document.writeln("'使用双引号标记,包含单引号的字符串。'");
            document.writeln("使用转义字符串表示计算机目录:C:\\Program Files\\Microsoft Office ");
            document.writeln("<H1>使用 HTML 标记 H1 标记的字符串</H1>");
            </script>
        </pre>
    </body>
</html>
```

2.2.3 布尔型

布尔型是一种只含有 true 和 false 这两种的数据类型,通常来说,布尔型数据表示"真"或者"假"。在实际应用中,布尔型数据常用在比较、逻辑等运算中,运算的结果往往就是 true 或者 false。例如比较两个数字的大小:

```
1<2             //数字 1 小于 2,所以 1<2 的逻辑运算结果就是 true
3 == 3          //数字 3 等于 3,所以 3 == 3 的逻辑运算结果也是 true
6>7             //数字 7 大于 6,所以 6>7 的逻辑运算结果就是 false
```

在 JavaScript 中,布尔型数据还常常用在控制结构的语句中,根据布尔型数据的值执行相应的代码,完成预定的工作。例如:

```
if(条件表达式 1)
    {代码块 1}
else if(条件表达式 2)
    {代码块 2}
else
    {代码块 3}
```

执行条件表达式 1 以后将返回一个布尔型数据,如果返回的布尔型数据为 true,那么程序将执行代码块 1;如果条件表达式 2 返回的布尔型数据为 true,那么程序将执行代码块 2;如果条件表达式 1 和条件表达式 2 返回的布尔型数据都为 false,那么程序将执行代码块 3。这个例子说明了如何在控制语句中使用布尔型数据,对于如何使用控制语句将在第 4 章中详细说明,这里不再深入探讨。

另外还有一点需要注意，不同计算机语言表示布尔值 true 和 false 的方式也不尽相同。Java 中的布尔值只能是 true 或者 false；C 语言中的布尔值却可以用 0 和 1 来模拟 false 和 true；在 JavaScript 中，虽然一般使用 true 和 false 表示布尔型数据，但是它却可以轻易地转换为其他类型的数据。例如在数学运算中，JavaScript 会将一个值为 true 的布尔型数据转变为正数 1，而将值为 false 的布尔型数据转变为数 0。

2.3 函　　数

JavaScript 中的函数是一段相对独立的代码，用以实现一定的功能，与其他计算机语言类似，它可以一次定义，多处使用，从而提高代码的可复用性；但与其他计算机语言不同的是，函数在 JavaScript 中也是一种数据类型，正是因为这个不同寻常的特性，使得 JavaScript 中的函数可以被存储在变量、数组以及对象的属性中，甚至可以作为参数在其他函数之间传递。

说明：如果把函数赋给某个对象的属性，它将成为这个对象的方法，关于这部分内容，会在 2.4 节中进行讲解。

2.3.1 创建函数

下面首先给出一些最常用的定义 JavaScript 函数的样例，然后再通过这些样例详细讲述 JavaScript 中的函数是如何定义的。

```
//直接在界面上输出错误信息
function showInformation()
{
    document.writeln("您所请求的页面不存在,请重新连接!");
}
//把参数所表达的信息输出在界面上
function showMessage(message)
{
    document.writeln(message);
}
//根据矩形的长和宽计算矩形的面积
function calculateSquare(length,width)
{
    return length * width;
}
```

从上面的例子中可以看出，一个函数的定义包含以下 5 个部分。

（1）关键字：这里使用了关键字 function 来表示函数的创建。请注意，除了上面例子中的方法以外，JavaScript 还有创建函数的其他方法，创建函数的关键字也不只有 function 一个，本节稍后将讲述其他创建函数的方法。

（2）函数名称：介于关键字 function 和括号()之间的字符串称为函数名称，用来说明区分不同的函数并对当前函数进行说明。另一方面，函数名称还是函数调用的关键，只有通过函数名称才能调用已经定义的函数。

（3）参数列表：位于括号()之间的，用逗号隔开的字符串称为函数的参数(形式参数)。从上面的例子可以看出，函数的参数是可选的，即一个函数可以没有参数，可以使用一个参数，也可以使用多个参数，参数的数量可以根据需要自行设计。

（4）函数主体：定义在大括号{}之间的代码就是函数的主体，它是符合 JavaScript 语法规范的代码段，用于完成编程人员需要的逻辑功能。

（5）返回值：一个函数可以通过 return 语句返回一个特定类型的值；也可以不使用 return 语句，而是只执行函数主体中的代码，这种情况下，函数将向调用者返回一个未定义的值。

在 JavaScript1.2 中，还引入了一种被称为函数直接量的创建函数的方法，这种方法将创建一个未命名的函数表达式，其语法规则与前面所讲述的创建函数的方法很类似，只不过省略了函数名称，并用做表达式。下面的例子说明了采用这种方式创建函数的格式：

```
var welcome = function(name){ document.writeln("欢迎您："+ name +"同学");}
```

2.3.2 调用函数

这里结合上面创建函数的例子，通过实际代码说明在 JavaScript 编程过程中如何调用已经声明过的函数。

```
//根据矩形的长和宽计算矩形的面积
function calculateSquare(length,width)
{
  return length * width;
}
document.writeln("矩形的面积为:" + calculateSquare(3,4));
```

从上面的例子中可以看出，函数的调用包含以下 3 个部分。

（1）预先定义：当前调用的函数必须是已经正确定义的函数。如果调用的函数尚未定义，将导致程序错误。

（2）调用规则：如果要调用的函数已经预先正确定义，那么只需要使用"函数名()"这种格式运算符就可以调用。

（3）关于参数：JavaScript 函数中的参数与其他计算机语言存在很大差异，第一，JavaScript 是一种无类型的计算机语言，不能为参数指定数据类型；第二，在调用函数时，JavaScript 不会检测传递参数（实际参数）类型是否与函数参数（形式参数）类型相一致，所以必须采取其他方法避免由于传递参数和函数参数类型不一致而带来的问题；第三，在函数调用时，JavaScript 也不会检测传递参数的数量是否与函数参数的数量相一致，如果传递的参数个数比函数所需要的参数个数多，那么多余的参数将被忽略，如果传递的参数个数比函数所需要的参数个数少，那么缺少的参数将由未定义类型的数值补齐。

2.3.3 作为数据类型的函数

前文已经提到，JavaScript 中的函数区别于其他计算机语言的最大特点就是可以作为一种数据类型,从而可以像处理其他数据类型一样来处理函数,首先来看一个例子。

例 2-3 作为变量的函数

```
<html>
    <head>
        <title>Example:作为变量的函数</title>
    </head>
    <body>
        <h3>Example:作为变量的函数</h3>
        <pre>
            <script language = "JavaScript">
                //定义一个函数
                function welcome(name)
                {
                   //输出欢迎消息
                   document.writeln("欢迎您:" + name + "同学");
                }
                Example1 = welcome("张兴华");
                Example2 = welcome;
                Example3 = Example2("张兴华");
            </script>
        </pre>
    </body>
</html>
```

例 2-3 首先定义了一个名为 welcome 的函数,目的是在页面上输出一个欢迎信息,接下来声明了三个变量,并将带有参数的函数调用赋值给第一个变量 Example1,程序运行的结果是在页面上输出一个欢迎消息;接下来将不带参数的函数名赋值给第二个变量 Example2,因为函数名称只是保存函数变量的名字,所以这时变量 Example2 和函数名 welcome 引用了同一个函数;最后将通过变量 Example2 调用的函数赋值给变量 Example3,程序执行的结果与代码"Example1=welcome("张兴华");"执行的结果相同,都会在页面上输出一个欢迎消息。图 2-3 是程序运行结果的输出界面:

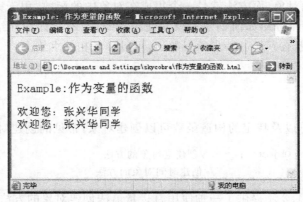

图 2-3 作为变量的函数

除了在变量之间赋值以外,还可以将函数赋给对象的属性和方法。关于这一部分内容,这里只做简单的说明,详细内容可以参看 2.4 节。

另外,函数还可以作为数组成员使用,通过数组成员来访问函数。下面通过一个简单的例子来说明函数的这种使用方式。

```
function welcome(name)
{
    document.writeln("欢迎您:" + name + "同学");        //输出欢迎消息
}
var example = new Array(3);
example[0] = welcome("张兴华");
example[1] = welcome;
example[2] = example[1]("张兴华");
```

这个例子的输出结果与例 2-3 是一样的,这也说明了不论是将函数赋给变量,还是作为数组元素,都是建立对函数的引用,从而调用访问函数。

2.3.4 JavaScript 中的内置函数

JavaScript 中有许多预定义的函数,比如前文中经常出现的 document.writeln()就是其中之一。这些预定义的函数大多存在于预定义的对象中,例如 String 对象、Date 对象、Math 对象、window 对象和 document 对象,都有很多预定义的函数,只有熟练使用这些函数才能发挥 JavaScript 的强大功能,简洁、高效地完成程序。本书将会在以后的章节中,介绍一些常用的内置函数。

2.4 对　　象

相对于数字、字符和布尔型这些原始数据类型而言,对象是一种复合的、复杂的数据类型,是属性和方法的集合。对象的属性可以是任何类型的数据,包括数字、字符、布尔型、数组、函数,甚至是其他对象,而方法就是一个集成在对象中的函数,用于完成特定的功能。本节接下来的内容将简单介绍如何创建对象和使用对象,而不会详细介绍对象以及面向对象编程的内容,如果读者有兴趣进一步学习的话,可以参考相关书籍。

2.4.1 创建对象

使用 new 运算符以及特定的构造函数可以创建对象,常见的创建对象的方法如下:

```
var obExample = new Object();      //创建空对象的方法
var obTime = new Date();           //创建时间对象的方法
```

另外,JavaScript1.2 还提供了一种使用直接量语法创建对象的方法,对象直接量是一个由属性说明构成的列表,列表的元素定义了对象属性的名称和数值。下面的例子说明了如何使用直接量语法来创建对象。

```
var student = {
                name："张兴华",
                age："25",
                gender："male"
              }
```

2.4.2 操作对象的属性

在了解了创建对象的方法之后,接下来讲解如何设置、使用对象的属性。在操作对象属性的过程中,需要使用运算符·,运算符·左边是对象名,右边是属性名,这样就可以把数据存入特定的属性中,也可以把特定属性的值读取出来。例如：

```
var student = new Object();                          //创建一个空对象
student.name = "张兴华";                              //设置对象的一个属性
student.age = "25";                                  //设置对象的一个属性
document.writeln("学生姓名:" + student.name);         //读取对象的属性
document.writeln("学生年龄:" + student.age);          //读取对象的属性
```

2.4.3 操作对象的方法

对象的方法是集成在对象中、像对象属性一样使用的函数,可以通过下面的方式操作对象的方法：先创建一个 JavaScript 函数,然后创建一个对象,最后将函数赋给对象的属性从而实现对象方法的定义。例 2-4 详细说明了如何使用这种方式操作对象,同时也简单演示了对象的其他使用内容：

例 2-4 JavaScript 中对象的方法

```
<html>
    <head>
        <title>Example: Object Method</title>
    </head>
    <body>
    <h3>Example: Object Method</h3>
        <pre>
            <script language = "JavaScript">
                //定义一个函数,此函数将用做对象的方法
                function putInformation(name,age)              //这个函数里包含两个参数
                {
                  document.writeln("学生姓名:" + name);         //读取对象的属性
                  document.writeln("学生年龄:" + age);          //读取对象的属性
                }
                //创建一个空对象
                var student = new Object();
```

```
            //把创建的函数赋值给新创建的对象的属性
            student.information = putInformation;
            //调用对象的方法
            student.information("张兴华","25");
        </script>
    </pre>
  </body>
</html>
```

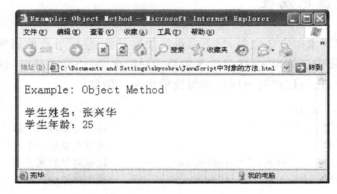

图 2-4 JavaScript 中对象的方法

2.5 数 组

与对象类似,数组也是一种数据的集合,但对象是通过属性名称标记对象中的数据,而数组则是通过下标来标记数组中的数据。下标是一个非负的整数,代表数组元素在数组中的位置,通过下标可以设置或者访问数组元素。在 JavaScript 中,下标从 0 开始。数组元素可以是任何类型的数据,甚至是另一个数组,同一数组中的不同元素可以是不同的数据类型。

注意:在 JavaScript 中,虽然本质上数组也是一种对象,但是在应用中常常将对象和数组作为不同的数据类型加以区分。

2.5.1 创建数组

在 JavaScript 中可以使用运算符 new 和构造函数 Array() 创建数组,可采用的方式有四种,常用的创建数组的方法是:

var arrayExample = new Array();

这种方法最简单,程序执行结果将创建一个没有任何元素的空数组,在以后的应用中,可以根据需要继续添加和操作该数组。下面是创建数组的第二种方法,这种方法可以明确指定所创建数组的前 n 个元素的值,数组元素的下标从 0 开始。例如:

```
var studentArray = new Array("张兴华","王小明","李大嘴");
```

第二种方法所使用的 Array() 构造函数带有一个参数列表,参数列表按顺序指定了数据元素所存储的值,这些值可以是字符串、数字等常量,还可以是任意的表达式,不同的参数之间用逗号隔开。第三种创建数组的方式经常出现在 Java 编程中,这种方式的 Array() 构造函数包含了一个数组参数,指定了数组的长度。数组元素的下标从 0 开始,数组元素的个数等于数组的长度,不过此时每一个数组元素都尚未指定数值,都是未定义类型的。例如:

```
var arrayExample = new Array(10);
```

在使用过程中,读者一定要区别第二种和第三种创建数组方式的不同:如果 Array() 构造函数中只有一个数字型的参数,那么它指定的是数组的长度,为第三种创建数组的方法,而不代表创建一个只有一个元素的数组。最后一种创建数组的方法是在 JavaScript1.2 中引入的、称为数组直接量的方法,这种方法就像创建字符串一样,只要把用逗号隔开的数值放在中括号中赋值给变量即可。例如:

```
var arrayExample = ["学生",1,"张兴华"];
```

数组直接量与第二种创建数组的方式很类似,都指定了数组中前 n 个元素的数据,这些数据可以是数字和常量,也可是表达式,唯一不同的就是数组直接量不需要使用 Array() 构造函数。

2.5.2 访问数组元素

JavaScript 中的数组非常灵活,它可以具有任意数量的数组元素,并可以在任何时候访问任意一个数组元素,而不需要关心所访问的数组元素是否超出了边界。例如,使用上面第三种方法定义了一个长度为 10 的数组,并不表示这个数组的边界就是 10,在程序中可以为第 11 个、12 个甚至第 100 个元素赋值并访问它们。另一方面,JavaScript 中的数组下标可以是连续的,也可以是离散的,也就是说,定义一个空数组,接下来可以为第一个元素赋值,然后为第 10 个元素赋值,而不需要考虑中间的元素,只有那些被赋值的元素才会获得真正的内存,而其他元素将是未定义类型的。

1. 添加数组元素

如果要为一个数组添加元素,那么需要首先指定这个元素的下标,然后为这个元素赋值即可,其语法格式如下:

```
//以前没有为数组 studentArray 中下标为 100 的元素进行赋值操作
studentArray[100] = "小白";
```

2. 读取数组元素

只要想访问的数组元素已经存在,那么就可以使用[]运算符进行读取,例如:

```
studentArray[100] = "小白";
document.writeln(studentArray[100]);
```

这里要注意,[]运算符中是要访问数组元素在数组中的下标,可以是数字,也可以是表达式,甚至可以是另外一个数组元素,只要它是一个非负的整数就可以。如果要访问的数组元素尚未被赋值,那么将显示 undefined。

3. 修改数组元素

因为在 JavaScript 中数组不受边界的限制,所以修改数组元素与添加数组元素基本上是一样的。只要指定要赋值元素的下标,采用上述的语法即可为数组元素赋值。例如:

```
//数组 studentArray 中下标为 100 的元素已经存在
studentArray[100] = "小白";
```

2.5.3 数组的属性

数组中最重要的属性就是长度(length),数组长度说明了数组中包含数组元素的个数,由于 JavaScript 中数组的下标从 0 开始,所以数组的长度等于数组中最大的下标加 1。下面的例子可以给出一些直观的说明:

```
var arrayExample = new Array();        //此时 arrayExample.length 为 0
arrayExample[5] = "小白";              //此时 arrayExample.length 为 6
arrayExample[10] = "小白";             //此时 arrayExample.length 为 11
var studentArray = new Array(10);      //此时 studentArray.length 为 10
studentArray[20] = "张兴华";           //此时 studentArray.length 为 21
```

数组的长度属性不仅是可读的,而且是可写的,读取数组长度只要使用"数组名.length"即可。例如:

```
document.writeln(arrayExample.length);    //输出数组 arrayExample 的长度
```

设置数组的长度属性将对数组产生实质影响,如果设置 length 属性使其小于当前值,那么原数组中长度之外的元素将被抛弃;如果设置 length 属性使其大于当前值,那么原数组将增加一些未定义的新元素,使数组长度达到 length 的值。

2.5.4 数组的方法

数组中有许多内置的方法,同时,不同浏览器还支持不同的方法。本书只简单地讲解一些通用的方法,如果读者想了解更多的方法以及不同浏览器独自支持的方法,请参考其他书籍。

1. join( )方法

数组的 join()方法可以将该数组中的所有元素转换成字符串,然后将它们拼接起来,并用指定的符号间隔开,默认的间隔符号是逗号。

例 2-5 数组的 join()方法

```
<html>
    <head>
        <title>Example:数组的 join()方法</title>
    </head>
    <body>
```

```
        <h3>Example：数组的join()方法</h3>
        <pre>
            <script language = "JavaScript">
                var studentArray = new Array("张兴华","王小明","李大嘴");
                document.writeln(studentArray.join());
                document.writeln(studentArray.join(";"));
            </script>
        </pre>
    </body>
</html>
```

例2-5为join()方法指定了参数，指定的参数是位于双引号中的分隔符";"，执行join()方法后，将用指定的分隔符分隔数组中的元素，并使其成为一个字符串。如果没有指定任何参数，此方法将用逗号分隔数组中的元素。例2-5中程序的运行结果如图2-5所示。

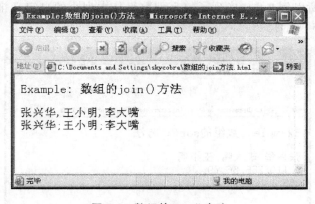

图 2-5　数组的 join() 方法

2. sort( )方法

数组的sort()方法可以对数组元素进行排序，排序的规则由该方法的参数指定。如果不指定参数，sort()方法将按照字母顺序对数组元素进行排序；如果要按照其他规则进行排序，只要把比较规则的函数作为参数传递给sort()方法即可。

例 2-6　数组的 sort()方法

```
<html>
    <head>
        <title>Example：数组的 sort()方法</title>
    </head>
    <body>
        <h3>Example：数组的 sort()方法</h3>
        <pre>
            <script language = "JavaScript">
                var studentArray = new Array("张兴华","王小明","李大嘴");
                document.writeln(studentArray.sort());
                var numberArray = new Array(255,110,79,36,0);
                document.writeln(numberArray.sort());
```

33

```
            document.writeln(numberArray.sort(function(x,y){return y- x;});));
        </script>
      </pre>
   </body>
</html>
```

从上面的例子中可以看到,对数组元素都为数字型的数组进行排序时,不指定参数将按照数字从小到大进行排列,还可以通过将比较规则的函数作为 sort()方法的参数从而实现自定义的排序。

例 2-6 中的排序规则函数 function(x,y){return y-x;}是一个简单的函数,它有两个参数,表示排序中的比较内容;方法体是一个表达式,确定了两个参数在排序数组中哪个在前,哪个在后。具体规则是:如果表达式的值小于 0,那么第一个参数将位于第二个参数前;如果表达式的值大于 0,那么第二个参数将位于第一个参数前;如果表达式的值为 0,那么两个参数顺序相等。所以例 2-6 中实现了数字型数组从大到小的自定义排序。例 2-6 中程序的运行结果如图 2-6 所示。

图 2-6　数组的 sort()方法

3. toString( )方法

数组的 toString()方法会将数组的每个元素都转换成字符串,然后输出这些字符串的列表,字符串之间用逗号隔开。数组的 toString()方法与无参数的 join()方法执行效果是相同的。具体的使用方法如下:

```
var studentArray = new Array("张兴华","王小明","李大嘴");
document.writeln(studentArray.toString());
```

2.5.5　多维数组

JavaScript 中的数组虽然不支持真正意义上的多维数组,但是其数组元素可以是数组,所以可以通过将数组保存在数组元素中的方法模拟多维数组。如果要访问这样的"多维数组"的元素,可以使用下面的方法:

```
arrayExample[m][n]
```

其中,arrayExample 表示数组元素为数组的数组,arrayExample[m]表示该数组中下标为 m 的一个数组元素(这个数组元素中存储着一个数组),arrayExample[m][n]表示 arrayExample[m]这个数组元素所代表数组中下标为 n 的元素。

2.6 特殊的数据类型

2.6.1 Null

在 JavaScript 中,Null 是一种特殊的数据类型,它表示"无值"。Null 类型数据唯一的、合法的值是 null。不过 null 除了可以表示 Null 类型的数据以外,还可以表示其他类型的数据,比如对象、数组甚至字符串等,说明它们是无效的。

2.6.2 Undefined

在 JavaScript 中还有一种特殊的值就是 Undefined,如果程序开发人员使用的变量并不存在,或者使用的变量虽然声明但没有赋值,那么返回的值就是 Undefined。它与 null 值的不同之处在于:null 值表示已经对变量赋值,只不过赋的值是"无值";而 Undefined 表示变量还不存在或者存在但没有赋值。

虽然 Undefined 和 null 存在一定的区别,但是在大多数情况下可以将两者看作是相同的,因为未定义的值和 null 值是相等的。如果需要区别它们的话,可以采用 typeof 运算符。对不存在的变量或者没有赋值的变量进行 typeof 运算时,将返回字符串 undefined;而对 null 进行 typeof 运算时,将返回字符串 object。例 2-7 详细说明了 Undefined 类型的数据和 null 值的区别,图 2-7 是对应的输出结果。

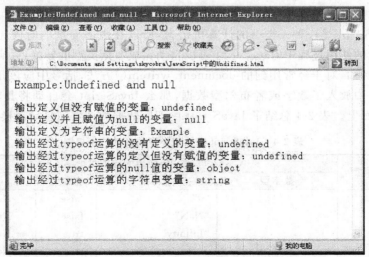

图 2-7 Undefined 与 null 的区别

例 2-7 Undefined 与 null 的区别

```html
<html>
    <head>
        <title>Example: Undefined and null </title>
    </head>
    <body>
        <h3>Example: Undefined and null </h3>
        <pre>
            <script language = "JavaScript">
                var noValue;
                document.writeln("输出定义但没有赋值的变量:" + noValue);
                var nullValue = null;
                document.writeln("输出定义并且赋值为 null 的变量:" + nullValue);
                var stringValue = "Example";
                document.writeln("输出定义为字符串的变量:" + stringValue);
                document.writeln("输出经过 typeof 运算的没有定义的变量:" + typeof undefinedValue);
                document.writeln("输出经过 typeof 运算的定义但没有赋值的变量:" + typeof noValue);
                document.writeln("输出经过 typeof 运算的 null 值的变量:" + typeof nullValue);
                document.writeln("输出经过 typeof 运算的字符串变量:" + typeof stringValue);
            </script>
        </pre>
    </body>
</html>
```

2.7 数据类型转换

2.7.1 数据类型的自动转换

由于 JavaScript 是一种无类型的计算机语言,所以在声明变量的时候无须指定它的数据类型,在变量的使用过程中,JavaScript 可以自动完成数据类型的转换,以满足语法和程序执行的需要。例如,对于经常用到的 document.writeln()方法,括号中应该是输出信息的字符串,如果括号中放入了数字或者布尔型数据,那么 JavaScript 会自动将其转化为字符串,然后输出在页面上。表 2-4 总结了 JavaScript 中不同数据类型之间自动转换的规则。

表 2-4 JavaScript 中数据类型的自动转换规则

转换前的数据类型	转换后的数据类型			
	数字型	字符型	布尔型	对象
0		"0"	false	Number 对象
NaN		"NaN"	false	Number 对象
正无穷大		"Infinity"	true	Number 对象
负无穷大		"-Infinity"	true	Number 对象

续表

转换前的数据类型	转换后的数据类型			
	数字型	字符型	布尔型	对象
其他所有数字		字符串表示的数字	true	Number 对象
非空字符串	数字值或者 NaN		true	String 对象
空字符串	0		false	Number 对象
true	1	"true"		Boolean 对象
false	0	"false"		Boolean 对象
对象	valueOf()或者 toString()或者 错误	toString()或者 valueOf()或者 错误	true	
数组	不确定	toString()	不确定	
null	0	"null"	false	不可转换
未定义的值	NaN	"undefined"	false	不可转换

对表 2-4 需说明以下 5 点:

(1) 非空字符串转换成数字　首先判断非空字符串是不是一个数字,如果这个字符串完全由表达数字的字符组成,那么转换的结果就是该字符串表示的数字值;如果原字符串存在用以表示数字以外的字符,那么转换的结果就为"NaN"。例如字符串"125.5"转换成数字以后为 125.5;而字符串"12a0"转换成数字以后为"NaN"。

(2) 对象转换成数字　这种情况下,JavaScript 首先使用 valueOf()方法,如果该方法不存在或者没有返回一个恰当的值,那么 JavaScript 接着调用 toString()方法。

(3) 对象转换成字符　这种情况与对象转换成数字恰好相反,JavaScript 先调用 toString()方法,如果该方法不存在或者没有返回一个恰当的值,那么 JavaScript 接着调用 valueOf()方法。

(4) 数组转换成数字　这种转换受浏览器类型和版本影响,不同类型和版本的浏览器转换规则不同,所以不建议使用自动类型转换,而应该使用明确的类型转换。

(5) 数组转换成布尔型　与数组转换成数字相似,这种转换受浏览器类型和版本影响,不同类型和版本的浏览器转换规则不同,所以不建议使用自动类型转换,而应该使用明确的类型转换。

2.7.2 数据类型的明确转换

在 JavaScript 中,除了可以自动进行数据类型转换外,还允许进行明确的数据类型转换。下面介绍两种常用的、明确的数据类型转换情况。

1. 从数字型到字符串的明确转换

这是一种常见的转换,可以通过两种方法实现。最简单的方法是使数字型的数据与空字符串相加,这样 JavaScript 会自动地将数字转换成一个字符串,并与空字符串合并,从而实现数字类型到字符串的类型转换,并且不会改变原有的数字内容。例如:

```
var number_string = 123 + "";    //转换的结果是字符串"123"
```

另外一种将数字转换为字符串的方法是使用 toString() 方法。例如：

```
var number = 123；
var number_string = number.toString();
```

上面的语句首先定义了数字型变量 number，值为 123，然后通过 toString() 方法将其转换为字符串"123"，然后赋值给变量 number_string，从而实现数字类型向字符串的类型转换。

2. 从字符串到数字型的明确转换

与从数字转换到字符串类似，从字符串转换到数字的方法也有两种，最简单的一种是使字符串与数字 0 相减，在运算过程中，JavaScript 自动将字符串转换成数字，完成运算后数据类型变为数字型，同时因为减数为 0，运算结果不会改变原有的数值。例如：

```
var string_number = "123" - 0;        //转换的结果是数字 123
```

这种方法虽然简单，但是要求被转换的字符串必须由组成数字的字符构成，不能包含其他字符，否则无法顺利完成。因此，在 JavaScript 中还有一种将字符串转换为数字的方法，即使用 parseInt() 和 parseFloat() 方法。这两个方法可以将字符串中开头位置所包含的数字提取出来，其中 parseInt() 只能处理整数，而 parseFloat() 方法既能处理整数又能处理浮点数。例 2-8 详细说明了 JavaScript 中数据类型明确转换方法。

例 2-8 数据类型的明确转换

```
<html>
    <head>
        <title>Example：数据类型的明确转换</title>
    </head>
    <body>
        <h3>Example：数据类型的明确转换</h3>
        <pre>
            <script language = "JavaScript">
                var number_string = 123 + "";
                document.writeln("通过加空字符串完成数字向字符串的转换：" + number_string + "；类型：" + typeof(number_string));

                var number = 123；
                var numbertostring = number.toString();
                document.writeln("通过 toString()方法完成数字向字符串的转换：" + numbertostring + "；类型：" + typeof(numbertostring));

                var string_number = "123" - 0;
                document.writeln("通过减 0 完成字符串向数字的转换：" + string_number + "；类型：" + typeof(string_number));

                document.writeln("通过 parseInt()方法完成字符串向数字的转换：" + parseInt("12.5RMB") + "；类型：" + typeof(parseInt("12.5RMB")));
```

```
                    document.writeln("通过parseFloat()方法完成字符串向数字的转换：FD" + parseFloat
                ("12.5RMB") + ";类型： " + typeof(parseFloat("12.5RMB")));
            </script>
        </pre>
    </body>
</html>
```

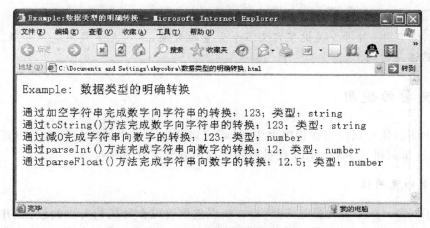

图 2-8　数据类型的明确转换

2.8　变　　量

　　JavaScript 是一种无数据类型的计算机语言，并不是说在 JavaScript 中没有数字型、字符型等数据类型的差异，而是指其变量在声明和使用过程中不区分数据类型，JavaScript 会在需要的时候自动对不同数据类型进行转换，当然读者也可以使用 2.7.2 节介绍的方法，对不同的数据类型进行明确转换。

2.8.1　变量的声明

　　直观上讲，变量是一个存储或者表示数据的名称，它可以存储和表示前文所提到的 JavaScript 中所有类型的数据，并且其中的数据是可以改变的。本质上讲，变量代表了内存中的存储单元，在程序中声明变量 a，就是指用 a 命名了某个存储单元，用户对变量 a 进行的操作就是对该存储单元进行操作。

　　JavaScript 在声明变量的时候不需要指定变量的数据类型，而是统一使用关键字 var 声明。例如：

```
var stringExample;          //声明一个存储字符串的变量
var numberExample;          //声明一个存储数字的变量
```

　　上面的例子只是表示程序中存在名称为 stringExample 以及 numberExample 的两个变

量,并没有为它们指定数据,可以通过下面的方式,在声明变量的同时为变量初始化数据:

```
var stringExample = "小郭";          //声明一个存储字符串的变量
var numberExample = 25;              //声明一个存储数字的变量
```

另外,还有一种简单的写法,可以使用一个 var 关键字定义多个变量,并为其指定初始值。例如:

```
var stringExample = "小郭",numberExample = 25;
```

注意: 使用同一个 var 关键字定义多个变量的时候,不同变量要用逗号分隔,用分号表示变量声明语句的结束。

2.8.2 变量的使用

变量声明后便可以应用在程序之中,读者可以通过本书中的实例详细了解到变量是如何使用的,这里只讲述 JavaScript 变量使用过程中需要注意的 3 点:

1. 变量的通用性

因为 JavaScript 中的变量是无类型的,所以它们可以存放任何类型的数据,并且同一个变量在不同的位置可以被赋予不同类型的数据。例如,可以声明一个变量,初始化为数字类型,然后在程序的其他地方将字符串赋给它:

```
var example = 25;
example = "test";
```

这样的语法在 JavaScript 中是完全合法的,但是在其他计算机语言,尤其是 Java 这种强类型语言中是绝对不可以的。

2. 变量的重复声明

在 JavaScript 中可以重复声明同一个变量而不会产生任何语法错误。如果重复声明语句中不带有初始化的数据,那么重复的声明不会对以前的代码产生任何改变;如果重复声明语句中带有初始化的数据,那么重复的声明等同于对这个变量的赋值语句。例 2-9 详细说明了这一方面的内容。

例 2-9 变量的重复声明

```
<html>
    <head>
        <title>Example:变量的重复声明</title>
    </head>
    <body>
        <h3>Example:变量的重复声明</h3>
        <pre>
            <script language = "JavaScript">
                var stringExample;
                document.writeln("输出初次声明但未赋值的变量:" + stringExample);
                stringExample = "小郭";
```

```
            document.writeln("为初次声明的变量直接赋值：" + stringExample);
            var stringExample;
            document.writeln("用不赋值的语句重复声明已存在的变量：" + stringExample);
            var stringExample = "芙蓉";
            document.writeln("用带有初始值的语句重复声明已存在的变量：" + stringExample);
        </script>
    </pre>
</body>
</html>
```

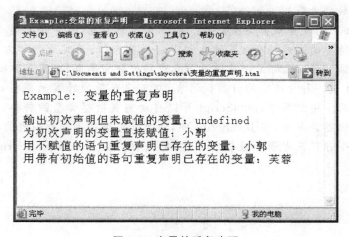

图 2-9　变量的重复声明

3. 没有声明的变量

在 JavaScript 中，可以不声明所使用的变量，但这不是好的编程方式程序中应该明确地声明所需要使用的变量。如果存在需要使用而没有声明的变量，那么 JavaScript 会自动将该变量声明为全局变量。JavaScript 的这种特性可以避免一些因为疏忽而产生的错误，但是也容易带来一些问题。例如，函数中的局部变量如果没有声明，那么 JavaScript 将自动将这个本应该是局部变量的变量声明称全局变量。关于局部变量和全局变量的概念请参阅 2.8.3 节。

2.8.3　局部变量和全局变量

正如前文所提到的，变量分为局部变量和全局变量。局部变量是指只能在一段程序中发挥作用的变量，而全局变量是指在整个 JavaScript 代码中都可以发挥作用的变量。通常，在函数之内声明的变量都是局部的，而在函数之外声明的变量是全局性的。

局部变量和全局变量可以同名，也就是说，即便在函数体外声明了一个变量，在函数体内还可以再声明一个同名的变量。不过在函数体内部，局部变量的优先级高于全局变量，即在函数体内，那个同名的全局变量被忽略了。

需要格外注意的是：专用于函数体内部的变量一定要用 var 关键字声明，否则该变量将被定义成全局变量，如果函数体外部有同名的变量，那么将有可能导致其数据被计划之外的代码所修改。

本 章 小 结

➢ JavaScript 是一种大小写敏感的计算机语言,如果代码存在大小写错误,将导致程序无法正常运行。
➢ JavaScript 使用;作为语句分隔符。为了保证程序的准确有效,在实际编程中应该规范使用分隔符。
➢ JavaScript 中的简单数据类型包括:数值型、字符型和布尔型,它们是程序中最基本、最常用的数据类型。
➢ JavaScript 中的复杂数据类型包括:函数、对象和数组,其中函数是命名的语句块,可用于完成特定的功能;对象是属性和方法的集合体,而其属性和方法又可以是其他任意的数据类型;数组是一种通过下标访问的数据集合,本质上讲也是一种对象。
➢ JavaScript 是一种无类型的计算机语言,在声明变量的时候无须指定它的数据类型,而在变量的使用过程中,JavaScript 可以自动完成数据类型的转换,以满足语法和程序执行的需要。另外,在 JavaScript 中,还允许根据需要进行明确的数据类型转换。
➢ 变量是一个存储或者表示数据的名称,它可以存储和表示 JavaScript 中所有类型的数据。

习 题 2

1. JavaScript 中有哪些关键字?它们应该如何使用?
2. 什么是转义字符?它们有什么作用?
3. 为什么说 JavaScript 中的函数也是一种数据类型?
4. 如何创建对象?如何操作对象的属性和方法?
5. 什么是变量?在 JavaScript 中重复声明变量有什么结果?

第 3 章 表达式与操作符

3.1 表达式

表达式是各种数值、变量、运算符的综合体,最简单的表达式可以是常量或者变量名称,下面的例子都是合法的表达式:

```
204                  //常量表达式(数字型)
"skycobra"           //常量表达式(字符型)
example              //变量表达式
```

表达式的值是表达式运算的结果,常量表达式的值就是常量本身,变量表达式的值则是变量引用的值。在实际编程中,读者可以使用运算数和运算符建立复杂的表达式,运算数是一个表达式内的变量和常量,运算符是表达式中用来处理运算数的各种符号。前文中已经出现过一些简单的表达式,例如:

```
stringExample = "小郭";       //简单的赋值表达式
```

这是一个赋值表达式,变量 stringExample 和字符串"小郭"是表达式中运算数,而 = 是赋值运算符,赋值表达式的运算结果是把字符串"小郭"赋给变量 stringExample。JavaScript 中还有许多复杂的表达式,将在本章中详细讲述。

3.2 运算符概述

JavaScript 中的运算符用来对一个或者多个值进行操作并产生单一的结果值。为了更好地学习各种运算符的功能,下面首先讲解各种运算符普遍具有的特点和规则。

3.2.1 运算符的优先级

如果表达式中存在多个运算符,那么它们总是按照一定的顺序被执行,表达式中运算符的执行顺序称为运算符的优先级。在程序运行过程中,总是先执行优先级高的运算符,后执行优先级低的运算符。下面分析一个典型的例子。

```
result = 108 + 204 - 6 * 3 + 12 / 6;
```

这是一段简单的算术运算的代码,很容易直接看出程序的意图,即首先计算 6 * 3,然后计算 12/6,接下来从左至右依次计算 108 + 204 - 18 + 2,最后将运算结果 296 赋给变量 result。那么运算符的优先级是如何产生作用的呢？根据数学常识可知,* 和/的优先级相同,应该从左至右依次计算,但是都高于＋和－的优先级,所以上面的程序首先计算 6 * 3,然后计算 12/6；待乘和除运算完成之后,代码中就只剩下加减运算,加减运算的优先级是相同的,所以从左至右依次运算,计算结果是数字 296；在整个表达式中,赋值运算符＝的优先级是最低的,所以最后执行赋值运算,将数字 296 赋给变量 result。

读者可以改变默认的运算顺序,使之满足自己的需要,方法就是使用运算符(),因为运算符()的优先级高于其他运算符的优先级。例如,result＝(108＋204－6) * 3＋12/6,由于括号的运算符优先级最高,所以将首先执行括号之内的代码,而括号中有一个加法运算和一个减法运算,由于加减法运算的优先级相同,将从左至右执行括号中的代码,运算结果为 306。到这时,原始代码已经等价于 result＝306 * 3＋12/6,表达式中存在一个乘法运算、一个加法运算和一个除法运算,乘除法优先级相同,同时高于加法,所以程序从左到右执行 306 * 3 和 12/6,最后将两者结果相加,并将结果 920 赋给变量 result。

通过上面两个例子,很容易了解 JavaScript 中运算符的执行规则,即先执行优先级高的运算符,再执行优先级低的运算符,如果两个或者两个以上的运算符有相同的优先级,那么一般是从左到右依次执行,不过也有从右到左依次执行的。表 3-1 列出了 JavaScript 中的运算符及优先级,并且标注了哪些运算符在同级别下是从右到左执行的(优先级标号越小说明优先级别越高,优先级标号相同的说明优先级相同)。

表 3-1 运算符的优先级

优先级	运算符	执行顺序(从右向左)
1	(),.,[]	
2	!,~,+,-,++,--,typeof,new,void,delete	+(一元加),-(一元减),++,--,!,~
3	*,/,%	
4	+,-	
5	<<,>>,>>>	
6	<,<=,>,>=	
7	==,!=,===,!==	
8	&	
9	^	
10	|	
11	&&	
12	||	
13	?:	?:
14	=,+=,-=,*=,/=,%=,<<=,>>=,>>>=,&=,^=,!=	=,*=,/=,+=,-=,%=,<<=,>>=,&=,^=,!=
15	逗号(,)操作符	

表 3-1 种列出了近 50 种运算符，它们一共有 15 种优先级，如果读者记忆这些内容有困难或者在应用中担心出错，那么可以采取一种简单的办法，那就是用括号明确的标记出运算顺序。

3.2.2 运算数的类型

在 JavaScript 中使用运算符构建表达式的过程中一定要注意运算符和运算数的类型，下面先看两个例子：

"二零四"＊"一零八"；　　　//不合法的表达式
"204"＊"108"；　　　　　//合法的表达式

上面的例子说明两个问题：第一，不同运算符对其处理的运算数存在类型要求，例如不能将两个由非数字字符组成的字符串进行乘法运算；第二，JavaScript 是一种无类型的计算机语言，所以在运算过程中，JavaScript 将在需要的时候自动转换运算数的类型，这样由数字字符组成的字符串在进行乘法运算的时候将自动转换成数字。

这样又产生了另一个问题，就是 JavaScript 对运算数类型进行的自动转化是否恰当。例如运算符＋，它对两个数字进行运算的时候执行的是加法操作，对两个字符进行运算的时候执行的是连接操作，如果对一个数字和一个字符串进行运算，它将把数字转换成字符串然后执行连接操作，所以表达式 204＋"108" 的运算结果是字符串"204108"。

另外，运算数的类型不一定与表达式的结果相同，例如在比较表达式中，运算数往往不是布尔型数据，而返回结果总是布尔型数据。这种特点的作用是可以辅助实现类似于循环和判断的程序控制逻辑。

3.2.3 运算符的类型

根据运算数的个数，可以将运算符分为 3 种类型：一元运算符、二元运算符和三元运算符。

一元运算符是指只需要一个运算数参与运算的运算符，一元运算符的典型应用是取反运算。二元运算符需要两个运算数参与运算，JavaScript 中的大部分运算符都是二元运算符，比如加法运算符、比较运算符等。另外，JavaScript 还支持三元运算符"？："，这种运算符比较特殊，它可以将三个表达式合并为一个复杂的表达式。

3.3　算术运算符

算术运算符是程序设计语言中最常用的运算符，优先级相同的算术运算符的执行顺序是从左到右。表 3-2 列出了相关的算术运算符。

表 3-2 算术运算符

运算符	操作说明
＋	加法运算符,执行加法操作
－	减法运算符,执行减法操作
－	取反运算符,执行取反操作
＊	乘法运算符,执行乘法操作
/	除法运算符,执行除法操作
%	模运算符,执行取模操作
++	增量运算符,执行增量操作
－－	减量运算符,执行减量操作

1. 加法运算符(＋)

加法运算符(＋)是一个二元运算符,可以对数字型的运算数进行加法操作。例如:

```
204 + 108;        //对数字 204 和 108 执行加法操作,结果为 312
```

另外,加法运算符还可以应用在其他情况中。如果运算数是两个字符串,或者一个是字符串一个是数字,那么加法运算符将把数字转换成字符串,然后对两个字符串执行连接操作;如果运算数中有对象,那么 JavaScript 将把对象转换成可以进行加法运算或者连接运算的数字和字符串,然后进行相应的运算。

2. 减法运算符(－)

如果减法运算符用于两个数字的减法运算,那么它是一个二元操作符,执行两个操作数的减法操作,例如:

```
204 - 108;        //对数字 204 和 108 执行减法操作,结果为 96
```

如果减法运算符用于取反运算,那么它是一个一元操作符,运算数必须为数字,且运算符位于运算数前。如果运算数为正数,那么运算将获取该正数对应的负值,如果运算数是负值,那么运算将获取其对应的正值。例如:

```
-108;             //运算数是 108,取反后的结果为 -108
-(-204)           //运算数是 -204(执行过一次取反操作),取反后的结果为 204
```

减法运算符还有一个作用,就是可以完成字符串向数字的转换。如果一个字符串全部是由构成数字的字符组成,那么用这个字符串减去 0,将可以把这个字符串转换成数字。例如:

```
"204" - 0;        //执行结果将字符串"204"转换成数字 204
```

3. 乘法运算符(＊)

乘法运算符(＊)是一个二元操作符,完成两个数字型运算数的乘法操作。如果运算数不是数字型,但是可以转换成数字型,乘法运算符会将其自动转换成数字,然后再进行乘法操作;如果运算数无法转换成数字型,那么运算结果将返回"NaN"。

4. 除法运算符(/)

除法运算符(/)也是一个二元操作符,完成两个数字型运算数的除法操作。其运算规则与乘法运算类似,如果运算数中包含了无法转换成数字型的字符,那么除法运算的结果将是"NaN"。还需要注意一点是,如果除数为正数,被除数为 0,那么运算结果将是"Infinity";如果除数为负数,被除数为 0,那么运算结果将是"－Infinity";如果除数、被除数都是 0,那么运算结果是"NaN"。

5. 模运算符(%)

模运算符(%)又称为取余数运算符,可以计算第一个运算数对第二个运算数的模。简单的说,就是用第一个运算数去除第二个运算数,获取余数。模运算符同样首先会把可以转换成数字的其他类型数据转换成数字,然后进行运算。需要注意的是,任何数字和字符对 0 取模,结果都是"NaN",另外,如果运算数中包含无法转换成数字的内容,运算结果也是"NaN"。

6. 增量运算符(++)

增量运算符(++)是一元操作符,可以对运算数进行增量操作,增量为 1。不过这个运算数必须是变量、数组元素或者对象属性,而不能是常量。如果变量、数组元素或者对象属性不是数字,那么增量运算符会自动进行类型转换,将其转换成数字;如果无法转换成数字,那么增量运算的结果为"NaN"。

增量运算常常和赋值运算结合在一起,但是增量运算有两种不同的形式,会对表达式产生不同的结果。例如:

```
var item1 = 10,item2 = 10;
sum1 = item1 ++ ;
sum2 = ++ item2;
```

程序运行的结果是:item1＝11,sum1＝10,item2＝11,sum2＝11。为什么会产生这样的结果呢？原因是增量运算符的位置不同,运算顺序也不同。如果增量运算符位于运算数后面,例如 sum1＝item1++,则程序首先将 item1 的值赋给 sum1,sum1 变为 10,然后对 item1 执行增量运算,item1 变为 11;如果增量运算符位于运算数前面,例如 sum2＝++item2,则程序首先对 item2 执行增量运算,item2 变为 11,然后将 item2 的值赋给 sum2,sum2 变为 11。

7. 减量运算符(--)

与增量运算符类似,减量运算符也是一元操作符,不过它对运算数进行减量操作,减量为 1。同样地,减量运算数也必须是变量、数组元素或者对象属性,而不能是常量。如果变量、数组元素或者对象属性不是数字,那么减量运算符会自动进行类型转换,将其转换成数字;如果无法转换成数字,那么减量运算的结果为"NaN"。

减量运算符也存在因位置不同导致运算结果不同的情况,因为与增量运算符类似,这里就不再进行详细论述了。

例 3-1 是一个综合的例子,简单展示了各种算术运算符的功能效果,图 3-1 是例 3-1 的输出页面效果图。

例 3-1 算数运算符案例

```
<html>
    <head>
        <title>Example:算术运算符</title>
```

```html
</head>
<body>
    <h3>Example：算术运算符</h3>
    <pre>
        <script language = "JavaScript">
            var numberAddNumber = 204 + 108;
            var stringAddString = "204" + "108";
            var numberAddString = 204 + "108";
            var numberSubNumber = 204 - 108;
            var number = -(-204);
            var stringSubNumber = "204" - 0;
            var numberMulNumber = 204 * 108;
            var numberMulString = 204 * "a";
            var numberDivNumber = 204 / 12;
            var numberDivZero = 204 / 0;
            var numberDivString = 204 / 'a';
            var mud = 204 % 11;
            var item1 = 10,item2 = 10;
            sum1 = item1 ++ ;
            sum2 = ++ item2;
            var item3 = 10,item4 = 10;
            sum3 = item3 -- ;
            sum4 = -- item4;
            document.writeln("两个数字相加(数字 204 加数字 108)：" + numberAddNumber);
            document.writeln("两个字符相加(字符"204"加字符'108')：" + stringAddString);
            document.writeln("数字字符相加(数字 204 加字符'108')：" + numberAddString);
            document.writeln("数字字符相减(数字 204 减数字 108)：" + numberSubNumber);
            document.writeln("取反运算(对数字 - 204 取反)：" + number);
            document.writeln("字符数字相减(字符"204"减数字 0)：" + stringSubNumber);
            document.writeln("两个数字相乘(数字 204 乘数字 108)：" + numberMulNumber);
            document.writeln("数字字符相乘(数字 204 乘字符"a")：" + numberMulString);
            document.writeln("两个数字相除(数字 204 除以 12)：" + numberDivNumber);
            document.writeln("数字和 0 相除(数字 204 除以 0)：" + numberDivZero);
            document.writeln("数字字符相除(数字 204 加字符'a')：" + numberDivString);

            document.writeln("增量运算：定义两个变量 var item1 = 10,item2 = 10,然后执行
            sum1 = item1 ++ ;和 sum2 = ++ item2;");
            document.writeln("item1：" + item1);
            document.writeln("sum1：" + sum1);
            document.writeln("item2：" + item2);
            document.writeln("sum2：" + sum2);

            document.writeln("减量运算：定义两个变量 var item3 = 10,item4 = 10,然后执行
            sum3 = item3 ++ ;和 sum4 = ++ item4;");

            document.writeln("item3：" + item3);
            document.writeln("sum3：" + sum3);
```

```
            document.writeln("item4: " + item4);
            document.writeln("sum4: " + sum4);
        </script>
    </pre>
  </body>
</html>
```

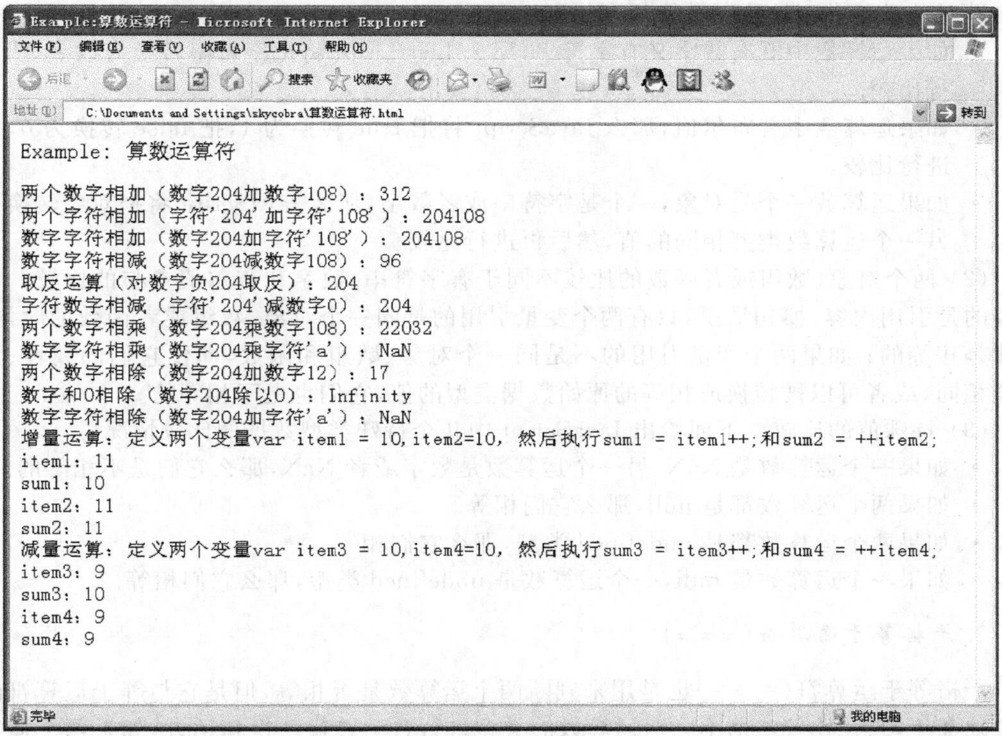

图 3-1　算数运算符

3.4　比较运算符

比较运算符用于比较运算符两端表达式的值,确定两者的大小关系,运算完成后,根据比较的结果返回一个布尔值。如果比较表达式成立,返回 true;如果不成立,返回 false。表 3-3 列出了 JavaScript 中支持的比较运算符。

表 3-3　比较运算符

运算符	说明	运算符	说明
==	等于	<	小于
===	严格等于	<=	小于等于
!==	不等于	>	大于
!===	严格不等于	>=	大于等于

1. 等于运算符(==)

等于运算符(==)用于判断两个运算数是否相等,如果相等返回 true,如果不相等返回 false。这里需要注意以下三个问题:

(1) 运算数的类型转换。如果被比较的运算数是同类型的,那么等于运算符将直接对运算数进行比较。如果被比较的运算数类型不同,那么等于运算符在比较两个运算数之前会自动对其进行类型转换。转换规则如下:

- 如果运算数中既有数字又有字符串,那么 JavaScript 将把字符串转换为数字,然后进行比较。
- 如果运算数中有布尔值,那么 JavaScript 将把 true 转换为 1,把 false 转换为 0,然后进行比较。
- 如果运算数一个是对象,一个是字符串或者数字,那么 JavaScript 将把对象转换成与另一个运算数类型相同的值,然后再进行比较。

(2) 两个对象、数组或者函数的比较不同于有字符串、数字和布尔值参与的比较。前者比较的是引用内容,换句话说,只有两个变量引用的是同一个对象、数组或者函数的时候,它们才是相等的;如果两个变量引用的不是同一个对象、数组和函数,即使它们的属性、元素完全相同,或者可以被转换成相等的原始数据类型的值,它们也是不相等的。

(3) 特殊值的比较。下面给出 JavaScript 中几个特殊类型数据的比较情况:

- 如果一个运算数是 NaN,另一个运算数是数字或者 NaN,那么它们是不相等的。
- 如果两个运算数都是 null,那么它们相等。
- 如果两个运算数都是 undefined 类型,那么它们相等。
- 如果一个运算数是 null,一个运算数是 undefined 类型,那么它们相等。

2. 严格等于运算符(===)

严格等于运算符(===)也是用来判断两个运算数是否相等,但是它与等于运算符的不同之处在于,它在比较之前不会对运算数的类型进行自动转换。换句话说,如果两个运算数没有进行类型转换便是相等的,它才会返回 true,否则返回 false。对于严格等于运算符,要注意以下两点:

- 严格等于运算符不进行数据的类型转换,所以不同类型的运算数都是不相等的。例如,字符串"5"和数字 5 在等于运算符判断下是相同的,但在严格等于运算符判断下就是不相同的。
- 特殊值的比较也发生了一些变化:在严格等于运算符的判断下,null 和未定义类型的数据不相等。

3. 不等于运算符(!=)

不等于运算符与等于运算符的比较规则相反:如果两个运算数不相等,则返回 true;如果两个运算数相等,则返回 false。除此之外,不等于运算符的数据类型转换规则,对象、数组和函数的比较方法,以及特殊值的处理情况都可以参考等于运算符的情况,唯一需要再一次强调的就是,运算结果相等的时候,不等于运算符返回 false,而不相等的时候返回 true。

4. 严格不等于运算符(!==)

严格不等于运算符与严格等于运算符比较规则相反:如果两个没有经过类型转换的运

算数完全相等,则返回 false,否则返回 true。其他情况可以参考严格等于运算符。

5. 小于运算符(<)

小于运算符(<)用于两个运算数的比较,如果第一个运算数小于第二个运算数,那么计算结果返回 true,否则返回 false。

小于运算符以及小于等于运算符、大于运算符和大于等于运算符也存在运算数类型转换的问题,但是与前面讲解的运算符不同,它们的规则是:
- 运算数可以是任何类型的,但是比较运算只能在数字和字符串上执行,所以不是数字和字符类型的数据都会被转换成这两种类型。
- 如果两个运算数是数字,或者都被转换成数字,那么比较按照数字大小规则执行。
- 如果两个运算数是字符串,或者都被转换成字符串,那么比较按照字母顺序规则执行。
- 如果一个是字符串或者被转换成字符串,一个是数字或者被转换成数字,那么首先会将字符串转换成数字,然后按照数字大小规则执行比较。
- 如果运算数中包含无法转换成数字也无法转换成字符串的内容,那么比较结果将是 false。

6. 小于等于运算符(<=)

小于等于运算符(<=)用于两个运算数的比较,如果第一个运算数小于或者等于第二个运算数,那么计算结果返回 true,否则返回 false,其他规则可参考小于运算符。

7. 大于运算符(>)

大于运算符(>)用于两个运算数的比较,如果第一个运算数大于第二个运算数,那么计算结果返回 true,否则返回 false,其他规则可参考小于运算符。

8. 大于等于运算符(>=)

大于等于运算符(>=)用于两个运算数的比较,如果第一个运算数大于或者等于第二个运算数,那么计算结果返回 true,否则返回 false,其他规则可参考小于运算符。

3.5 逻辑运算符

逻辑运算符用来执行布尔运算,其运算数都应该是布尔型数值和表达式或者可以转换成布尔型的数值和表达式,其运算结果返回 true 或者 false。在实际应用中,逻辑运算符常常和比较运算符以及逻辑控制语句结合使用,是 JavaScript 乃至所有计算机语言的编程基础和重点。表 3-4 列出了所有的逻辑运算符。

表 3-4 逻辑运算符

运算符	说明
&&	逻辑与运算符
||	逻辑或运算符
!	逻辑非运算符

3.5.1 逻辑与运算符(&&)

逻辑与运算符(&&)是一个二元运算符,如果它的两个布尔型运算数都是 true,那么运算结果为 true;如果它的两个布尔型运算数中有一个或者两个为 false,那么运算结果为 false。首先看一个完整的例子。

例 3-2 逻辑与运算符案例

```
<html>
    <head>
        <title>Example:逻辑与运算符</title>
    </head>
    <body>
        <h3>Example:逻辑与运算符</h3>
        <pre>
            <script>
              var a = 10,b = 20,c = -5;
              if((a<b) &&(b-a>c))
              {
                  document.writeln("条件'a< b'和条件'b-a >c'同时成立");
              }
              else
              {
                  document.writeln("条件'a< b'和条件'b-a >c'不同时成立");
              }
            </script>
        </pre>
    </body>
</html>
```

例 3-2 首先定义了 3 个数字型的变量 a、b、c,并对每个变量赋予了初始值,然后执行了一次 if 形式的条件选择语句,意思是如果条件成立则执行 if 后面大括号中的语句,否则执行 else 后面大括号中的语句。关于 if…else 语句的相关内容将在以后的章节中详细论述,这里主要讨论 if 条件中的逻辑与操作。逻辑与的运算数是两个比较表达式,分别为 a<b 和 b-a<c。根据逻辑与运算符的运算规则,只有两个比较表达式都为 true 的时候,逻辑与运算结果才可以为 true。而根据变量的值可知,两个比较表达式都为 true,所以逻辑与运算结果为 true,程序执行 if 后面大括号中的代码。图 3-2 是上述代码的输出结果。

例 3-2 展示了逻辑与运算中所有运算数为 true 的情况,那么如果有运算数为 false 又会怎么样呢? 其实,逻辑与运算符在运算过程中,首先计算运算符左边的运算数,如果这个运算数为 false,那么不再计算运算符右边的运算数,而是直接将 false 作为结果返回;如果左边的运算数为 true,那么将进一步计算右边的运算数,如果右边的运算数为 true,那么逻辑与的运算结果为 true,如果右边运算数为 false,那么逻辑与的运算结果为 false。

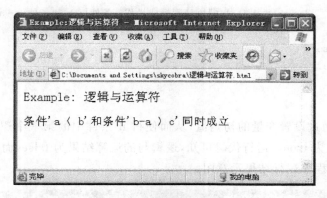

图 3-2　逻辑与运算符

3.5.2　逻辑或运算符(‖)

逻辑或运算符(‖)是一个二元运算符,如果它的两个布尔型运算数中有一个是 true,那么运算结果为 true;如果它的两个布尔型运算数全部为 false,那么运算结果为 false。例 3-3 对同样的条件分别进行逻辑与运算和逻辑或运算,通过程序运行结果,不仅可以了解逻辑或运算规则,还可以了解逻辑或运算和逻辑与运算的区别。

例 3-3　逻辑或运算符案例

```
<html>
    <head>
        <title>Example：逻辑或运算符</title>
    </head>
    <body>
        <h3>Example：逻辑或运算符</h3>
        <pre>
        <script>
            var a = 10,b = 20,c = -5;
            if((a>b) && (b-a>c))
            {
                document.writeln("执行逻辑与操作：条件'a<b'和条件'b-a>c'同时成立");
            }
            else
            {
                document.writeln("执行逻辑与操作：条件'a<b'和条件'b-a>c'不同时成立");
            }
            if((a>b) ‖ (b-a>c))
            {
                document.writeln("执行逻辑或操作：条件'a<b'和条件'b-a>c'至少有一个成立");
            }
            else
            {
```

```
            document.writeln("执行逻辑或操作：条件'a<b'和条件'b-a<c'都不成立");
        }
    </script>
  </pre>
 </body>
</html>
```

在例3-3中，通过设置变量的初始值，从而使得if条件中的第一个逻辑运算数为false，第二个逻辑运算数为true。运行代码可知，逻辑与的运算结果为false，而逻辑或的运算结果为true。图3-3为程序运行结果示意图。

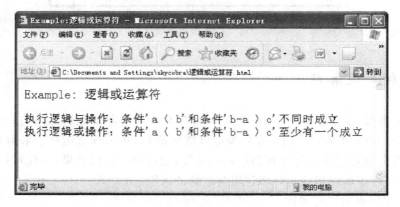

图3-3　逻辑或运算符

3.5.3　逻辑非运算符(!)

逻辑非运算符(!)是一个一元运算符，其作用是先计算其运算数的布尔值，然后对运算数的布尔值取反，并作为结果返回。简单地说，如果运算数的布尔值为false，那么逻辑非的运算结果为true；如果运算数的布尔值为true，那么逻辑非的运算结果为false。例如，已知变量$a=10,b=20,c=-5$，那么对于表达式!((a>b) && (b-a>c))，首先对其运算数((a>b) && (b-a>c))求值，结果为false，然后对运算数结果取反，所以逻辑非运算的最后结果为true。

3.6　逐位运算符

逐位运算符是对用二进制表示的整型数字进行按位操作的运算符。如果运算数是十进制或者其他形式的整型数字，那么这些运算数在运算过程中将被转换成一个32位的二进制数字；如果运算数为非整型或者无法用32位的二进制数字表示，那么逐位运算符的运算结果为NaN。表3-5列出了JavaScript中的逐位运算符。

表 3-5　逐位运算符

运算符	说　明	运算符	说　明
&	按位与运算符	<<	左移运算符
|	按位或运算符	>>	右移运算符
^	按位异或运算符	>>>	补 0 的右移运算符
~	按位非运算符		

因为逐位运算符的运算是在二进制数据基础上展开的,在 JavaScript 实际应用中并不会经常碰到,所以本书只做简单介绍。

1. 按位与运算符(&)

按位与运算符(&)是一个二元运算符,将对它的整型运算数(二进制整数或者已经被转换成二进制整数)逐位进行逻辑与操作。简单地说,只有当两个运算数中相同位的数字都是 1 的时候,运算结果中这一位上的数字才是 1,否则就是 0。例如:

```
x = 00000111;        //二进制整型
y = 00001001;        //二进制整型
result = x & y       //运行结果 00000001
```

2. 按位或运算符(|)

按位或运算符(|)是一个二元运算符,将对它的整型运算数(二进制整数或者已经被转换成二进制整数)逐位进行逻辑或操作。简单地说,如果两个运算数中相同位的数字有一个是 1,或者都是 1 的时候,运算结果中这一位上的数字就是 1;只有当两个运算数中相同位上的数字都是 0,运算结果中这一位上的数字才是 0。例如:

```
x = 00000111;        //二进制整型
y = 00001001;        //二进制整型
result = x | y       //运行结果 00001111
```

3. 按位异或运算符(^)

按位异或运算符(^)是一个二元运算符,将对它的整型运算数(二进制整数或者已经被转换成二进制整数)逐位进行逻辑异或操作。简单地说,如果两个运算数中相同位上只有一个 1,那么运算结果中这一位上的数字才是 1。例如:

```
x = 00000111;        //二进制整型
y = 00001001;        //二进制整型
result = x | y       //运行结果 00001110
```

4. 按位非运算符(~)

按位非运算符(~)是一个一元运算符,将对它的整型运算数(二进制整数或者已经被转换成二进制整数)逐位进行逻辑非操作。简单地说,就是对运算数的每一位取反,将 1 变成 0,将 0 变成 1。例如:

```
x = 00000111;        //二进制整型
```

```
result = ~x        //运行结果 11111000
```

5. 左移运算符(<<)

左移运算符(<<)是一个二元运算符,第一个运算数是被移位的整型运算数(二进制整数或者已经被转换成二进制整数),第二个操作数表示移动的位数。移动的位数应该介于0~31之间,因为这里的运算数是32位的二进制整数,如果移动位数大于等于32,将对32取模。

左移运算的通式是：a<<n,它表示将整型运算数 a 左移 n 位,其运算的规则是：从 32 位二进制整型数字最右端的第 1 位开始,将其向左移动 n 位,将第 2 位数字也向左移动 n 位,依次类推,将第(32-n)位数字移至第 32 位,舍弃最左端的 n 位数字,并用 0 填充由于最右端 n 位数字移动产生的空位。例如：

```
x = 00001011;       //二进制整型
result = x<<3       //运行结果 01011000
```

6. 右移运算符(>>)

右移运算符(>>)是一个二元运算符,第一个运算数是被移位的整型运算数(二进制整数或者已经被转换成二进制整数),第二个操作数表示移动的位数。移动的位数应该介于0~31之间,因为这里的运算数是32位的二进制整数,如果移动位数大于等于32,将对32取模。

右移运算的通式是：a>>n,它表示将整型运算数 a 右移 n 位,其运算的规则是：从 32 位二进制整型数字最左端的第 1 位开始,将其向右移动 n 位,将第 2 位数字也向右移动 n 位,依次类推,将第(32-n)位数字移至第 32 位,舍弃最右端的 n 位数字,并用 0 填充由于最左端 n 位数字移动产生的空位。

这里需要说明的是,左端第 1 位的填充规则要根据原始运算数的符号位决定。如果第一个运算数 a 为正数,那么用 0 填充移动后的左端第 1 位；第一个运算数 a 为负数,那么用 1 填充移动后的左端第 1 位。这样做的目的是为了保持移动后结果的符号与原运算数一致。例如：

```
x = 11111000;       //二进制整型
result = x>>1       //运行结果 11111100
```

7. 补 0 的右移运算符(>>>)

补 0 的右移运算符(>>>)与右移运算符(>>)基本一致,唯一不同的就是右移过程中,总是用 0 填充由于左端数字移动而产生的空位,而不考虑原始运算数的符号。例如：

```
x = 11111000;       //二进制整型
result = x>>>1      //运行结果 01111100
```

3.7 条件运算符(?:)

条件运算符(?:)是一个三元运算符,它有 3 个运算数,第 1 个运算数是布尔型,通常由一个表达式计算而来,第 2 个运算和第 3 个运算数可以是任意类型的数据,或者任何形式的表达式。条件运算符的运算规则是,如果第 1 个运算数为 true,那么条件表达式的值就是第 2 个运算数；如果第 1 个运算数是 false，那么条件表达式的值就是第 3 个运算数。

条件运算符由两个符号组成，使用的时候分别位于三个运算数之间。例如：

x>y ? x-y : y-x;

这条语句的意图是：如果变量 x 的值大于变量 y 的值，则条件表达式的值就是 x-y；如果变量 x 的值小于或等于变量 y 的值，条件表达式的值就是 y-x。由此不难发现，条件表达式是一种执行条件判断逻辑的简便方法，通过条件运算符可以构建复杂的条件表达式，以便完成需要的功能。关于这一部分的内容，读者可以在今后多加练习。

3.8 赋值运算符

3.8.1 简单的赋值运算符

等号"="就是赋值运算符，它是 JavaScript 中使用最频繁的运算符之一。赋值运算符要求它左边是一个变量、数组元素或者对象属性，右边是一个任意类型的值，可以是常量、变量，也可以是数组元素或者对象属性。赋值运算符的作用就是将它右边的值赋给左边的变量、数组元素或者对象属性。例如：

name = "无双";

上面的例子就是一个赋值语句，作用是将字符串"无双"赋给变量 name，赋值表达式的运算结果就是右边运算数的值。赋值表达式还有另外一种使用方式，例如：

m = n = 204;

如果要为多个变量赋相同的值，那么可以使用上面的方式。表达式运算的结果是将 204 赋给变量 n，将变量 n 的值（值为 204）赋给变量 m，整个表达式的运算结果使得变量 m 和变量 n 的值都为 204。

3.8.2 带操作的赋值运算符

除了上面讲述的简单的赋值运算符以外，JavaScript 中还存在一些带操作的赋值运算符，它们将简单的赋值运算符和其他一些运算符结合在一起，提供了比较强大而简便的运算功能。例如，表达式"sum+=number;"就使用了带操作的赋值运算符，这样的表达式看上去有些不易理解，如果将其转换成一般表达式，它等同于"sum=sum+number;"。

除了上面介绍的运算符+=，JavaScript 还有很多类似的带操作的赋值运算符。虽然各自功能不同，但都遵循下面的转换规律：

A sign = B   等同于   A = A sign B

sign 是一个运算符，和赋值运算符=一起构成了带操作的赋值运算符。表 3-6 列出了 JavaScript 中带操作的赋值运算符。

表 3-6　带操作的赋值运算符

运算符	样　　例	运算符	样　　例
＋＝	a＋＝b 等同于 a＝a＋b	＞＞＝	a＞＞＝b 等同于 a＝a＞＞b
－＝	a－＝b 等同于 a＝a－b	＞＞＞＝	a＞＞＞＝b 等同于 a＝a＞＞＞b
＊＝	a＊＝b 等同于 a＝a＊b	＆＝	a＆＝b 等同于 a＝a＆b
/＝	a/＝b 等同于 a＝a/b	｜＝	a｜＝b 等同于 a＝a｜b
％＝	a％＝b 等同于 a＝a％b	^＝	a^＝b 等同于 a＝a^b
＜＜＝	a＜＜＝b 等同于 a＝a＜＜b		

3.9　其他运算符

3.9.1　逗号运算符(,)

逗号运算符(,)是一种二元运算符,其运算规则是首先计算其左边表达式的值,然后计算其右边表达式的值,运算的结果是舍弃左边表达式的值,返回右边表达式的值。例如:

```
number=(2+5,4*6);
```

上面的语句首先计算 2＋5,然后计算 4＊6,最后将 4＊6 的计算结果 24 赋给变量 number。逗号表达式除了上面的应用外,还可以用于分隔变量。例如:

```
var m=10,n=20;
```

另外,逗号表达式还常用在循环表达式里面(关于循环表达式的内容请参阅本书 4.6 节)。例如:

```
for(i=1,j=1;i<10,j<10;i++,j++)
{
    语句
}
```

3.9.2　新建运算符(new)

新建运算符(new)是一个一元运算符,用于创建 JavaScript 对象实例,如可以使用 new 运算符创建数组和对象。例如:

```
var test=new Object();
var example=new Date();
```

3.9.3　删除运算符(delete)

删除运算符(delete)用于删除一个对象的属性或者一个数组的某个元素,也可以用于取消它们原有的定义。不过不是所有的对象属性和数组元素都可以被删除,例如,JavaScript

内置对象的属性就是不能被删除的。另外，如果访问已经被删除了的对象属性和数组元素，得到的结果将是未定义的值。例如：

```
//删除数组元素（删除数组名为 arrayExample 的第 11 个元素）
delete arrayExample[10];
//删除对象属性（假设对象 objectExample 存在属性 myproperty）
delete objectExample.myproperty;
```

3.9.4 typeof 运算符

typeof 运算符是一个一元运算符，其运算数可以是任意类型，运算结果返回一个字符串，用于表示运算数的类型。例如，typeof(204)的运算结果是 number，表 3-7 给出了不同类型数据应用 typeof 运算符的运算结果。

表 3-7 typeof 运算符应用

数据类型	运算结果	数据类型	运算结果
数字型	number	数组	Object
字符型	String	函数	function
布尔型	boolean	Null	Object
对象	Object	未定义	undefined

3.9.5 void 运算符

void 运算符是一个一元运算符，其作用是舍弃其运算数的类型，然后返回一个未定义的值。这种运算符在 JavaScript 中并不常见，主要的应用就是获取 URL 值，使用 void 运算符可以获取需要的 URL 值，而不会将其显示在界面上。

本 章 小 结

- JavaScript 中的表达式是各种数值、变量、运算符的综合体。
- JavaScript 中的运算符与 Java 以及其他语言的运算符类似，用来对一个或者多个值进行操作并产生单一的结果值。
- 根据运算数的个数，可以将 JavaScript 运算符分为 3 种类型：一元运算符、二元运算符和三元运算符。
- JavaScript 常用的运算符有：算术运算符、比较运算符、逻辑运算符、逐位运算符、条件运算符和赋值运算符，另外还包括一些其他类型的运算符，例如逗号运算符、new 运算符、typeof 运算符等。
- 不同运算符对其处理的运算数存在类型要求，而 JavaScript 又是一种无类型的计算机语言，所以在运算过程中，JavaScript 会在需要的时候对运算数类型进行自动转换。

习 题 3

1. JavaScript 中有哪些运算符？它们的优先级是什么？
2. 比较 108＋204 和 "108"＋204 的运算结果有什么不同？
3. 如何改变算术运算符默认的优先级？
4. 不同比较运算符的运算逻辑分别是什么？
5. 不同逻辑运算符的运算逻辑分别是什么？

第 4 章 逻辑控制语句

4.1 复合语句

读者在前文中可以经常看到以分号结尾的 JavaScript 语句,它们一般都表达了完整的意思,可以完成比较简单的功能;也看到过用大括号括起来的,由几个简单语句组成的 JavaScript 语句段,这样的语句称为复合语句。例如:

```
function putInformation(name,age)//这个函数里包含两个参数
{
    document.writeln("学生姓名:" + name);      //读取对象的属性
    document.writeln("学生年龄:" + age);       //读取对象的属性
}
```

除了函数,复合语句还经常与逻辑控制语句结合在一起,因为只有这样,才能完成复杂的编程需要。关于这一部分内容将在本章中详细说明。这里需要注意的是,复合语句可以像一个语句那样使用,在它的结尾处不需要使用分号,但复合语句中的简单语句仍需要以分号结尾。

4.2 if 语句

if 语句是 JavaScript 中最基本的控制语句之一,它通过判断表达式是否成立,从而有选择的执行代码,是一种条件语句。常用的 if 语句有三种形式,分别为简单 if 语句,if…else…语句以及多条件的 if 语句。下面分别进行讲解。

4.2.1 简单 if 语句

这是 if 语句中最为简单的一种,首先给出它的标准形式:

```
if(expression)
{
    statement
```

}

JavaScript 首先判断 if 语句中的条件表达式"expression"是否成立，如果"expression"为 true 或者可以被转换成 true，那么程序将执行 statement 语句块；如果 expression 为 false 或者可以被转换成 false，那么程序跳过 statement 语句块，执行其后的代码。例如：

```
if(typeof(age)! = "number")
{
    type = typeof(age);
    document.writeln("年龄应该是数字型,而您输入的内容为" + age + ",类型是" + type);
}
```

执行这段代码时，首先判断变量 age 的类型是不是数字型，如果 age 不是数字型，则执行 if 语句块中的代码（获取变量 age 的类型，并在界面上输出信息）；如果 age 是数字型，则跳过 if 语句块，执行大括号之后的代码。

4.2.2 if…else… 语句

简单 if 语句提供了一种条件选择的控制逻辑，即如果满足条件则执行语句块中的代码，但是它忽略了条件不成立的情况。JavaScript 中存在另一种形式的 if 语句，它提供了一种逻辑用来处理条件不成立的情况，其标准格式如下：

```
if(expression)
{
    statement1
}
else
{
    statement2
}
```

在这种形式中，首先判断 if 语句中的条件表达式 expression 是否成立，如果 expression 为 true 或者可以被转换成 true，那么程序将执行 statement1 语句块；如果 expression 为 false 或者可以被转换成 false，那么执行 statement2 语句块。例如：

```
if(typeof(age)! = "number")
{
    type = typeof(age);
    document.writeln("年龄应该是数字型,而您输入的内容为" + age + ",类型是" + type);
}
else
{
    document.writeln("您的年龄是：" + age);
}
```

执行这段代码时，首先判断变量 age 的类型是不是数字型，如果 age 不是数字型，则执行 if 语句块中的代码（获取变量 age 的类型，并在界面上输出信息）；如果 age 是数字型，则执行 else 语句块中的代码(在界面上输出确认信息)。

4.2.3 else if 语句

前面讲述的两种 if 语句都只能测试一个条件表达式,针对一种情况执行不同代码,JavaScript 还有一种形式的 if 语句,可用于多条件的选择控制逻辑,其标准形式如下:

```
if(expression1)
{
    statement1
}
else if(expression2)
{
    statement2
}
…
else
{
    statementn
}
```

这种形式的特别之处就是 else if 语句块的数量是任意的,可以根据需要调整,用于测试多个条件。它的执行逻辑是:首先判断 if 后面的条件表达式 expression1 是否成立,如果 expression1 为 true 或者可以被转换成 true,那么程序将执行 statement1 语句块;如果 expression1 为 false 或者可以被转换成 false,那么判断第 1 个 else if 后面的条件表达式 expression2 是否成立,如果 expression2 为 true 或者可以被转换成 true,那么程序将执行 statement2 语句块;以此类推,直到完成最后一个 else if 条件表达式的测试;如果所有 if 和 else if 的条件表达式都不成立,则执行 else 后面的语句块 statementn。例如:

```
if(age<18)
{
    type = "少年";
    document.writeln("您的年龄为:" + age + ",类型是" + type);
}
else if(age> = 18 && age< = 45)
{
    type = "青年";
    document.writeln("您的年龄为:" + age + ",类型是" + type);
}
else if(age>45 && age< = 60)
{
    type = "中年";
    document.writeln("您的年龄为:" + age + ",类型是" + type);
}
else if(age>60)
```

```
    {
        type = "老年";
        document.writeln("您的年龄为:" + age + ",类型是" + type);
    }
    else
    {
        message = "你输入的年龄有错误!";
        document.writeln(message);
    }
```

这段代码考虑了多种情况，设置了多个条件表达式。执行程序时，首先判断变量 age 的值是不是小于 18，如果小于 18，那么执行 if 语句块中的代码，将变量 type 赋值为"少年"，将结果输出在界面上，并停止逻辑判断；如果变量 age 的值不小于 18，那么进行第 1 个 else if 的条件判断，如果变量 age 的值介于 18 和 45 之间，那么执行第 1 个 else if 后面的语句块，将变量 type 赋值为"青年"，将结果输出在界面上，并停止逻辑判断；否则再进行下一个 else if 条件判断，以此类推，如果变量 age 的值不满足所有的 if 和 else if 条件判断，则执行 else 后面的语句块，在界面上输出提示信息。

4.2.4 if 语句的嵌套

除了上面讲解的三种形式外，if 语句还可以嵌套使用，构成更加复杂的条件选择控制逻辑。if 语句的嵌套不受层级的限制，也就是说，前面讲述的三种形式可以互相无限次地嵌套。唯一需要注意的是，嵌套过程中必须保证 else 语句块和 else if 语句块与 if 语句块正确匹配。下面给出两种形式的嵌套关系：

(1)
```
if(expression1)
{
    if(expression2)
    {
        statement2
    }
    else
    {
        statement3
    }
}
else
{
    if(expression3)
    {
        statement4
    }
    else
```

```
        {
            statement5
        }
    }
（2）
if(expression1)
{
    if(expression2)
    {
        statement1
    }
    else
    {
        statement2
    }
}
else if(expression3)
{
    if(expression4)
    {
        statement3
    }
    …
    else
    {
        statement4
    }
}
```

if 语句的嵌套绝不仅限于上面的这两种，在今后的编程学习和实践中，读者可以根据需要构建嵌套的 if 语句。例 4-1 是一个完整的例子，它结合了前面所讲过的 if 语句的各种形式，并且使用了嵌套格式，图 4-1 显示了代码运行结果的界面。

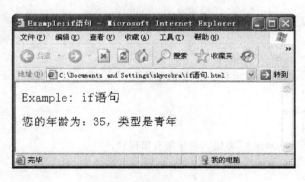

图 4-1　综合使用 if 语句

例 4-1 if 语句样例

```html
<html>
    <head>
        <title>Example：if 语句</title>
    </head>
    <body>
        <h3>Example：if 语句</h3>
        <pre>
        <script>
            var age = 35;
            var type = "";
            if(typeof(age)! = "number")
            {
              type = typeof(age);
              document.writeln("年龄应该是数字型,而您输入的内容为" + age + ",类型是" + type);
            }
            else
            {
              if(age<18)
              {
                type = "少年";
                document.writeln("您的年龄为：" + age + ",类型是" + type);
              }
              else if(age> = 18 && age< = 45)
              {
                type = "青年";
                document.writeln("您的年龄为：" + age + ",类型是" + type);
              }
              else if(age>45 && age< = 60)
              {
                type = "中年";
                document.writeln("您的年龄为：" + age + ",类型是" + type);
              }
              else if(age>60)
              {
                type = "老年";
                document.writeln("您的年龄为：" + age + ",类型是" + type);
              }
              else
              {
                message = "你输入的年龄有错误!";
                document.writeln(message);
              }
            }
        </script>
```

```
        </pre>
    </body>
</html>
```

建议：在书写嵌套的 if 语句的时候,应该保持良好的格式,这样做一方面可以增加程序的可读性,另一方面可以更好地对 if、else if 和 else 进行匹配,避免错误。

4.3　switch 语句

虽然 if 语句可以完成条件选择的控制逻辑,通过多个 if 或者 else if 语句还可以对多个条件进行选择控制,但是,这并不一定是最好的编程方式,尤其是当所有的选择控制都依赖于同一个变量的时候。JavaScript 针对这种情况提供了更为有效的 switch 语句,它的语法格式如下：

```
switch(expression)
{
case label1:
  statement 1
  break;
case label2:
  statement 2
  break;
case label3:
  statement 3
  break;
...
default:
  statement n
}
```

在执行 switch 语句的时候,它首先计算条件表达式 expression 的值,然后查找和这个值匹配的 case 标签,如果找到了这样的标签,就开始执行这个标签后面的代码块；如果没有找到任何与 expression 匹配的 case 标签,就执行 switch 语句中 default 标签后面的代码块。但是,default 标签不是必须的,如果 switch 语句中不含有 default 标签,而且不存在任何与 expression 匹配的 case 标签,那么将跳过整个的 switch 语句。

在上面的语法格式中,应该注意到一个明显的特征,就是每个 case 标签后面的语句块都是以 break 语句结尾的。break 语句是一个特殊的语句,其详细内容将在 4.9.1 小节中进行说明,在这里的作用是跳转到 switch 语句的结尾处。为什么要使用 break 语句跳转到 switch 语句的结尾处呢？因为在 switch 语句中,case 从句只是指明想要执行的代码的起始点,并没有指明结束点,如果没有 break,那么 switch 语句就会从和 expression 的值匹配的 case 标签开始,依次执行以后所有的代码,直到 switch 语句的结尾处,而这种情况不是我们所希望的。例 4-2 是一个不使用 break 语句的实例。

例 4-2 没有使用 break 的 switch 语句

```html
<html>
    <head>
        <title>Example：switch 语句</title>
    </head>
    <body>
        <h3>Example：switch 语句</h3>
        <pre>
            <script>
                var type = "少年";
                switch(type)
                {
                    case "少年":
                        document.writeln("类型为少年,年龄小于 18 岁");
                    case "青年":
                        document.writeln("类型为青年,年龄介于 18～45 岁");
                    case "中年":
                        document.writeln("类型为中年,年龄介于 45～60 岁");
                    case "老年":
                        document.writeln("类型为老年,年龄大于 60 岁");
                    default:
                        document.writeln("您设置的类型为" + type + ",程序无法处理!");
                }
            </script>
        </pre>
    </body>
</html>
```

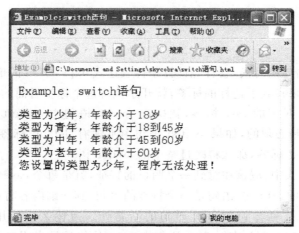

图 4-2　不使用 break 语句的 switch 语句

程序原本的用意是根据变量 type 的值在页面上输出对应的信息,由于程序在一开始将变量 type 的值设置为"少年",所以只需要执行与之匹配的第一个 case 标签后面的代码即可。而程序实际的运行结果是执行了所有 case 标签后面的语句块,并将所有情况的信息输出在页面上。这就是没有使用 break 语句,导致 switch 语句从第一个匹配 expression 的 case 标签开始,执行后面所有的代码。修改例 4-2 中的代码,使其按照预定的逻辑执行,只在页面上输出与 expression 匹配的信息。例 4-3 为修改后正确运行的代码,其运行结果如图 4-3 所示。

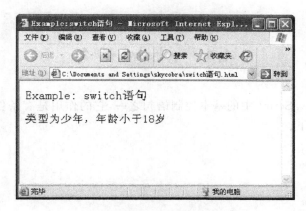

图 4-3　正确使用 break 的 switch 语句

例 4-3　正确使用 break 的 switch 语句

```
<html>
    <head>
        <title>Example：switch 语句</title>
    </head>
    <body>
        <h3>Example：switch 语句</h3>
        <pre>
          <script>
            var type = "少年";
            switch(type)
            {
              case "少年":
                document.writeln("类型为少年,年龄小于 18 岁");
                break;
              case "青年":
                document.writeln("类型为青年,年龄介于 18～45 岁");
                break;
              case "中年":
                document.writeln("类型为中年,年龄介于 45～60 岁");
                break;
              case "老年":
                document.writeln("类型为老年,年龄大于 60 岁");
                break;
              default：
```

```
                document.writeln("您设置的类型为" + type + ",程序无法处理!");
            }
        </script>
        </pre>
    </body>
</html>
```

4.4 while 语句

while 语句是 JavaScript 中的基本控制语句之一,它的作用是有条件的重复执行某一段代码,其语法格式如下:

```
while(expression)
{
    statement
}
```

在执行过程中,JavaScript 首先计算条件表达式 expression 的值,如果它的值为 false 或者可以转换为 false,那么程序将直接跳过 while 语句,执行其后的代码;如果 expression 的值为 true 或者可以转换成 true,那么就执行 while 语句中的代码块 statement。执行完成后再一次计算 expression 的值,如果此时的值为 false 或者可以转换成 false,那么程序将跳过 while 语句,执行其后的代码;如果此时的值为 true,那么继续执行 while 语句中的代码块 statement。这样的循环将持续到 expression 的值为 false 或者可以转换成 false,从而结束 while 循环。下面来分析一个简单的例子:

```
var sum = 0, i = 5;
while(i>0)
{
    sum = sum + i;
}
```

按照前面讲述的运算规则不难发现,在上面例子中,条件表达式 i>0 永远成立,程序将无限次的执行语句"sum=sum+i;",这显然不是我们希望的。为了避免构成无限循环,条件表达式中的变量应该随着循环体内代码的执行而改变,这样条件表达式的值才有可能发生变化,导致它的值为 false 或者可以转换成 false,从而结束 while 循环语句。当然,如果需要无限循环的 while 语句,可以将条件表达式设置为 true 或者永远成立。例 4-4 是一个有限次 while 循环的完整样例,用于计算 1~100 之间所有数字之和。

例 4-4 使用 while 语句计算 1+2+3+…+100 之和。

```
<html>
    <head>
        <title>Example:while 语句</title>
    </head>
    <body>
```

```
            <h3>Example：while 语句</h3>
            <pre>
                <script language = "JavaScript">
                    var i = 1,sum = 0;
                    while(i< = 100)
                    {
                        sum = sum + i;
                        i = i + 1;
                    }
                    document.writeln("1~100 数字之和为" + sum);
                </script>
            </pre>
        </body>
</html>
```

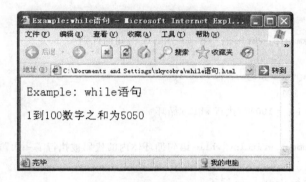

图 4-4　while 语句

4.5　do…while 语句

　　do…while 语句和 while 语句非常类似,也是用于有条件的重复执行某一段代码,但唯一不同的是,while 语句的条件表达式位于 while 语句的头部,而 do…while 语句的条件表达式位于 do…while 语句的底部。这使得 while 语句先检测条件表达式是否成立,如果成立才执行循环体内的代码;而 do…while 语句则是先执行循环体内的代码,再判断条件表达式是否成立。do…while 语句的语法格式如下:

```
do
    statement
while(expression);
```

　　在执行过程中,JavaScript 首先执行 do…while 循环体内的代码块 statement,执行完成后,计算条件表达式 expression 的值,如果它的值为 false 或者可以转换成 false,那么 do…while 循环结束,程序继续执行其后的代码;如果 expression 的值为 true 或者可以转换成 true,那么再一次重复执行 do…while 循环体内的代码块 statement;以此类推,直到条件表达式 expression 的值为 false 或者可以转换成 false,从而结束 do…while 循环。

另外,与 while 循环相比,do…while 语句还需要注意两点:第一,循环体代码要以 do 关键字开头,用关键字 while 标示循环结尾并引入条件表达式;第二,do…while 语句以分号结尾。

例 4-5 是一个简单的例子,用以说明 while 语句和 do…while 语句在执行上的差异,程序运行结果如图 4-5 所示。从中不难发现,如果条件表达式不成立,while 语句循环体内的代码是不会被执行的,而 do…while 语句循环体内的代码将被执行一次,这也意味着无论条件表达式如何,do…while 语句循环体内的代码至少会被执行一次。

例 4-5　while 语句和 do…while 语句的区别

```
<html>
    <head>
        <title>Example:while 语句和 do…while 语句的区别</title>
    </head>
    <body>
        <h3>Example:while 语句和 do…while 语句的区别</h3>
        <pre>
        <script language = "JavaScript">
        var i = 101;
        while(i<= 100)//执行 while 循环
        {
          document.writeln("while 语句循环体内的代码被执行了一次");
        }
        do//执行 do…while 循环
        {
          document.writeln("do…while 语句循环体内的代码被执行了一次");
        }
        while(i<= 100);
        </script>
        </pre>
    </body>
</html>
```

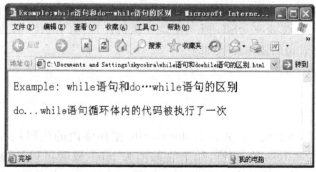

图 4-5　while 语句和 do…while 语句的区别

在例 4-5 中由于变量 i 初始值为 101，所以 while 语句的条件表达式和 do…while 语句的条件表达式都不成立，但不同的是 while 语句的循环体代码没有被执行，而 do…while 语句的代码则被执行了一次。除了这一点与语法格式上的不同以外，while 语句和 do…while 语句基本上可以互换。例 4-6 用 do…while 语句实现例 4-4 中代码的功能，计算 1～100 数字之和，从其运行结果图 4-6 中可以看到，当条件表达式第 1 次计算结果成立时，do…while 循环和 while 循环的执行效果相同。

例 4-6　do…while 语句的应用

```
<html>
    <head>
        <title>Example：do…while 语句</title>
    </head>
    <body>
        <h3>Example：do…while 语句</h3>
        <pre>
            <script language = "JavaScript">
            var i = 1,sum = 0;
            do
            {
              sum = sum + i;
              i = i + 1;
            }
            while(i< = 100);
            document.writeln("1～100 数字之和为" + sum);
            </script>
        </pre>
    </body>
</html>
```

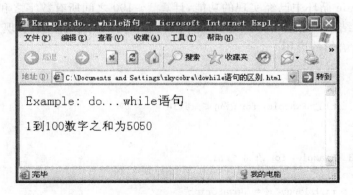

图 4-6　do…while 语句的应用

4.6 for 语句

for 语句是一种结构更简单、使用频率更高的循环控制语句,与 while 和 do…while 语句功能类似,作用是有条件的重复执行一段代码,其语法规则如下:

```
for(initialization expression;termination condition;update condition)
{
    statement
}
```

整个 for 循环的执行过程分为 4 步:首先通过初始化表达式 initialization expression 为变量,特别是条件变量赋初始值;然后通过条件检测表达式 termination condition 判断循环条件是否满足;如果 for 循环条件表达式的值为 false 或者可以转换为 false,那么循环直接结束,如果条件表达式的值为 true 或者可以转换成 true,那么进行第三步,执行 for 循环体内的代码块 statement;for 循环的最后一步是在循环体内代码执行完以后,更新条件变量,然后再一次进行条件判断,如果条件表达式成立,那么重复前面的过程,如果条件表达式不成立,则结束循环。下面分析一段简单的代码:

```
for(i = 1;i<10;i++)
{
    sum = sum + i;
}
```

这段代码首先对循环变量 i 赋予初始值 1,然后对循环条件 i<10 进行判断,根据 i 的初始值和循环条件可知,循环体内的代码将被执行 9 次。在 i 等于 1 到 9 的时候,每次执行完循环体内代码之后,都将执行变量更新代码 i++,当 i=10 时循环条件不成立,程序结束 for 循环,接着执行其后的代码。注意,虽然常使用 i++ 或者 i—— 作为简单的循环变量更新代码,但是也可以根据需要,构建复杂的表达式进行变量更新。例 4-7 使用 for 循环实现了在 while 和 do…while 循环中已经实现的功能,计算 1~100 之间所有数字之和。图 4-7 展示了程序运行的实际结果。请读者仔细比较几种控制语句对同一个功能的实现方式的异同。

例 4-7 for 语句的应用

```
<html>
    <head>
        <title>Example:for 语句</title>
    </head>
    <body>
        <h3>Example:for 语句</h3>
        <pre>
            <script language = "JavaScript">
                var i;
                var sum = 0;
                for(i = 1;i< = 100;i++)
                {
```

```
            sum = sum + i;
        }
        document.writeln("1~100 数字之和为" + sum);
    </script>
  </pre>
 </body>
</html>
```

图 4-7 for 语句的应用

4.7 for…in 语句

在 JavaScript 中,除了上面介绍的 for 循环以外,还有一种形式的 for 语句,虽然其功能也是用于循环执行某一段代码,但是这种形式的 for 语句比较特殊,其语法格式如下:

```
for(variable in object)
{
    statement
}
```

其中,variable 可以是一个变量名、数组元素或者对象属性,object 是一个对象名、或者计算结果为对象的表达式,statement 是循环体代码。for…in 循环将对 object 对象的每一个属性都执行一次循环,在循环过程中,首先将 object 对象的一个属性名作为字符串赋给变量 variable,这样在循环体内就可以使用 variable 访问该对象属性。例如:

```
for(myprop in document)
{
    document.write("属性名称:" + myprop + ";属性的值:" + document[myprop]);
}
```

需要注意的是,在这种循环控制语句中,读者不能设置循环变量和循环条件,无法控制循环的执行顺序和次数,for…in 循环将遍历对象的所有属性,其顺序由 JavaScript 本身决定,不同版本的 JavaScript 可能有所不同。例 4-8 使用 for…in 循环遍历 document 对象的所有属性,并将属性名称和属性值作为结果输出在页面上,图 4-8 展示了代码运行的实际结果。

例 4-8　for…in 语句的应用

```html
<html>
    <head>
        <title>Example：for…in 语句</title>
    </head>
    <body>
        <h3>Example：for…in 语句</h3>
        <pre>
            <script language = "JavaScript">
                var i = 1;
                for(myprop in document)
                {
                    document.writeln(i + "、属性名称："+ myprop + "；属性的值：" + document[myprop]);
                    i = i + 1;
                }
            </script>
        </pre>
    </body>
</html>
```

图 4-8　for…in 语句的应用

4.8 标签语句

任何语句如果在前面加上标识符和冒号都可以构成标签语句,例如 switch 语句中的 case 标签和 default 标签就是特殊的标签语句。其语法格式如下:

```
label:
    statement
```

其中,label 是标签名,可以是任何合法的 JavaScript 标识符,但不能是关键字;statement 是任何形式的语句块,例如 for 循环或者 while 循环。下面是一个加了标签的 for 循环语句:

```
testloop:                          //标签名称
for(var i = 0;i<5;i++ )            //被标记的 for 循环
{
    sum = sum + i;
}
```

这样,通过标签给 for 循环语句块加了一个名字,在程序的其他地方都可以使用这个名字来访问这段代码。另外,标签语句通常和 break 以及 continue 语句结合使用,从而使程序正确的结束循环或者重新开始循环。这一部分内容将在 4.9 节中做详细的讲解。

4.9 break 和 continue 语句

4.9.1 break 语句

break 语句的作用是:跳出当前循环,并执行当前循环后面的代码,或者退出一个 switch 语句。它的语法比较简单,只需要在需要的位置插入以下代码就可以。

```
break;
```

在 JavaScript 1.2 及其以后的版本中,break 后面还可以跟一个标签名,作用是跳到这个标签标记的语句尾部或者终止这个语句。语法格式如下:

```
break labelName;
```

标签标记的语句可以不是循环语句或者 switch 语句,但是它必须是一个封闭的语句,例如 if 语句,for 语句,甚至是其他任何形式的、用大括号封装的语句块。在前文中,读者已经看到 break 语句是如何在 switch 语句中应用的,本小节就不再重复这部分内容,而是重点讲解 break 语句如何在循环语句和标签语句中应用。

在循环语句中,无论什么原因要提前退出循环都可以使用 break 语句,退出循环的条件越是复杂,使用 break 的好处越是明显。下面的代码,用来搜索一个数组,检查它是否含有具有某个特点的值,要求的规则是:在数组中一旦发现要找的值就退出循环,不再搜索数组的其他元素。

```
for(i = 0;i<a.length;i++)       //a 是一个已经定义并且赋值的数组
{
    if(a[i] == result)          //result 就是要找的特定数值
        break;
}
```

当 break 语句和标签语句结合使用的时候,它会在条件满足的情况下结束标签标记的语句块。例 4-9 是一个完整的例子,展示了如何使用 break 语句跳出标签标记过的循环,图 4-9 显示了例 4-9 运行的结果。

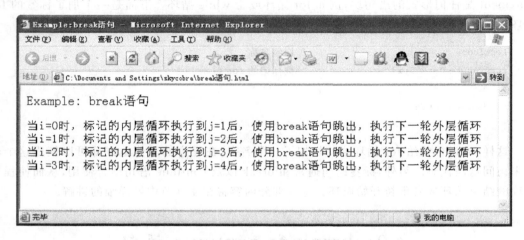

图 4-9　使用 break 语句跳出标签语句

例 4-9　break 语句的应用

```
<html>
    <head>
        <title>Example:break 语句</title>
    </head>
    <body>
        <h3>Example:break 语句</h3>
        <pre>
        <script language = "JavaScript">
            for(var i = 0;i<5;i++)
            {
                testloop:               //标记循环
                for(var j = 0;j<5;j++)
                {
                    if(i-j<0)
                    {
                        document.writeln("当 i = " + i + "时,标记的内层循环执行到 j = " + j + "后,
```

```
                        使用break语句跳出,执行下一轮外层循环");
                        break;
                    }
                }
            }
        </script>
    </pre>
</body>
</html>
```

4.9.2 continue 语句

continue 语句和 break 语句类似,但它的作用不是退出一个循环,而是开始新一轮的循环。它的语法格式如下:

continue;

它也可以与标签语句一起使用,用于重新开始那些不是直接封闭的循环,其语法格式如下:

continue labelName;

不管是直接使用,还是和标签语句一起使用,continue 语句只能用于循环体之内,执行 continue 语句时,封闭循环体内的当前迭代将被终止,并且开始下一轮的迭代。但是对于不同类型的循环,执行规则是不同的:

1. while 循环

在 while 循环中执行 continue 语句,将会跳到循环体头部,再次检测循环的条件表达式,如果条件表达式为 true 或者可以转换成 true,那么再一次执行循环体内的代码。

2. do…while 循环

在 do…while 循环中执行 continue 语句,将会跳到循环体底部,检测循环的条件表达式,如果条件表达式为 true 或者可以转换成 true,那么再一次执行循环体内的代码。

3. for 循环

在 for 循环中执行 continue 语句,将会首先计算增量表达式,然后再一次检测循环的条件表达式,如果条件表达式为 true 或者可以转换成 true,那么再一次执行循环体内的代码。

4. for…in 循环

在 for…in 循环中执行 continue 语句,循环变量首先获得下一个属性名,然后开始新的循环。

下面是一个程序片断,用于扫描数组,计算数组中非数字型元素的个数,并将结果输出到界面上。程序代码如下:

```
for(i = 0;i<a.length;i++ )         //a 是一个已经定义并且赋值的数组
{
```

```
        if(typeof(a[i]) == "number")
        {continue;}
        sum = sum + 1;                          //sum 是一个计数器,用来统计数量
        document.writeln("数组 a 中非数字型元素个数为: " + sum);
    }
```

4.10 异常处理语句

JavaScript 中的异常处理语句是一种功能强大的逻辑控制语句,可以用于程序中的错误处理,以避免程序因为发生错误而无法运行。另外,异常处理语句还可以处理根据需要定制的"异常"。下面给出异常处理语句的语法格式:

```
try
{
    statement(包含了 throw 语句的语句块)        //可能会发生异常的语句块
}
catch(exception)                              //表示异常的变量
{
    statement(处理异常的语句块)                //处理异常的语句块
}
```

在 JavaScript 的异常处理语句中,如果将可能产生异常行为(错误或者自定义的异常)的代码放置在 try 语句块中,那么当程序执行遇到异常时,可以通过 throw 语句将异常抛出。被抛出的异常是一个对象,它包含了详细的异常信息。当异常被抛出后,通过 catch 语句可以捕获异常,并采取合理的步骤来处理它。根据异常的性质,可以对它作出反应,也可以忽略它继续执行后面的代码,甚至退出整个程序。

这里需要注意的是,不是所有的浏览器都支持 JavaScript 异常处理的。如果想获得异常处理的强大功能,必须使用支持异常处理的浏览器。IE5.0 及其以后版本的 Internet Explorer 都对异常处理给予了良好的支持。例 4-10 是一个异常处理的完整样例。

例 4-10 异常处理

```
<html>
    <head>
        <title>Example: 异常处理语句</title>
    </head>
    <body>
        <h3>Example: 异常处理语句</h3>
        <pre>
            <script>
                var times = 0;
                for(var i = 0;i<100;i++)
                {
                    try
                    {
```

```
                if(i % 11 == 0)
                {
                    times = i/11;
                    throw "数字" + i + "是 11 的" + times + "倍";
                }
            }
            catch(exception)
            {
                document.writeln(exception);
            }
        }
        </script>
    </pre>
  </body>
</html>
```

例 4-10 使用异常处理的方式在数字 0～100 中寻找 11 的倍数。如果某个数是 11 的倍数，那么首先计算这个数是 11 的几倍，然后用异常的形式把信息抛出，通过 catch 语句捕获异常，并在异常处理语句块中把信息输出到界面上。图 4-10 是上述代码执行的效果图。

图 4-10 异常处理语句

4.11 其他语句

4.11.1 return 语句

在本书以前和以后的章节中都可以看到函数的定义和调用，调用函数将获得一个值，而 return 语句就是在函数中用于返回函数值的控制语句（注意：return 语句只能用在函数中，用在函数主体以外任何地方都是错误的)。其语法格式如下：

  return [expression];

  expression 是返回值的可选参数,可以是常量、变量和任意形式的表达式。在代码执行过程中,JavaScript 首先计算 expression 的值,然后把它的值作为函数的值返回。如果 return 语句不设置 expression 参数,那么将返回未定义的值作为函数的值。下面的例子是前文中出现的计算矩形面积的代码。在调用函数的地方,将根据参数的值计算 return 后面的表达式,然后将计算结果作为函数的值赋给变量 result。

```
//根据矩形的长和宽计算矩形的面积
function calculateSquare(length,width)
{
    return length * width;
}
//调用函数
result = calculateSquare(3,4);
```

  另外需要注意的是,一旦执行到 return 语句,函数的执行也就停止了,如果函数体内 return 语句后面还有其他的代码,它们将被忽略。例 4-11 用于实现通过调用函数在界面上输出几行字符串。这个例子虽然简单,但是很好地说明了 return 语句的执行情况,图 4-11 是代码执行的效果图。

  例 4-11 异常处理

```
<html>
    <head>
        <title>Example：return 语句</title>
    </head>
    <body>
        <h3>Example：return 语句</h3>
        <pre>
            <script language = "JavaScript">
                function printMessage()
                {
                    document.writeln("第 1 行字符串");
                    document.writeln("第 2 行字符串");
                    document.writeln("第 3 行字符串");
                    document.writeln("第 4 行字符串");
                    document.writeln("第 5 行字符串");
                    return;
                    document.writeln("第 6 行字符串");
                    document.writeln("第 7 行字符串");
                    document.writeln("第 8 行字符串");
                    document.writeln("第 9 行字符串");
                }
                //调用函数
```

```
                    result = printMessage();
            </script>
        </pre>
    </body>
</html>
```

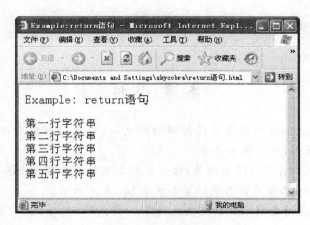

图 4-11　return 语句

4.11.2　with 语句

通过 with 表达式可以使用对象的属性和方法，而不需要每一次都输入对象的名称。它的语法格式如下：

```
with(object)
{
    statement
}
```

在程序执行过程中，with 语句可以把 object 添加到作用域头部，然后执行 statement 代码块。在实际应用中，使用 with 语句可以减少大量的重复工作。下面的例子展示了使用 with 语句访问表单上的多个元素。

```
with(document.forms[0])
{
    name.value = "";
    password.value = "";
}
```

上面的代码等同于：

```
document.forms[0].name.value = "";
document.forms[0].password.value = "";
```

比较两段代码不难发现，通过使用 with 语句省去了重复录入 document.forms[0]的麻烦。但是使用 with 语句会使得代码效率降低,运行速度减慢,所以除非必要,应该尽量减少使用 with 语句。下面介绍一种效率更高的,可以替代 with 语句的方法,仍以上面的代码为例,可以将其改造为:

```
var form = document.forms[0];
form.name.value = "";
form.password.value = "";
```

本章小结

- if 语句是 JavaScript 中最基本的控制语句之一,它通过判断表达式是否成立从而有选择地执行代码,是一种条件语句。
- switch 语句首先计算表达式的值,然后执行与表达式匹配的 case 语句。更为重要的是,每一个 case 语句后面要根据需要使用 break 表达式。
- while 语句的作用是有条件的重复执行某一段代码,do…while 语句和 while 语句非常类似,也是用于有条件的重复执行某一段代码,但唯一不同的是,while 语句对条件表达式的检验位于 while 语句的开始,而 do…while 语句对条件表达式的检验位于 do…while 语句的结尾。
- for 语句是一种结构更简单、使用频率更高的循环控制语句,作用也是有条件地循环执行某一段代码。而 for…in 语句是一种特殊的循环控制语句,它是根据对象的属性进行循环的。
- break 语句用于永久跳出当前循环,并执行当前循环后面的代码;continue 语句用于跳出当前循环并进行下一轮循环。
- JavaScript 中的异常处理语句是一种功能强大的逻辑控制语句,可以用于程序中的错误处理,以避免程序因为发生错误而无法运行。另外,异常处理语句还可以处理根据需要定制的"异常"。

习 题 4

1. if 语句有哪些形式?它们之间有什么不同?
2. 为什么在 switch 结构中需要使用 break 语句?
3. while 和 do…while 语句有什么相同与不同之处?
4. break 和 continue 语句有什么不同?
5. 什么是异常处理?异常处理语句有什么作用?

第 5 章 事件和事件处理

5.1 理解事件

5.1.1 事件概述

事件是浏览器响应用户操作的机制,说明了用户与 Web 页面交互时产生的操作,例如鼠标单击按钮或者文本框失去焦点等。事件可以向浏览器表明有操作发生,需要浏览器处理;而浏览器可以监听事件,在事件发生时做出反应,进行相应的处理工作。这种监听、响应事件并进行处理的过程称为事件处理。

JavaScript 中的事件大都与 HTML 标记相关,都是在用户操作页面元素时触发的。JavaScript 为绝大多数 HTML 对象定义了事件,包括链接(link),图像(image),表单元素(form element)和窗口(window)等。正是因为 JavaScript 的事件功能,才使得 HTML 文档具有动态特性,才使得开发具有交互性、灵活性的 Web 应用成为可能。

有些事件可以被浏览器自动监听,例如窗体的 load 事件,它是由浏览器自动触发的,当 Web 页面完成 HTML 文档加载后,load 事件就发生了。还有一些事件是用来执行某段代码以响应用户请求的,例如单击一个按钮完成用户数据的检验功能,它是由人工编写程序进行定义的,当特定的事件发生时,就执行这个事件对应的代码,以完成预期的事件处理。下面是一些常用的事件:

➢ Web 页面加载 HTML 文档;
➢ 单击按钮;
➢ 单击链接;
➢ 用户提交窗体;
➢ 文本字段获得或者失去焦点。

上面列举的事件只是 JavaScript 众多事件的代表,目的是为了让读者更好地理解事件的概念。在后续学习中,读者将看到更多的事件类型和事件处理方式。

5.1.2 事件类型

JavaScript 支持大量的事件类型,而且针对不同对象,同一操作也会产生不同的事件结果。例如:单击一个按钮将生成按钮的 click 事件,而单击一个文本字段,将不产生任何事件。表 5-1 依据不同的 HTML 组件，列出了 JavaScript 支持的事件，并对事件类型和内容进行了简单说明。

表 5-1　HTML 组件及其对应的事件

HTML 组件	HTML 标记	JavaScript 事件	描　　述
链接	\<A\>\</A\>	click	鼠标单击链接
		dbClick	鼠标双击链接
		mouseDown	按下鼠标按钮
		mouseUp	释放鼠标按钮
		mouseOver	鼠标停在链接上
		mouseOut	鼠标从链接的范围内移到链接的范围外
		keyDown	用户按下键
		keyUp	用户释放键
		keyPress	用户按下并释放键
图像	\<img\>	abort	图像的加载被中止
		error	图像的加载过程中出现错误
		load	图像加载和显示
		keyDown	用户按下键
		keyUp	用户释放键
		keyPress	用户按下并释放键
区域	\<area\>	mouseOver	鼠标停在客户端图像区域上
		mouseOut	鼠标从图像区域内移到区域外
		dbClick	用户双击图像区域
文档体	\<body\>\</body\>	click	用户单击文档体
		dbClick	用户双击文档体
		keyDown	用户按下键
		keyUp	用户释放键
		keyPress	用户按下并释放键
		mouseDown	用户按下鼠标按钮
		mouseUp	用户释放鼠标按钮
窗口框架集框架	\<frameset\>\</frameset\>\<frame\>\</frame\>	blur	窗口失去输入焦点
		error	窗口加载时出现错误
		focus	窗口接收当前输入焦点
		load	窗口的加载完成
		unload	用户退出窗口
		move	移动窗口
		resize	调整窗口大小
		dragDrop	用户将一个对象放入窗口
表单	\<form\>\</form\>	submit	用户提交表单
		reset	用户重置表单
单行文本域	\<input type="text"\>	blur	文本域失去当前输入焦点
		focus	文本域得到当前输入焦点
		change	文本域被修改并且失去当前输入焦点
		select	在文本域中选择了文本

续表

HTML 组件	HTML 标记	JavaScript 事件	描　　述
密码域	`<input type="password">`	blur focus	密码域失去输入焦点 密码域获得输入焦点
多行文本域	`<textarea>` `</textarea>`	blur focus change select keyDown keyUp keyPress	文本域失去当前输入焦点 文本域得到当前输入焦点 文本域被修改并且失去当前输入焦点 在文本域中选择了文本 用户按下键 用户释放键 用户按下并释放键
按钮	`<input type="button">`	click blur focus mouseDown mouseUp	单击按钮 按钮失去输入焦点 按钮获得输入焦点 用户在按钮上按下鼠标左键 用户在按钮上释放鼠标左键
提交	`<input type="submit">`	click blur focus	单击提交按钮 按钮失去输入焦点 按钮获得输入焦点
重置	`<input type="reset">`	click blur focus	单击重置按钮 重置按钮失去输入焦点 重置按钮获得输入焦点
单选按钮	`<input type="radio">`	click blur focus	单击单选按钮 单选按钮失去输入焦点 单选按钮获得输入焦点
复选框	`<input type="checkbox">`	click blur focus	单击复选框 复选框失去输入焦点 复选框获得输入焦点
文件上传	`<input type="file">`	blur change focus	文件上传表单组件失去输入焦点 用户选择一个文件上传 文件上传表单组件获得输入焦点
下拉菜单	`<select>` `</select>`	blur focus change	选择菜单组件失去输入焦点 选择菜单组件获得输入焦点 选择菜单组件被修改并失去当前输入焦点

从表 5-1 可以看出，针对不同的 HTML 元素，JavaScript 支持不同的事件类型，例如针对按钮对象，JavaScript 支持 click、blur、focus、mouseDown 和 mouseUp 事件，而针对提交按钮就只支持 click、blur 和 focus 事件。

5.1.3　事件处理器

前文给出了 JavaScript 编程中常用的事件类型，当这些事件发生时，程序就会执行用于响应事件的 JavaScript 代码。响应特定事件的代码称为事件处理器。事件处理器的代码包含在相应的 HTML 标记里面，作为该标记的属性，其语法格式如下：

<HTML 标签 事件处理器名称 = "JavaScript 代码">

事件处理器名称与事件本身的名称大体相同，只是在事件名称前面加上了 on 前缀，例如 click 事件的事件处理器为 onClick，focus 事件的事件处理器为 onFoucs，其他的事件可以依次类推。细心的读者可以发现，前文说事件处理器只是在对应的事件名称前边加上一个 on 前缀，而在后面举例的时候，却先将事件名称的首字母大写以后再加上一个 on 的前缀。其实，在这种方式下并不区分大小写，将 focus 事件的事件处理器写成 ONFOCUS、OnFocus、onFOCUS 等各种形式在语法上都是正确的，只不过专业的 JavaScript 编程都习惯于将事件本身名称的首字母大写，然后加上 on 前缀，从而构成相应的事件处理器。下面是一个简单而又完整的例子，说明了如何使用事件处理器。

<input type = "button" value = "click me" onClick = "alert('您单击按钮了!')">

上面的例子只是说明了针对按钮如何使用事件处理器，表 5-2 列出并描述了表 5-1 中所列事件的事件处理器。

表 5-2　事件处理属性

事件处理属性	相应代码的执行
onAbort	取消图片的加载
onBlur	文档、窗口、框架或表单元素失去当前输入焦点
onChange	文本框、文本域、文件上传或选项被修改或失去当前输入焦点
onClick	链接、客户端图片区域或表单元素被单击
onDbClick	链接、客户端图片区域或文档被双击
onDragDrop	在窗口或框架中拖曳某个对象
onError	在图片、窗口或框架加载时出错
onFocus	文档、窗口、框架或表单元素得到当前输入焦点
onKeyDown	用户按下按钮
onKeyPress	用户按下并释放键
onKeyUp	用户释放键
onLoad	加载图片、文档或框架
onMouseDown	用户移动鼠标
onMouseMove	鼠标从客户端图片区域的链接区域移出
onMouseOut	鼠标移到客户端图片区域的链接区域
onMouseOver	用户释放鼠标按钮
onMouseUp	用户按下鼠标按钮
onMove	用户移动窗口或框架
onReset	用户单击表单重置按钮，重置表单
onResize	用户调整窗口或框架大小
onSelect	在文本框或文本域中选择文本
onSubmit	提交表单
onUnload	用户退出文档或框架

5.2 处理事件

JavaScript 的事件处理分为两个步骤：首先定义可以被 JavaScript 识别和处理的事件，然后由程序员使用标准的方法将事件和事件处理代码连接起来。针对以上步骤，JavaScript 有两种处理方式，分别是：作为 HTML 属性的事件处理方式和作为 JavaScript 属性的事件处理方式。下面分别针对这两种事件处理方式进行讲解。

5.2.1 通过 HTML 属性处理事件

在通过 HTML 属性处理事件这种方式中，事件处理器是作为 HTML 的属性值来表示和应用的，例如：

＜input type＝"button" value＝"click me" onClick＝"alert('您单击按钮了!')"＞

在上面的代码中，事件处理器 onClick 就是用标签＜input＞的属性 onClick 指定的，HTML4.0 已经为 JavaScript 中的事件处理器定义了相应的属性，在程序中可以通过 HTML 标签的属性指定相应的事件处理器，从而完成事件处理。

事件处理器属性的值是一个任意的 JavaScript 代码串，如果它由多个 JavaScript 语句构成，那么每个语句之间必须用分号隔开，但是更好的方法是使用函数，通过事件处理器调用函数完成事件处理。例 5-1 是一个简单的例子，说明了如何通过 HTML 属性处理事件。

例 5-1 作为 HTML 属性的事件处理器

```
<html>
  <head>
    <title>Example：作为 HTML 属性的事件处理器</title>
    <script language="JavaScript">
      function printMessage(message)
      {
        alert(message);
      }
    </script>
  </head>
  <body>
    <h3>Example：作为 HTML 属性的事件处理器</h3>
    <input type="button" value="直接输出信息按钮" onClick="alert('您单击了按钮,直接输出了信息!')">
    <input type="button" value="通过函数输出信息按钮" onClick="printMessage('单击按钮后先调用函数,通过函数输出信息!')">
  </body>
</html>
```

在例 5-1 中定义了两个按钮，并通过 HTML 标签＜input＞的属性 onClick 指定了事件处理器。如果单击 value 的属性为"直接输出信息按钮"的按钮时，将触发与这个按钮 click 事件对应的事件处理器,该事件处理器直接执行 JavaScript 代码"alert('您单击了按钮,直接输出了信息!')",弹出对话框,显示信息。如果单击 value 属性为"通过函数输出信息按钮"的按钮时,将触发与这个按钮 click 事件对应的事件处理器,该事件处理器将调用名为 printMessage 的函数,通过参数传递要输出的信息,函数的执行结果是弹出对话框,并把通过参数传递的信息输出在对话框里。图 5-1 是单击按钮"直接输出信息按钮"时,程序的运行结果示意图。

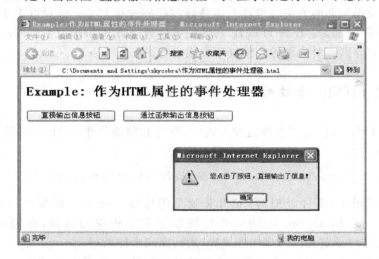

图 5-1　直接输出信息

图 5-2 是单击按钮"通过函数输出信息按钮"时,程序的运行结果示意图。

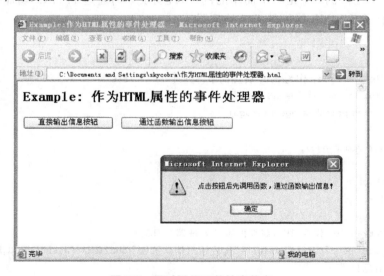

图 5-2　通过调用函数输出信息

5.2.2　通过 JavaScript 属性处理事件

虽然事件处理器几乎都是作为 HTML 的属性值来定义的,但是还是有必要了解定义事件处理器的另一种方式,即作为 JavaScript 属性的事件处理器,这种方式允许程序像操作 JavaScript 属性一样来处理事件。下面通过比较使读者了解作为 HTML 属性的事件处理器和作为 JavaScript 属性的事件处理器之间的区别。

首先假设页面上存在一个按钮,其代码定义为:

＜input type = "button" name = "infoButton" value = "click me"＞

单击这个按钮将弹出对话框,显示信息说明 click 事件被触发。这样的功能可以通过 HTML 属性指定事件处理器来实现,代码如下:

＜input type = "button"name = "infoButton"value = "click me"onClick = "alert('按钮的 click 事件被触发!')"＞

同样的功能,还可以通过 JavaScript 属性指定事件处理器来实现,代码如下:

document.forms[0].infoButton.onclick = function() {alert('按钮的 click 事件被触发!');}

通过两者的比较可以发现,JavaScript 对象具有与 HTML 元素相应的、表示事件处理器的属性,在实际应用中,只要将 JavaScript 函数赋给这些表示事件处理器的属性,那么这些函数便可以当作事件处理器来使用,当对应的事件发生时,系统将自动调用它们处理相应的事件。

注意:由于 HTML 语言不区分字母大小写,所以作为 HTML 属性的事件处理器不区分大小写;而 JavaScript 是一种对大小写敏感的计算机语言,所以 JavaScript 的事件处理器属性区分大小写,它们必须使用小写字母,例如,onclick、onload 等。

虽然并不常用 JavaScript 的属性来表示事件处理器,但是它却具有很多好处。首先,它减少了 HTML 和 JavaScript 的混合使用,使代码更简洁,更便于维护;其次,事件处理器的代码不必是确定的,可以根据需要动态创建和修改,而这一点在使用 HTML 的属性表示事件处理器时是无法做到的。

5.3 JavaScript 中的事件处理

5.1 节、5.2 节讲述了 JavaScript 中的事件类型和处理方式,本节将针对 JavaScript 编程中常用的事件类型和处理方式结合实例进行说明。

5.3.1 处理链接事件

从表 5-1 中可以看到,与链接相关的事件一共有 9 个,常用的有 click 事件,mouseOver 事件和 mouseOut 事件。但由于篇幅的限制,这里无法针对每一种事件做出实例说明,仅以 mouseOver 事件为例,向读者展示与链接相关的事件如何处理。

例 5-2 链接的 mouseOver 事件

```
＜html＞
 ＜head＞
  ＜title＞Example:链接的 mouseOver 事件＜/title＞
```

```
        <script language = "JavaScript">
          function printMessage(message)
          {
            alert(message);
          }
        </script>
      </head>
      <body>
        <h3>Example：链接的 mouseOver 事件</h3>
        <A href = # onMouseOver = "printMessage('您的鼠标经过链接了！')">
          请把鼠标放过来,看看会发生什么事情:)
        </A>
      </body>
    </html>
```

运行例 5-2 中的代码,将在页面上显示一个超链接字符串,当鼠标经过或者停留在这个字符串上时,将触发链接的 mouseOver 事件。从代码中可以看到,当链接的 mouseOver 事件发生时,将执行 printMessage 函数,通过提示信息对话框输出信息。图 5-3 展示了事件发生时的运行结果。

图 5-3　链接的 mouseOver 事件

如果要处理链接其他类型的事件,只需要更改事件处理器及其对应的代码即可。另外,还可以对同一个链接注册多个事件处理器,当发生不同事件的时候,就调用相应的事件处理器执行处理程序。例如,当鼠标经过链接时,调用函数 printMessage 输出信息,当鼠标单击链接时,执行 JavaScript 代码,直接输出信息,其代码如下：

```
<A href = # onMouseOver = "printMessage（'您的鼠标经过链接了！'）"
                         onClick = "alert('您用鼠标单击了链接！')">
  请把鼠标放过来,看看会发生什么事情:)
</A>
```

5.3.2 处理窗口事件

窗口事件主要用来处理普通的 HTML 文档以及包含帧结构的 HTML 文档,常用的有 load 事件、unload 事件、blur 事件、focus 事件等。例 5-3 是一个简单的例子,针对普通 HTML 文档说明了如何处理 load 事件和 unload 事件。

例 5-3 窗口的 load 和 unload 事件

```html
<html>
  <head>
    <title>Example:窗口的 load 和 unload 事件</title>
    <script language = "JavaScript">
      function loadHandle()
      {
        alert("窗口执行了 load 事件!");
      }
      function unloadHandle()
      {
        alert("窗口执行了 unload 事件!");
      }
    </script>
  </head>
  <body onload = "loadHandle()" onUnload = "unloadHandle()">
    <h3>Example:窗口的 load 和 unload 事件</h3>
  </body>
</html>
```

运行上面代码可以看到,在页面加载过程中会触发窗口的 onload 事件处理器,执行 loadHandle 函数,弹出对话框显示登录信息,图 5-4 为页面加载时的效果图。

图 5-4 窗口的 load 事件

当页面加载完成后,如果刷新页面或者关闭页面都会触发窗口的 unload 事件,图 5-5 是刷新页面时的效果图。

图 5-5　窗口的 unload 事件

虽然上面的例子有些简单,但却说明了窗口事件的处理方式,在实际应用中,可以通过改变事件处理器调用的函数,完成各种需要的功能。

5.3.3　处理图形事件

为了构建多姿多彩的 Web 应用,常使用大量的图形美化页面,所以与图形相关的事件也就成了在实际应用中经常碰到的一类事件。在很多情况下,了解图形的加载状况、判断加载过程中是否发生中断或者错误,对于接下来的操作有着至关重要的作用。图形事件提供了这样的机制,可以实现上述需要的各种功能,具体的事件清单请参考表 5-1。这里只简单地举一个例子,说明如何使用图形的 load 事件。例 5-4 中的代码将在页面上加载一幅图片,当图形加载完成时,会触发图形的 load 事件,执行相应的处理程序,弹出对话框,输出信息,图 5-6 是程序运行的实际界面。

例 5-4　图形的 load 事件

```
<html>
  <head>
    <title>Example：图形的 load 事件</title>
    <script language = "JavaScript">
      function imageLoadHandle()
      {
        alert("图形加载完成!");
      }
    </script>
  </head>
  <body>
```

```
      <h3>Example：图形的 load 事件</h3>
      <IMG src = "example.gif" onLoad = "imageLoadHandle()">
   </body>
</html>
```

图 5-6　图形的 load 事件

5.3.4　处理图形映射事件

Web 页面上经常会出现这样的应用，就是单击一幅图片的不同区域的时候，会打开不同的页面，这种功能称为图形映射。图形映射是一类比较特殊的图形事件，由分布在不同区域的图形组成，用户单击图形的某个区域，便可以连接与该区域相关的 URL。

JavaScript 对图形映射提供的事件支持与对链接提供的事件支持相同，下面先看一个处理图形映射事件的样例程序，然后在此基础上对相关内容进行讲解。

例 5-5　图形映射事件

```
<html>
   <head>
      <title>Example：图形映射事件</title>
      <script language = "JavaScript">
         function messageHandle()
         {
            alert("您单击的是图形的第二个映射区！");
         }
      </script>
   </head>
   <body>
      <h3>Example：图形映射事件</h3>
```

```
            <IMG src = "example.gif" USEMAP = "#example">
            <MAP NAME = "example">
                <AREA COORDS = "5,5,300,120" HERF = "picture.html" TARGET = _BLANK>
                <AREA COORDS = "300,5,600,120" onClick = "messageHandle()">
            </MAP>
        </body>
    </html>
```

例 5-5 所示程序代码中，在＜IMG＞标签中使用了 USEMAP 属性，USEMAP 的属性值为"#example"，它是映射标志所描述图形映射的名称，其中符号"#"是必须的，而后面的名称可以为任意，只要与下面＜MAP＞标签中 NAME 属性的值一致即可。接下来，程序中使用了＜AREA＞标签，通过该标签的 COORDS 属性在图片上设置了不同区域，COORDS 属性对应 4 个数字，表示一个矩形区域，前 2 个数字是左上端顶点的坐标，而后 2 个数字是右下端顶点的坐标。上面代码一共使用了 2 个＜AREA＞标签，第 1 个＜AREA＞标签为原始图形的左边部分指定了链接，当单击这部分图形时，将打开名为 picture.html 的页面；第 2 个＜AREA＞标签为原始图形的右边部分设置了 click 事件，当单击这部分图形的时候将执行 onClick 事件处理器，通过对话框输出信息。图 5-7 为单击图形左边部分时在新窗口中打开名为 picture.html 页面的实际效果图（picture.html 为另一个页面，只包含一幅图片）。

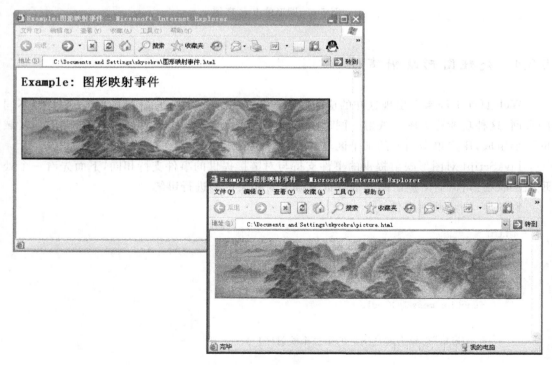

图 5-7　图形映射事件（打开新的页面）

单击图形右边部分时将触发 click 事件，弹出对话框，显示提示信息，图 5-8 为程序执行的实际效果图。

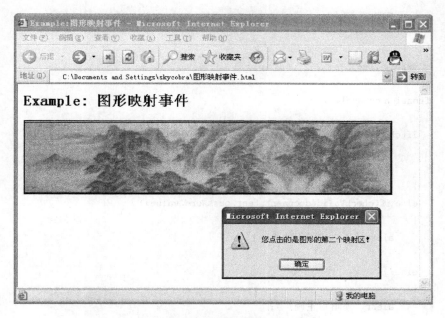

图 5-8　图形映射事件（触发 click 事件）

例 5-5 中，将一个图形分成两部分，分别执行了链接和 click 事件，而在实际应用中，可以根据需要将图形分成任意多的部分，然后为每个部分指定相同或者不同的事件，以满足 Web 应用的需要。

5.3.5　处理窗体事件

在 JavaScript 实际应用中，最常处理的事件就是窗体事件。窗体提供了许多图形用户界面控件，帮助用户完成 Web 交互，例如：文本框、单选框、复选框、按钮等。针对不同的控件，JavaScript 提供了相应的事件处理机制。下面通过一个实例说明如何处理窗体事件，至于更为复杂的控件及其事件处理将在本书第 5～第 8 章中详细论述。例 5-6 以文本框和按钮控件为例，说明了如何使用 JavaScript 处理窗体事件。

例 5-6　窗体事件

```
<html>
  <head>
    <title>Example：窗体事件</title>
    <script language = "JavaScript">
      function checkValid(s)
      {
        var len = s.length;
        for(var i = 0;i<len;i++ )
        {
          if(s.charAt(i)! = "")
```

```
            return false;
        }
    }
    return true;
}
function okHandle()
{
    if(checkValid(document.test.userName.value))
    {
        alert("用户名称不能为空!");
    }
    else if(checkValid(document.test.passWord.value))
    {
        alert("用户密码不能为空!");
    }
    else
    {
        alert("您填写正确!");
    }
}
function cancelHandle()
{
    document.test.userName.value = "";
    document.test.passWord.value = "";
}
</script>
</head>
<body>
<form name = "test">
    <h3>Example：窗体事件</h3>
    <font size = "2">用户名称：</font>
    <input type = "text" name = "userName">
    <br><br>
    <font size = "2">用户密码：</font>
    <input type = "text" name = "passWord">
    <br><br>
    <input type = "button" name = "ok" value = " 确定 " onClick = "okHandle()">
            
    <input type = "button" name = "cancel" value = " 取消 " onClick = "cancelHandle()">
</form>
</body>
</html>
```

例5-6提供了一个用户名称的录入文本框和一个用户密码的录入文本框，以及名为"确定"和"取消"的按钮。当单击"确定"按钮时，将判断是否录入用户名称和密码，如果两者都录入内容将提示填写正确，否则提示信息缺失；单击"取消"按钮将把用户名称文本框和用户密码文本框内容清空。图 5-9 是正确录入用户名称和密码信息后单击【确定】按钮时程序运行的界面。

图 5-9 窗体事件

5.3.6 处理错误事件

在加载网页的时候如果遇到错误而又无法处理,将是令人十分失望的。JavaScript1.1 引入了 error 事件,提供了在脚本执行过程中处理错误的功能。从表 5-1 中可以看到,图像、窗口以及框架对象有 error 事件,其中图像对象的 onError 事件处理器可以处理与加载图形相关的错误,窗口对象的 onError 事件处理器可以处理与加载文档相关的错误。

处理错误事件不同于处理其他事件,事件处理函数不需要自己编写,而是由浏览器自动执行,通过 3 个参数传递错误信息:第 1 个参数描述所发生错误的信息;第 2 个参数是一个 URL,指明引起错误的 JavaScript 代码所在的文档;第 3 个参数是该文档中错误代码所在行的行号。例 5-7 是一个处理错误事件的例子。

例 5-7 处理错误事件

```
<html>
 <head>
  <title>Example:处理错误事件</title>
  <script language = "JavaScript">
   function errorHandler(errorMessage,url,line)
   {
    var message = "错误信息:" + errorMessage + "\n 错误文档的 URL:" + url + "\n 错误的行
     号:" + line;
    alert(message);
   }
   onerror = errorHandler;
```

```
        </script>
    </head>
    <body>
        <h3>Example：处理错误事件</h3>
        <form>
            <input type = "button" onClick = "okHandle()" value = "确定">
        </form>
    </body>
</html>
```

在例 5-7 中,首先编写了错误事件的处理函数,通过对话框把错误信息、错误文档的 URL 以及错误发生的行号显示出来。不过为了实现这个功能,必须通过下面的代码把 windows 的 onerror 属性设置为错误事件处理器：

onerror = errorHandler;

注意：这里只是将错误事件处理函数的名称赋给了 windows 对象的 onerror 属性,而不可以加括号或者参数,否则将导致错误,无法实现预定的功能。

接下来,当单击【确定】按钮的时候,将调用 okHandle 函数,而页面上并没有 okHandle 函数,所以会发生错误,这时就会触发错误事件处理器,通过对话框把错误信息输出。图 5-10 为单击【确定】按钮后输出错误信息的实际效果图。

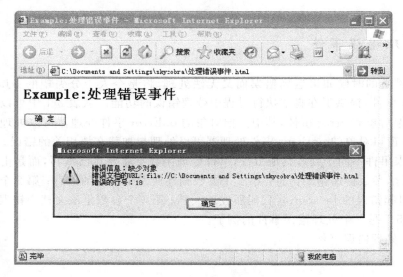

图 5-10　处理错误事件

5.4　事件对象

前文讲解的内容虽然可以处理事件,但是没有办法获得所发生事件的细节信息,例如：当 mouseDown 事件发生时,可能需要知道光标的位置信息。为了满足这个需要,

JavaScript1.2 引入了 event 对象作为提供事件细节信息的机制，由于 event 对象包含了若干存储着事件细节信息的属性，所以可以通过访问 event 对象的属性来获取所发生事件的详细信息。

虽然事件对象 event 是一个很好的机制，而且 Netscape 公司和 Microsoft 公司在其浏览器软件中都定义了 event 对象，但是令人遗憾的是，在两家公司浏览器软件 Navigator 和 Internet Explorer 中，event 对象的属性几乎完全不同，从而使得 event 对象实例的属性值不仅依赖于发生事件的类型，还依赖于执行脚本的浏览器类型。表 5-3 列出了 Microsoft 公司 Internet Explorer 支持的 event 对象属性，表 5-4 列出了 Netscape 公司 Navigator 支持的 event 对象属性。

表 5-3　Internet Explorer 中的 event 对象属性

属　　性	说　　明
Button	发生事件时所按的鼠标键
keyCode	标识与所按键相关联的 Unicode 键代码
srcElement	事件源，即最初发生事件的对象
Reason	表示数据源对象的数据传输状态
Type	发生的事件的类型
returnValue	事件处理器返回值
clientX、clientY	光标相对于事件所在 Web 页面的水平和垂直位置
x、y	光标相对于事件所在文档的水平和垂直位置
offsetX、offsetY	光标相对于事件所在容器的水平和垂直位置
screenX、screenY	光标相对于屏幕的水平和垂直位置
fromElement、toElement	指定移动的 HTML 元素
altKey、ctrlKey、shiftKey	表示事件发生时是否按了 Alt、Ctrl 或 Shift 键

表 5-4　Navigator 中的 event 对象属性

属　　性	说　　明
height、width	窗口或帧的高度和宽度
pageX、pageY	光标相对于页面的水平和垂直位置
screenX、screenY	光标相对于屏幕的水平和垂直位置
layerX、layerY	光标相对于事件所在层的水平和垂直位置
target	事件源，即最初发生事件的对象
type	发生的事件的类型
which	发生事件时所按的鼠标键
modifiers	是一个含有 ALT_MASK、CONTROL_MASK、SHIFT_MASK 和 META_MASK 的掩码

在上面两种浏览器中，除了 event 对象的属性不同以外，事件处理器使用 event 对象的方法也存在很大差异。在 Microsoft 公司的 Internet Explorer 中，event 对象被定义为一个全局性的，可以从事件处理器中直接访问。例如：下面的函数可以在 Internet Explorer 中将

光标相对于屏幕的水平和垂直位置通过提示对话框输出：

```
function showLocation()
{
    alert("光标的水平位置：" + event.screenX + ",光标的垂直位置：" + event.screenY);
}
```

在 Netscape 公司的 Navigator 浏览器中，并不定义全局性的 event 对象，而是将 event 对象作为参数传递给事件处理器。如果在 Navigator 中实现前面函数的功能，需要将其修改为下面的形式：

```
function showLocation(eventObject)
{
    alert("光标的水平位置：" + eventObject.screenX + ",光标的垂直位置：" + eventObject.screenY);
}
```

从两段相同功能的代码中可以看到，如果要编写在 Internet Explorer 和 Navigator 中兼容的代码，应该在事件处理函数中显式地设置 event 对象为参数，以保证在不同浏览器中实现相同的功能。

本 章 小 结

- 事件是浏览器响应用户操作的机制，说明了用户与 Web 页面交互时产生的操作。
- JavaScript 中的事件大都与 HTML 标记相关，都是在用户操作页面元素是触发的。
- JavaScript 为绝大多数 HTML 对象定义了事件，正是因为 JavaScript 的事件功能，才使得 HTML 文档具有动态特性，才使得开发具有交互性、灵活性的 Web 应用成为可能。
- JavaScript 支持大量的事件类型，而且针对不同对象，同一操作也会产生不同的事件结果。例如，单击一个按钮将生成按钮的 click 事件，而单击一个文本字段，将不产生任何事件。
- 当 JavaScript 中定义的事件发生时，程序就会执行用于响应事件的 JavaScript 代码，响应特定事件的代码称为事件处理器。
- JavaScript 的事件处理分为两个步骤：首先定义可以被 JavaScript 识别和处理的事件，然后由程序员使用标准的方法将事件和事件处理代码连接起来。
- JavaScript 处理事件有两种方式，分别为作为 HTML 属性的事件处理方式和作为 JavaScript 属性的事件处理方式。
- JavaScript 1.2 引入了 event 对象作为提供事件细节信息的机制，由于 event 对象包含了若干存储着事件细节信息的属性，所以可以通过访问 event 对象的属性来获取所发生事件的详细信息。

习 题 5

1. JavaScript 支持的事件包括什么？它们分别代表什么操作？
2. 什么是事件处理器？不同 HTML 元素支持的事件处理器分别是什么？
3. 如何通过 HTML 属性处理事件？如何通过 JavaScript 属性处理事件？
4. 什么是错误事件？如何处理错误事件？
5. 如何在程序中使用 event 对象获取所发生事件的详细信息？

第 6 章 窗口和框架

6.1 JavaScript 对象模型

在实际应用中,常常使用 JavaScript 操作 Web 浏览器窗口以及窗口上的控件,从而实现用户和页面的动态交互功能。为此,浏览器预定义了许多内置对象,这些对象都含有相应的属性和方法,以便在事件发生时,通过这些属性和方法控制浏览器窗口及其控件。客户端浏览器中这些固有的、被预定义的内置对象统称为浏览器对象,在接下来的章节中,将详细讲解这些对象。

6.1.1 浏览器对象的层次结构

浏览器对象模型如图 6-1 所示,其中定义了浏览器对象的组成和相互之间的关系,描述了浏览器对象的层次结构,是 Web 页面中内置对象的组织形式。这些对象不需要在程序中创建,它们会在 Web 浏览器打开网页的时候被自动创建。浏览器对象模型中的每个对象都含有若干属性和方法,使用这些属性和方法可以操作 Web 浏览器窗口中的不同对象,控制和访问窗口中框架和 HTML 页面的不同内容。

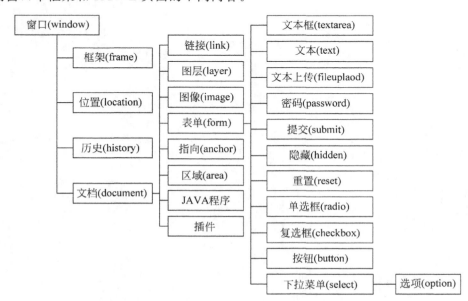

图 6-1 浏览器对象模型

浏览器对象模型和浏览器的种类有关，不同浏览器可能包含不同的浏览器对象及其属性和方法，而且彼此互不兼容。在实际应用中，要根据浏览器类型选择浏览器对象以及对象的属性和方法，如果编写可能运行在不同类型浏览器上的程序，那么一定要使用通用的浏览器对象及其属性和方法。

注意：本质上讲，JavaScript 和浏览器对象模型是两个不同的概念，浏览器对象模型在技术上不同于 JavaScript，通过 JavaScript 并不能影响和改变浏览器对象的核心内容；浏览器对象不是 JavaScript 专用的，其他的脚本语言（比如 VBScript）也可以使用浏览器对象。但是，在实际应用中所说的 JavaScript 往往是由 JavaScript 语言和 JavaScript 可以使用的浏览器对象模型组成的。

6.1.2 浏览器对象模型中的层次

从图 6-1 中不仅可以看到浏览器对象的组成，还可以看到不同对象的层次关系，例如：窗口对象（window）是顶层对象，包含了历史对象（history）、文档对象（document）、位置对象（location）以及框架对象（frame）；而表单对象（form）是文档对象（document）的子对象，同时它又包含了若干子对象。关于浏览器对象模型中每一个对象的使用方法将在下面的章节中详细说明，这里先从整体上了解一下浏览器对象模型层次中三个关键的对象。

（1）window：window 对象是浏览器对象模型中定义的其他所有对象的父类。它代表着浏览器窗口中显示 HTML 页面内容的区域。当使用当前窗口的属性和方法时，并不需要去识别，因为浏览器默认的是当前窗口。

（2）document：document 对象是装载到窗口中的 HTML 页面。它是浏览器对象模型中非常重要的对象之一，包含了其他一些常用的对象，例如 form、link、image、layer 等。

（3）form：form 对象由许多其他重要的对象组成，例如 text、button、radio、checkbox、select 等，这些对象通常在 Web 页面中使用，是用户和页面动态交互的关键。

浏览器对象的值可以通过浏览器对象模型层次来获得，即使用 JavaScript，按照从顶层到底层的路径顺序，便可以设置或者访问某个属性的值。例如：在某一个文档中声明了一个名为"example"的 form 对象，在该 form 中定义一个名为"username"的 text 对象，于是这个特定的 text 对象的值可以通过下面的语句获得：

document.example.username.value

在上面的代码中，document 是 form 的父类，而 form 是 text 对象的父类，通过上述的层次可以得到文本的值。下面是获取文档对象属性值的通用代码：

document.formname.property.value

其中，document 是文档对象，为所访问 form 对象的父对象；formname 表示所访问 form 对象的名称，它是页面中所访问 form 对象的唯一标识；property 是最终要访问的表单元素，property.value 表示该表单元素的值。

6.1.3 浏览器对象的属性和方法

浏览器对象模型中的对象通常都含有很多属性，通过这些属性可以表现对象的特征。不同浏览器对象的属性不一定相同，不过大部分浏览器对象都有"name"和"value"这两个属性。通过对象的名称和属性名称就可以访问到对象的属性值。例如：

    objectName.propertyName

其中，objectName 表示对象名称，propertyName 表示该对象的属性名称。如果要把浏览器的字体颜色设置为红色，就可以使用 document 对象的 fgColor 属性，将其值设置为 red 即可：

    document.fgColor = "red"

除了上面讲述的属性以外，浏览器对象还包含了自己的方法。方法是浏览器对象的固有函数，用来对特定对象执行某种操作。方法可以用与属性相似的方式进行访问，其语法如下：

    objectName.methodName(parameterList)

其中，objectName 为包含所调用代码的对象名称，methodName 为调用方法，parameterList 为该方法的参数清单。特定方法如果含有多个参数，参数间用逗号隔开；如果没有参数，也需要加括号。下面是两个方法调用的具体实例：

    document.form1.userName.focus()
    document.write("message")

focus 方法是一个非常常见的方法，用于使特定的对象获得焦点。浏览器对象模型中很多对象都拥有这个方法。

第一个例子中，文档中有名为 form1 的表单，在 form1 表单上有名为 userName 的对象，代码执行结果将使其获得焦点。第二个例子是用了 document 对象的 write 方法，这个方法在前文中已经多次出现了，用于在页面上输出信息。这个方法包含一个参数，表示所要输出的信息。

值得注意的是，对象的属性和方法同样依赖于浏览器，不同浏览器可能为相同对象定义了不同的属性和方法，在使用的时候一定要注意浏览器类型。如果开发有可能运行在多种浏览器上的 Web 应用，就应该使用通用的对象属性和方法。

6.1.4 应用事件

事件是用户与 Web 页面交互时产生的行为，一旦事件发生，浏览器将捕获事件并进一步处理，从而真正实现用户和页面的动态交互。本书在第 5 章中已经对事件的概念、处理方式以及不同方面的应用做了详细的介绍，这里不再重复。唯一需要强调的就是，在实际应用中，事件是执行 JavaScript 代码的索引，只有选择恰当的事件并编写完善的事件处理代码才可以制作出精彩的 Web 应用。

6.2 window 对象

window 对象位于浏览器对象模型中的顶层，是 document、frame、location 和 history 对象的父类。在实际应用中，只要打开浏览器，无论是否存在页面，window 对象都将被创建。由于 window 对象是所有其他对象的默认前提，而且在浏览器运行时必然存在，所以按照对象层次访问某一个子对象时不需要显式地注明 window 对象。

6.2.1 window 对象的属性和方法

window 对象包含若干属性，主要用来描述浏览器窗口的相关信息，但是不同浏览器所支持 window 对象的属性也不完全相同。下面列出了最为常用的，也是浏览器普遍支持的 window 对象的属性：

- closed：该属性为一个布尔值，用于判断窗口是否关闭。只有当窗口关闭时，它的值才是 true。
- defaultStatus：该属性为一个字符串，指定了默认显示在浏览器状态栏中的文本内容。
- status：该属性与 defaultStatus 属性类似，不同的是通过设置 window.status 的值可以"临时"指定显示在浏览器状态栏中的文本内容。
- document：该属性是对 document 对象的应用，包含了窗口中 document 对象的信息。
- frames[]：该属性是一个数组，包含了所有在本窗口中的 frame 对象，数组下标从 0 开始。
- history：该属性是对 history 对象的引用，表示用户浏览器窗口的历史信息。
- location：该属性是对 locaton 对象的引用，表示显示在窗口中文档的 URL。改变这个属性将导致浏览器加载一个新的文档。
- name：该属性表示窗口的名称，常和 <A> 标签的 target 属性一起使用。
- navigator：该属性是对 navigator 对象的引用。
- opener：该属性是对打开当前窗口的 window 对象的引用。如果当前的窗口是用户打开的，那么 opener 属性的值为 null。
- parent：如果当前的窗口是一个框架，那么该属性就是对窗口中包含这个框架的框架的引用。
- self：该属性表示 window 对象对自己的引用，等同于 window 属性。
- screen：该属性是对 screen 对象的引用。
- top：如果当前窗口是一个框架，那么该属性就是对包含这个框架最高层窗口的 window 对象的引用。
- window：该属性也是一个自引用属性，等同于 self 属性，表示对当前 window 对象的引用。

window 对象还包含了若干方法，用于操作 Web 浏览器窗口。与 window 对象的属性一样，不同浏览器支持的 window 对象的方法也不完全相同，以下是一些常用的方法：
- alert(message)：该方法可以显示一个简单的信息对话框，带有一个确定（OK）按钮，参数 message 为要在对话框中显示的信息。
- confirm(question)：该方法可以显示一个确定对话框，带有确定（OK）和取消（Cancel）按钮，参数 question 为要在对话框中显示的信息。
- prompt()：该方法可以显示一个对话框，提示用户输入信息。
- blur()：该方法将焦点从当前窗口移走。
- close()：该方法用于关闭窗口。
- focus()：该方法可以使窗口获得焦点。
- open(url,name,features,replace)：该方法用于打开一个新窗口。其中，url 为可选字符串参数，指定了要在新窗口中显示的文档的 URL；name 为可选字符串参数，指定了新窗口的名字；features 为可选字符串参数，指定了新窗口要显示的标准浏览器的特性；replace 为可选的布尔参数，指定了是要在窗口的浏览历史中为装载的新页面的 url 创建一个新条目，还是用它替换掉浏览历史中的当前条目。
- setInterval()：该方法可以设置一个时间间隔，周期性地重复运行某段代码。该方法有两种形式，分别为：setInterval(code,interval) 和 setInterval(func,interval,args…)。其中，code 表示要执行的 JavaScript 代码串；interval 为一个整数，指定了执行 code 或者调用 func 之间的时间间隔，以 ms 计算；func 为要周期执行的 JavaScript 函数；args… 表示函数 func 的参数。
- clearInterval(intervalID)：该方法可以停止周期性地执行某段代码。其中，intervalID 表示调用 setInterval() 方法返回的值。
- setTimeout(code,delay)：该方法将延迟代码的执行。其中，code 为一个字符串，表示被延迟执行的 JavaScript 代码；delay 表示被延迟的时间，以 ms 计算。
- clearTimeout(timeoutID)：该方法将取消对指定代码的延期执行，参数 timeoutID 为调用 setTimeout() 方法返回的值，标识了要取消的延期执行的代码块。

6.2.2 window 对象的应用

前文介绍了 window 对象的属性和方法，本节将通过例 6-1 讲解如何使用这些属性和方法。代码如下：

例 6-1 window 对象的应用

```
<html>
  <head>
    <title>Example：window 对象的应用</title>
    <script language = "JavaScript">
      //判断字符 s 是否为空
      function checkValid(s)
      {
        var len = s.length;
```

```javascript
    for(var i = 0;i<len;i++)
    {
       if(s.charAt(i)!="")
       {
          return false;
       }
    }
    return true;
}
//录入信息检查通过后新建窗体
function submitWindow()
{
   var w = window.open("","");
   w.document.write("您填写的信息已经通过检验!");
}
//关闭窗体
function closeWindow()
{
   var flag = window.confirm("您确定要关闭当前页面吗?");
   if(flag == true)
   {
      window.close();
   }
}
//确定按钮的事件处理函数
function okHandle()
{
   if(checkValid(document.test.userName.value))
   {
      window.alert("用户名称不能为空!");
   }
   else if(checkValid(document.test.passWord.value))
   {
      window.alert("用户密码不能为空!");
   }
   else
   {
      submitWindow();
   }
}
//取消按钮的事件处理函数
function cancelHandle()
{
   document.test.userName.value = "";
   document.test.passWord.value = "";
```

```
        }
    </script>
</head>
<body>
    <form name = "test">
        <a href = http://www.sina.com onMouseOver = "window.status = '单击字符串可以访问新浪
网首页!';return true">
            <h3>Example：window 对象的应用</h3>
        </a>
        <font size = "2">用户名称：</font>
        <input type = "text" name = "userName">
        <br><br>
        <font size = "2">用户密码：</font>
        <input type = "text" name = "passWord">
        <br><br>
        <input type = "button" name = "ok" value = "确定" onClick = "okHandle()">
        <input type = "button" name = "cancel" value = "取消" onClick = "cancelHandle()">
        <input type = "button" name = "close" value = "关闭窗体" onClick = "closeWindow()">
    </form>
</body>
</html>
```

例 6-1 首先在页面上创建了一个字符串链接，并为其指定了 onMouseOver 事件处理器，当该事件发生时，会在浏览器状态栏显示用户访问信息。然后，设置了用户名称和用户密码的文本框，单击【确定】按钮时，程序会判断所填写内容，如果填写有误将弹出对话框提示用户，如果填写正确将打开一个新的页面，程序运行结果如图 6-2 所示。

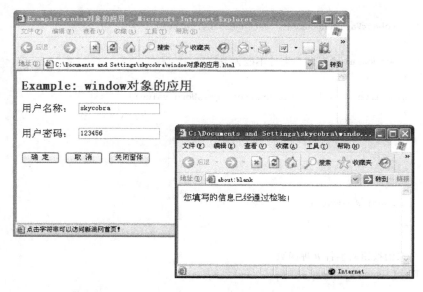

图 6-2　window 对象应用（信息填写正确，弹出新的窗体）

当单击【关闭窗体】按钮时,程序会询问用户是否确定关闭页面,选择【确定】按钮将关闭页面,选择【取消】按钮将返回页面,程序运行结果如图 6-3 所示。

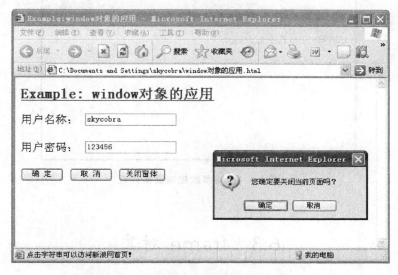

图 6-3　window 对象应用(关闭窗体时的询问对话框)

需要说明的是,例 6-1 中的 submitWindow 函数使用 open 方法打开了一个新的窗体,方法中有 2 个空参数,运行的结果是打开一个空白的新页面。读者还可以通过增加第 3 个参数控制新打开页面的外观,表 6-1 列出了可选的参数以及功能描述。

表 6-1　控制窗体外观的参数

属　性	说　明
directories	是否包含目录按钮(yes 或者 no)
height	设置窗口的高度(数字,以像素为单位)
location	是否包含 URL 位置文本框(yes 或者 no)
menubar	是否包含菜单栏(yes 或者 no)
resizable	新窗口是否可以改变大小(yes 或者 no)
scrollbars	是否包含滚动条(yes 或者 no)
status	是否包含状态栏(yes 或者 no)
toolbar	是否包含标准工具栏(yes 或者 no)
width	设置窗口高度(数字,以像素为单位)

如果同时需要多个参数控制页面外观,那么只需要在多个参数之间用逗号隔开即可。如果将例 6-1 中打开新窗体的代码改成下面形式:

var w = window.open("","","height = 200,width = 300,menubar = yes,toolbar = yes");

再一次运行程序,当用户信息填写正确时将打开如图 6-4 所示的新窗体。

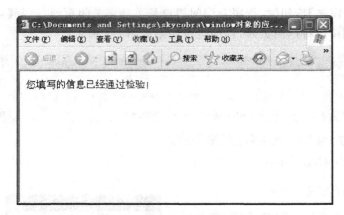

图 6-4　使用参数控制窗体外观

6.3　frame 对象

前面讲述的内容中,一个浏览器一次只能打开一个超链接页面,但是如果使用 frame,就可以将一个浏览器分为多个独立的窗口,每个窗口可以打开一个不同的页面,并支持完整浏览器窗口所支持的所有对象。

6.3.1　创建框架

框架是 Web 浏览器窗口中独立的、可以滚动的分块区域,每个框架都可以看成是独立的窗口,包含自己的 URL。浏览器包含一个顶层的 window 对象,而每个框架也都有自己的 window 对象,框架的 window 对象由浏览器顶层 window 对象继承而来。虽然 JavaScript 可以用来操作框架,但是框架却是由 HTML 标记语言创建,其语法规则如下:

```
<frameset rows = "percent or pixels" cols = " percent or pixels"
  [onLoad = "handlecode"] [onUnload = "handlecode"]>
  <frame src = "URL" name = "frameName">
    [<frameset ……>
      [<frame ……>……]
    </frameset>]
</frameset>
```

框架可以通过在<frameset>标记中使用<frame>标记来创建,如果要在一个框架窗口中包含另一个<frameset>,那么只需在<frame>标记中包含<frameset>标记就可以实现,通过 HTML 标记创建的所有框架都显示在同一个页面上。使用<frameset>标记的 rows 和 cols 属性,可以指定横向或者纵向的框架的数量和几何特性,rows 属性表示要创建多少个水平框架,而 cols 属性表示了要创建多少个垂直框架。创建的框架都有大小,要确定框架的尺寸,可以将一个字符串赋给 rows 或者 cols 属性,它包含了每行或者每列在屏幕上占据多大百分比或者多少像素的空间,不同的数值之间用逗号隔开。例如:下面的代码可以创建一个两行两列的框架,纵向两列,宽度分别占据可见窗口的 30% 和 70%,然后在每一列中分别创建一个框架集,每个框架集中包含两行,分别占据窗口 50%。

```
<frameset cols = "30%,70%">
  <frameset rows = "50%,50%">
    <frame src = example1.html name = "first">
    <frame src = example2.html name = "second">
  </frameset>
  <frameset rows = "50%,50%">
    <frame src = example3.html name = "third">
    <frame src = example4.html name = "fourth">
  </frameset>
</frameset>
```

<frame> 标记用于创建框架集包含的框架,标记中的 src 属性为一个 URL 字符串,指定了该框架对应的页面,程序运行时,会将指定的页面显示在这个框架中;而 name 属性定义了框架的名称,是框架的唯一标识,只有通过框架名称程序才能访问特定的框架。

6.3.2 frame 对象的属性和方法

frame 作为一个对象,却是由 HTML 标记语言创建,所以严格说来,在 JavaScript 中,这种对象是不存在的。如果一个浏览器窗口包含了若干个框架,那么每个框架不过是 window 对象的一个实例,它们具有的属性、支持的方法和事件处理器都与 window 对象相同。

但是,在表示顶层浏览器窗口的 window 对象与表示框架的 window 对象之间,还存在以下 3 点差异:

(1) 如果设置了框架的 defaultStatus 属性,只有当鼠标在那个框架中时,指定的状态信息才会显示出来。

(2) 顶层浏览器窗口的 top 属性和 parent 属性引用的总是顶层窗口自身。这两个属性只有对框架来说才真正有用。

(3) 对表示框架的 window 对象来说,方法 close() 没有用。

6.3.3 使用 frame 对象

为了说明如何使用框架,本节改写了例 6-1 中的代码,将原来用提示对话框输出的信息显示在右边的框架中。例 6-2 为包含框架的 HTML 页面,例 6-3 为左边框架对应的 HTML 页面,用于收集以及提交用户信息;例 6-4 为右边框架对应的 HTML 页面,用于显示为用户输出的提示信息。

例 6-2 包含框架的 HTML 页面(index.html)

```
<html>
  <head>
    <title>Example:框架的应用</title>
```

```
    </head>
    <frameset cols = "30%,*">
      <frame src = information.html name = "info">
      <frame src = result.html name = "result">
    </frameset>
</html>
```

例 6-3　左边框架引用的页面(information.html)

```
<html>
    <head>
        <title>信息录入框架</title>
        <script language = "JavaScript">
            //判断字符 s 是否为空
            function checkValid(s)
            {
                var len = s.length;
                for(var i = 0;i<len;i++)
                {
                    if(s.charAt(i)! = "")
                    {
                        return false;
                    }
                }
                return true;
            }
            //关闭窗体
            function closeWindow()
            {
                var flag = window.confirm("您确定要关闭当前页面吗?");
                if(flag == true)
                {
                    window.close();
                }
            }
            //确定按钮的事件处理函数
            function okHandle()
            {
                if(checkValid(document.test.userName.value))
                {
                    window.parent.frames[1].location.reload();
                    window.parent.frames[1].document.writeln("操作错误:用户名称不能为空!");
                }
                else if(checkValid(document.test.passWord.value))
                {
                    window.parent.frames[1].location.reload();
```

```
            window.parent.frames[1].document.writeln("操作错误：用户密码不能为空!");
        }
        else
        {
            window.parent.frames[1].location.reload();
            window.parent.frames[1].document.writeln("操作成功：您填写了正确的信息!");
        }
    }
    //取消按钮的事件处理函数
    function cancelHandle()
    {
        window.parent.frames[0].document.test.userName.value = "";
        window.parent.frames[0].document.test.passWord.value = "";
    }
    </script>
</head>
<body>
    <form name = "test">
        <a href = http://www.sina.com onMouseOver = "window.status = '单击字符串可以访问新浪网首页!';return true" target = "result">
            <h3>信息录入框架</h3>
        </a>
        <font size = "2">用户名称：</font>
        <input type = "text" name = "userName">
        <br><br>
        <font size = "2">用户密码：</font>
        <input type = "text" name = "passWord">
        <br><br>
        <input type = "button" name = "ok" value = "确定" onClick = "okHandle()">
        <input type = "button" name = "cancel" value = "取消" onClick = "cancelHandle()">
        <input type = "button" name = "close" value = "关闭窗体" onClick = "closeWindow()">
    </form>
</body>
</html>
```

例 6-4　右边框架引用的页面（result.html）

```
<html>
    <head>
        <title>操作结果</title>
    </head>
    <body>
        <h3>这个页面用来显示操作结果</h3>
    </body>
</html>
```

运行 index.html 将在浏览器中创建左右两个框架，每一个框架根据指定的 URL 加载相应的页面，运行结果如图 6-5 所示。

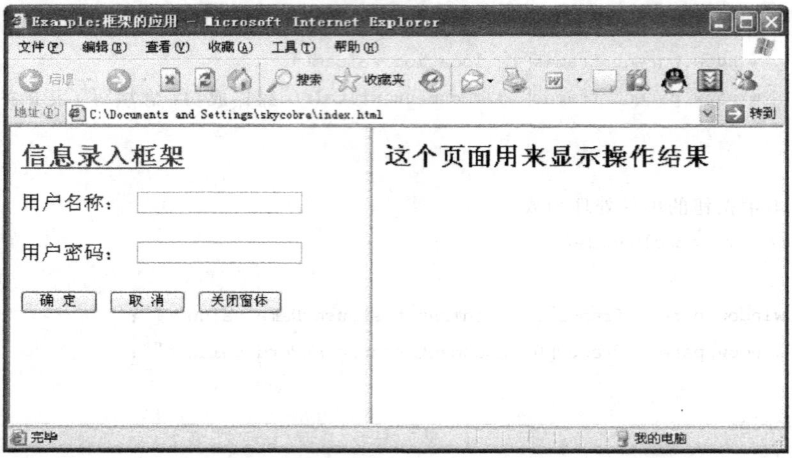

图 6-5　index.html 运行结果

这个例子与例 6-1 类似，单击左边框架中的【确定】按钮将对输入的信息进行判断，但不同的是，判断的结果显示在右边框架中的页面上，而不是以对话框的形式输出。为了能在右边框架引用的页面中输出一条信息，首先必须获得该页面，从代码中看到，使用下面的代码可以完成这个功能：

```
window.parent.frames[1].document.writeln(message);
```

其中，window 表示当前框架对应的 window 对象；window.parent 表示当前框架的父窗体，在这里也就是顶层的 window 对象；然后通过访问 window.parent.frames[1]定位到浏览器窗口中的右边框架。这里要注意，每个框架都是 window 对象的一个实例，所以直接调用该框架的 document.writeln()方法即可在右边框架引用的页面上输出信息。图 6-6 为填写错误的提示信息界面，图 6-7 为填写正确后的提示信息界面。

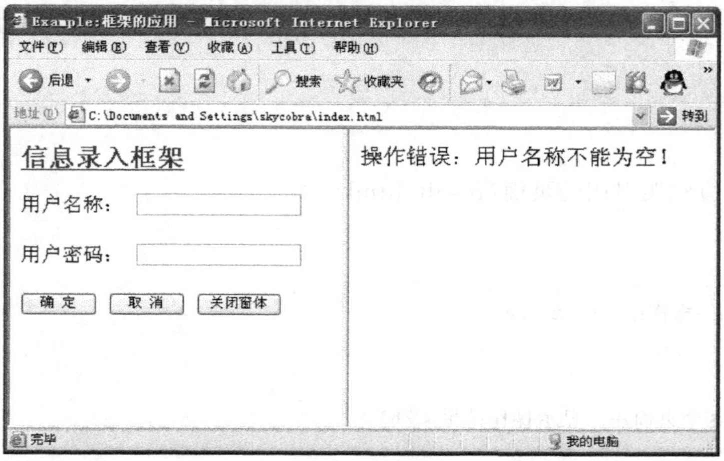

图 6-6　填写错误提示信息

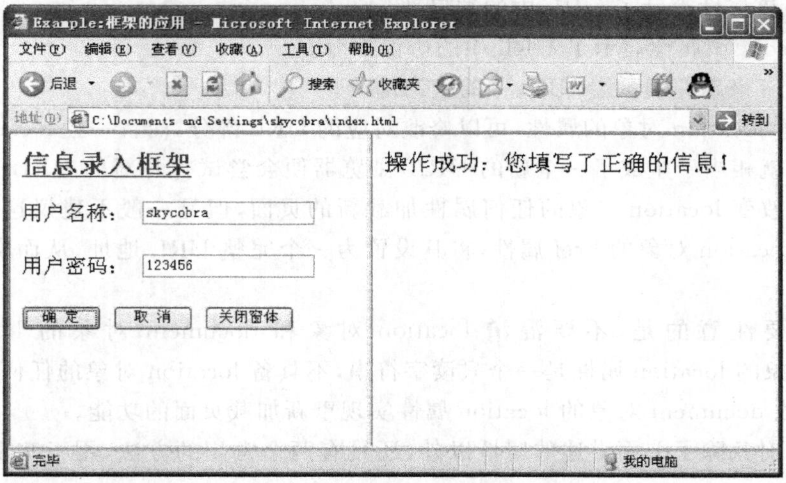

图 6-7 填写正确反馈信息

注意：在例 6-1 中，单击【关闭窗体】按钮将弹出确认对话框，询问是否确定要关闭浏览器，如果选择【确定】按钮，将关闭浏览器。但是在例 6-2 中，单击【关闭窗体】按钮虽然同样可以弹出确认对话框，询问是否确定要关闭浏览器，但是单击【确定】按钮时却无法关闭浏览器，原因是关闭窗体所执行的代码为：

```
window.close();
```

如果没有框架结构，代码中的 window 表示浏览器窗口，执行 window.close() 方法即可关闭浏览器窗口；但是如果窗口中含有框架，那么 window 表示调用该方法的控件所在的框架，所以执行 window.close() 方法并不能导致浏览器窗口的关闭。如果要在包含框架结构的页面中调用 close() 方法实现关闭整个浏览器窗口，那么需要把刚才的代码改写为下面的形式：

```
window.parent.close();
```

6.4 location 对象

6.4.1 location 对象的属性和方法

location 对象用来表示浏览器窗口中加载的当前文档的 URL，该对象的属性说明了 URL 中的各个部分。下面列出了 location 对象中的常用属性：

- hash：该属性表示了 URL 应用的对象中的锚的名字。
- host：该属性表示了 URL 中的主机名和端口号的组合。
- hostname：该属性表示了 URL 中的主机名。
- href：该属性表示了完整的 URL 地址。
- pathname：该属性表示了 URL 中的路径部分。

➤ port：该属性表示了 URL 中的端口部分。
➤ protocol：该属性表示了 URL 中的协议部分。
➤ search：该属性表示了 URL 中的查询部分。

通过设置 location 对象的属性，可以修改对应的 URL 部分，而且一旦 location 对象的属性发生变化，就相当于生成了一个新的 URL，浏览器便会尝试打开新的 URL。在实际应用中，可以通过改变 location 对象的任何属性加载新的页面，但是一般不建议这么做，正确的方法是修改 location 对象的 href 属性，将其设置为一个完整 URL 地址，从而实现加载新页面的功能。

另外需要注意的是，不要混淆 location 对象和 document 对象的 location 属性，document 对象的 location 属性是一个只读字符串，不具备 location 对象的任何特性，所以也不能通过修改 document 对象的 location 属性实现重新加载页面的功能。

location 对象除了上面讲述的属性以外，还具有两个常用的方法，用于实现对浏览器位置的控制：

（1）reload([force])：该方法从缓存或者服务器中再次把当前文档加载进来，force 是一个布尔型的参数。reload()方法中的参数是可选的，如果将其设置为 true，那么就使当前页面无条件的从所处的服务器上重新加载；如果将参数设置为 false，或者忽略该参数，那么只有当从上次加载完毕后，文档被改变时才会重新加载。

（2）replace(url)：该方法用一个新的文档替换当前的文档。

调用 replace()方法，将用该方法中参数指定的 URL 替换当前浏览器中的文档。但是调用该方法产生的结果与改变 location 对象的属性不同，因为调用 replace()方法时，指定的 URL 会替换掉浏览器历史列表中的当前 URL，而不是在历史列表中创建一个新的条目。所以如果使用 replace()方法加载一个新的页面后，浏览器的"后退"按钮将无法返回到原来的页面，而通过改变 location 对象的属性来加载一个新的页面时便可以做到这一点。

6.4.2 location 对象的应用

下面结合框架结构，向读者展示 location 对象的使用方法和功能。例 6-5 构建了与例 6-2 相似的框架结构；例 6-6 为左边框架中对应的 HTML 文档，用于获取用户交互信息以及触发用户事件；例 6-7 为右边框架中对应的 HTML 文档，用于显示 location 对象的属性信息以及展示执行 location 对象方法后的结果。

例 6-5 包含框架的 HTML 页面（index.html）

```
<html>
  <head>
    <title>Example：location 对象的应用</title>
  </head>
  <frameset cols = "30%,*">
    <frame src = information.html name = "info">
    <frame src = result.html name = "result">
  </frameset>
</html>
```

例 6-6 左边框架引用的页面(information.html)

```html
<html>
  <head>
    <title>设置 location 对象</title>
    <script language="JavaScript">
      //更改 href 属性值的函数
      function changeHref()
      {
        var urlValue = window.parent.frames[0].document.test.hrefValue.value;
        window.parent.frames[1].location.href = urlValue;
      }
      //执行 replace 方法的函数
      function replaceURL()
      {
        var urlValue = window.parent.frames[0].document.test.urlValue.value;
        window.parent.frames[1].location.replace(urlValue);
      }
    </script>
  </head>
  <body>
    <form name="test">
      <h3>设置 location 对象属性</h3>
      <font size="2">设置 location 对象的 href 属性：</font>
      <input type="text" name="hrefValue">
      <input type="button" name="href" value="更改 href 属性值" onClick="changeHref()">
      <br><br>
      <font size="2">设置新的 URL 地址：</font>
      <input type="text" name="urlValue">
      <input type="button" name="replace" value="执行 replace 方法" onClick="replaceURL()">
    </form>
  </body>
</html>
```

例 6-7 右边框架引用的页面(result.html)

```html
<html>
  <head>
    <title>结果信息显示</title>
  </head>
  <body>
    <h3>这个页面用来向用户展示结果信息</h3>
  </body>
</html>
```

运行例 6-5 中的代码将在浏览器窗口中创建左右两个框架,左边框架用于设置 location

对象的 href 属性并执行更改 href 属性的操作,以及设置新的 URL 并执行 replace 方法,运行结果如图 6-8 所示。

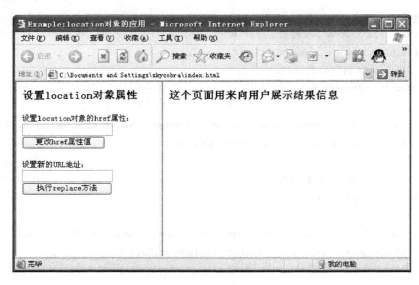

图 6-8　location 对象的应用

接下来,在文本框中为 location 对象的 href 属性设置 URL 地址,然后单击【更改 href 属性值】按钮,将把 location 对象的 href 属性更改为文本框的值,从而引发右边框架中页面的重新加载。需要注意的是,设置的 URL 地址要包含协议类型,否则将会加载失败。图 6-9 显示了将 href 属性改为"http://www.sina.com"时的结果。

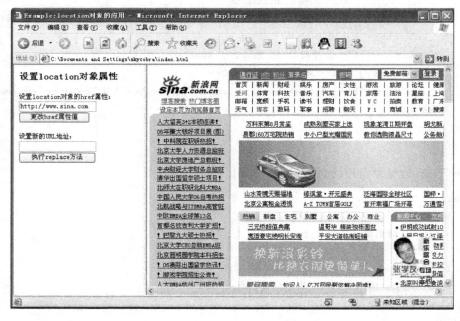

图 6-9　设置 location 对象的 href 属性

运行程序可以看到,更改 href 属性后,浏览器的【后退】按钮变为可用,单击【后退】按钮将退回前一个页面。如果设置新的 URL 地址并单击【执行 replace 方法】按钮后,将以这个新的页面替代右边框架中的页面,而此时浏览器的【后退】按钮将无法退回到前一个页面,图 6-10 显示了用"http://www.sohu.com"替代原来页面的结果。

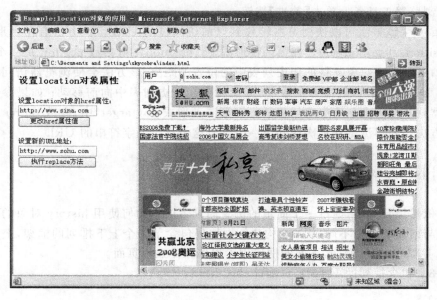

图 6-10　执行 location 对象的 replace() 方法

6.5　history 对象

6.5.1　history 对象的属性和方法

　　history 对象是一个数组,其中的元素存储了浏览历史中的 URL,用来维护在 Web 浏览器的当前会话内所有曾经打开的历史文件列表。通过使用 history 对象的属性和方法,可以访问和操作这些信息。下面首先看一下 history 对象的属性:
- current：该属性为一个字符串,指定了当前文档的 URL。
- length：该属性表示 history 对象中保存的 URL 的个数。
- next：该属性为一个字符串,指定了在历史列表中位于当前文档之后的文档的 URL。
- previous：该属性为一个字符串,指定了在历史列表中位于当前文档之前的文档的 URL。

　　这里要特别说明的是,用户浏览网页的历史信息属于个人隐私,出于安全方面的考虑,对 history 对象的使用有严格限制。在 Navigator 4 中及以后的版本中,有署名的脚本可以访问 history 对象数组的元素；而在 Navigator 4 以前版本以及 Internet Explorer 中,history 对象数组的元素是无法访问的。

　　history 对象还存在三个方法,这三个方法在 Navigator 和 Internet Explorer 所有版本中都可以使用：

（1）back()：该方法可以使浏览器向后转移到以前已经访问过的 URL，其执行效果等同于在浏览器工具条上单击【后退】按钮。

（2）forward()：该方法可以使浏览器向前转移到以前已经访问过的 URL，其执行效果等同于在浏览器工具条上单击【前进】按钮。

（3）go()：该方法可以使浏览器转移到以前访问过的 URL。该方法有两种形式，分别为 go(position) 和 go(target)。在第一种形式 go(position) 中，参数 positon 是一个整型值，指定的是在 history 对象支持的历史列表中的位置的距离，该方法会使浏览器访问这个指定距离处的 URL，如果参数值为正数，浏览器就会在历史列表中向前移动；如果参数值为负数，浏览器就会在历史列表中向后移动。在第二种形式 go(target) 中，参数 target 是一个字符串，该方法会使得浏览器再次访问第一个含有这个指定的字符串的 URL。

6.5.2　history 对象的应用

下面依然结合框架，通过一个简单的例子向读者展示如何使用 history 对象的方法控制浏览器。与前面的例子不同，例 6-8 构建的框架集包含了两个上下排列的框架，上面的框架用于输入 URL 和执行操作，下面的框架用于根据操作显示页面。

例 6-8　包含框架的 HTML 页面（index.html）

```
<html>
  <head>
    <title>Example：history 对象的应用</title>
  </head>
  <frameset rows = "12%,*">
    <frame src = information.html name = "info">
    <frame src = result.html name = "result">
  </frameset>
</html>
```

例 6-9　上面边框架引用的页面（information.html）

```
<html>
  <head>
    <title>应用 history 对象</title>
    <script language = "JavaScript">
      //更改 href 属性值的函数
      function changeHref()
      {
        //获取文本框中的 URL
        var urlValue = window.parent.frames[0].document.test.URLValue.value;
        window.parent.frames[1].location.href = urlValue;
      }
      //执行后退操作的函数
      function goBack()
```

```
    {
        window.parent.history.back();
    }
    //执行前进操作的函数
    function goForward()
    {
        window.parent.history.forward();
    }
    //执行 go 操作的函数
    function goTo()
    {
        //首先获取指定的跳转位置
        var urlValue = window.parent.frames[0].document.test.URLValue.value;
        //然后是下面框架跳转到该页面
        window.parent.history.go(urlValue);
    }
    </script>
</head>
<body>
    <form name = "test" onSubmit = "goTo();return false">
        <h3>应用 history 对象</h3>
        <input type = "button" name = "BACK1" value = " 后退 " onClick = "goBack()">
        <input type = "button" name = "forward1" value = " 前进 " onClick = "goForward()">
           
        <font size = "2">URL 地址：</font>
        <input type = "text" name = "URLValue">
           
        <input type = "button" name = "href1" value = "更改 href 属性值" onClick = "changeHref()">
           
        <input type = "button" name = "go1" value = "跳转到(go 方法)" onClick = "goTo()">
    </form>
</body>
</html>
```

例 6-10 下边框架引用的页面(result.html)

```
<html>
    <head>
        <title>结果信息显示</title>
    </head>
    <body>
    </body>
</html>
```

运行例 6-8 中的代码，并在界面上连续更改 location 对象的 href 属性，从而使浏览器窗口的 history 对象数组中存在若干个数组元素。图 6-11 显示的界面为连续执行"更改 href 属性值"后的浏览器窗口。

图 6-11　连续更改 href 属性值后的浏览器窗口

由于此时浏览器窗口的 history 对象中已经存在若干数组元素，记录窗体访问网页的历史信息，所以单击【后退】按钮可以向后转移到上一个页面，单击【前进】按钮可以向前转移到上一个页面。

注意：代码中使用 window.parent.history.back()和 window.parent.history.forward()来实现页面的后退和前进，而不是访问框架的 history 对象，原因是在 Internet Explorer 中，页面的后退和前进是以浏览器为基础的。代码中的"window.parent.history"表示当前浏览器窗口的 history 对象，在此基础上执行 back()函数和 forward()函数才会达到与在浏览器工具栏中单击【后退】和【前进】按钮同样的效果。图 6-12 显示了在图 6-11 基础上单击【后退】按钮时的运行结果。

图 6-12　在页面上单击【后退】按钮

另外，如果在 URL 地址文本框中输入整数或者字符串后，单击【跳转到（go 方法）】按钮，将使用 history 对象的 go()方法，使浏览器跳转到相应的页面。图 6-13 为在 URL 地址文本框中输入整数 2 后，页面的跳转情况。

图 6-13 使用 history 对象的 go( )方法

6.6 navigator 对象

6.6.1 navigator 对象的属性和方法

navigator 对象用于获取用户浏览器的相关信息。该对象是以 Netscape Navigator 命名的，在 Navigator 和 Internet Explorer 中都得到了支持。navigator 对象包含若干属性，主要用于描述浏览器信息，但是不同浏览器所支持的 navigator 对象的属性也是不同的。下面是 navigator 对象的常用属性，它们得到了各种浏览器的普遍支持。

- appName：该属性用于表示 Web 浏览器名称。
- appVersion：该属性用于表示 Web 浏览器版本号或者其他版本信息。
- appCodeName：该属性表示 Web 浏览器代码名称。
- userAgent：存储在 HTTP 用户代理请求头中的字符串，包含了 appName 和 appVersion 中的所有信息。
- platform：该属性表示运行浏览器的平台。
- language：该属性表示浏览器支持的语言版本。

另外，navigator 还支持一系列的方法，与属性一样，不同浏览器支持的方法也不完全相同。常用方法包括：

- javaEnabled( )：该方法可以检测当前的浏览器是否支持并激活了 Java。
- preference( )：查询或者设置用户的优先级，该方法只能用在 Navigator 中。
- savePreference( )：保存用户的优先级，该方法只能用在 Navigator 中。
- tainEnabled( )：检测当前浏览器是否支持并激活了"污染数据"安全模型。

6.6.2 navigator 对象的应用

例 6-11 实现的功能是：在浏览器窗口打开的时候，通过使用 navigator 对象的属性，向用户报告浏览器的基本信息。

例 6-11 navigator 对象的应用

```
<html>
  <head>
    <title>Example：navigator 对象的应用</title>
    <script language = "JavaScript">
      //获取浏览器信息
      function getInformation()
      {
        document.writeln("<H3>" + "navigator 信息：" + "</H3>" + "<BR>");
        document.writeln("Web 浏览器名称：" + navigator.appName + "<BR>");
        document.writeln("Web 浏览器版本：" + navigator.appVersion + "<BR>");
        document.writeln("浏览器代码名称：" + navigator.appCodeName + "<BR>");
        document.writeln("运行浏览器的平台：" + navigator.platform + "<BR>");
        document.writeln("浏览器支持的语言版本：" + navigator.language + "<BR>");
        document.writeln("用户代理：" + navigator.userAgent);
      }
    </script>
  </head>
  <body onload = "getInformation()">
  </body>
</html>
```

运行上面的程序，会打开一个页面，当页面加载的时候将执行 onLoad 事件处理器，调用 getInformation 函数，通过使用 navigator 对象的属性，将浏览器名称、版本、平台、语言版本等信息输出在界面上，图 6-14 显示了程序的运行结果。

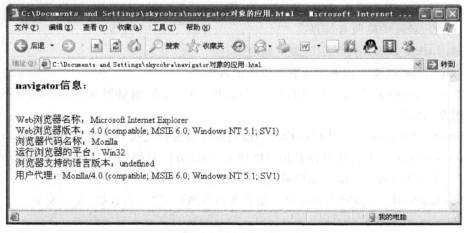

图 6-14 navigator 对象的应用

6.7 screen 对象

6.7.1 screen 对象的属性和方法

screen 对象用于获取用户屏幕设置的相关信息,主要包括显示尺寸和可用的颜色的数量的信息。下面给出 screen 对象中得到了各种浏览器的普遍支持的常用的属性:
- availHeight:该属性表示屏幕的可用高度。
- availWidth:该属性表示屏幕的可用宽度。
- colorDepth:该属性表示浏览器调色板的深度。
- height:该属性表示屏幕的总高度,单位是像素。
- width:该属性表示屏幕的总宽度,单位是像素。

6.7.2 screen 对象的应用

例 6-12 实现的功能是:在浏览器窗口打开的时候,通过使用 screen 对象的属性,获取屏幕设置的相关信息。

例 6-12 screen 对象的应用

```
<html>
  <head>
    <title>Example:screen 对象的应用</title>
    <script language = "JavaScript">
      //获取浏览器屏幕设置的相关信息
      function getScreenInformation()
      {
        document.writeln("<H3>" + "有关屏幕设置的基本信息:" + "</H3>" + "<BR>");
        document.writeln("屏幕的总高度:" + screen.height + "<BR>");
        document.writeln("屏幕的可用高度:" + screen.availHeight + "<BR>");
        document.writeln("屏幕的总宽度:" + screen.width + "<BR>");
        document.writeln("屏幕的可用宽度:" + screen.availWidth + "<BR>");
        document.writeln("浏览器调色板深度:" + screen.colorDepth);
      }
    </script>
  </head>
  <body onload = "getScreenInformation()">
  </body>
</html>
```

如果在分辨率为 1280 * 1024 的显示器上运行此程序,可以发现,结果显示的总高度为 1024,但可用高度只有 990,原因是屏幕下方的任务栏占据了一定的空间,如果隐藏任务栏,然后刷新页面,就可以使可用高度增加。图 6-15 显示了程序运行结果。

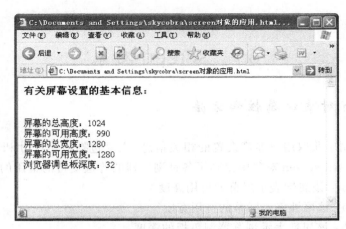

图 6-15　Screen 对象的应用

本 章 小 结

- 客户端浏览器中固有的、预定义的内置对象统称为浏览器对象。
- 浏览器对象模型定义了浏览器对象的组成和相互之间的关系，描述了浏览器对象的层次结构，是 Web 页面中内置对象的组织形式。这些对象不需要在程序中创建，它们会在 Web 浏览器打开网页的时候被自动创建。
- 浏览器对象模型和浏览器的种类有关，不同浏览器可能包含不同的浏览器对象及其属性和方法，而且彼此互不兼容。
- window 对象位于浏览器对象模型中的顶层，是其他对象的父类。在应用中，只要打开浏览器，无论是否存在页面，都将创建 window 对象。
- 框架是 Web 浏览器窗口中独立的、可以滚动的分块区域，每个框架都可以被看成是独立的窗口，包含自己的 window 对象。
- location 对象用来表示浏览器窗口中加载的当前文档的 URL，该对象的属性说明了 URL 中的各个部分。
- history 对象是一个数组，其中的元素存储了浏览历史中的 URL，用来维护在 Web 浏览器的当前会话内所有曾经打开的历史文件列表。
- screen 对象用于获取用户屏幕设置的相关信息，主要包括显示尺寸和可用的颜色的数量的信息。

习　题　6

1. 什么是浏览器对象？浏览器对象模型的层次结构是什么？
2. 使用 window 对象的 open 方法打开新窗体时，如何控制窗体外观？
3. 在实际应用中如何使用 location 对象获取 URL 信息？
4. 在实际应用中如何使用 history 对象访问历史记录？
5. 在实际应用中如何使用 navigator 对象获取浏览器信息？

第 7 章 文档和文档元素

7.1 document 对象

7.1.1 document 对象概述

document 对象是客户端 JavaScript 最为常用的对象之一，在浏览器对象模型中，它位于 window 对象的下一层级。window 对象代表了浏览器窗口或者框架，而 document 对象则代表了窗口或者框架中的文档。每一个 window 对象都有一个 document 属性，window 对象的 document 属性引用的就是代表该窗口中所显示文档的 document 对象。

document 对象包含一些简单属性，提供了有关浏览器中显示文档的相关信息，例如：该文档的 URL、字体颜色、修改日期等。另外，document 对象还包含一些引用数组的属性，这些属性可以代表文档中的表单、图像、链接、锚以及 applet，例如：document 对象的属性 forms[]数组，它代表了文档中所有的 HTML 表单对象。正是通过 document 对象的数组属性，将静态的 HTML 元素转变为可供 JavaScript 访问的数组元素，才使得 JavaScript 具有了交互性访问静态 HTML 文档的能力。同其他对象一样，document 对象还定义了一系列的方法，通过这些方法，可以使 JavaScript 在解析文档时动态地将 HTML 文本添加到文档中。

正是由于 document 对象特有的重要性，所以自从它出现开始，就在不停地扩展。遗憾的是，一开始 document 对象的扩展并没有统一的规范，不同的浏览器有不同的定义，而且彼此不兼容。为了解决不兼容带来的问题，万维网联盟（W3C）制定了一种规范，目的是创建一个通用的文档对象模型（DOM），得到所有浏览器的支持。DOM 也是一个发展中的标准，它指定了 JavaScript 等脚本语言访问和操作 HTML 或者 XML 文档各个结构的方法，随着技术的发展和需求的变化，DOM 中的对象、属性和方法也在不断地变化。本书中讲解的文档对象的属性、方法以及数组属性包含的对象都是 DOM 中最为基本和标准的内容，它们已经被标准化并且得到了各种浏览器的支持。

在讲解 document 对象的属性和方法之前，需要先介绍一下文档对象的命名规则，这对于以后操作文档对象是十分有用的。document 对象中含有很多引用数组的属性，例如，document 对象的 forms[]属性，它的每一个元素都代表了 HTML 文档中的一个表单，那么在 JavaScript 中该如何访问一个特定的表单呢？文档对象的命名规则提供了两种方法，分别为：使用表单名称和使用该表单在 document 对象 forms[]属性中的位置。

下面看一个具体的例子,假如 HTML 文档中含有下面的表单,并且该表单为 HTML 文档中的第一个表单:

```
<form name = "infoForm">
    ……
</form>
```

因为该表单是 HTML 文档的第一个表单,所以它将被保存到 document 对象的 forms[]属性中,并且对应 forms[0]数组元素。在 JavaScript 代码中如果要访问这个表单,下面两种方法是等效的:

```
document.infoForm           //使用表单名称访问
document.forms[0]           //使用该表单在 document 对象 forms[]属性中的位置访问
```

这里以表单对象为例说明了文档对象的命名和访问规则,图像、链接、锚以及 applet 等其他对象也遵守上述规则。在实际应用中,如果 document 对象某数组属性对应的元素过多,则不宜用数组的位置访问其对应的对象,而是应该使用名称访问。

需要说明的是,如果 document 对象所处的浏览器窗口中没有框架结构,那么使用前面介绍的命名和访问规则,即可访问文档及文档包含的其他对象。但是如果 document 对象所处的浏览器窗口中含有框架结构,那么就不能直接使用 document 对象,而是要指明包含所使用 document 对象的框架,对于同一框架中访问不同元素可以省略对框架的引用。关于这一部分内容,前文中已经出现过应用实例,例如例 6-6 中的 changeHref 函数:

```
function changeHref()
{
    var urlValue = window.parent.frames[0].document.test.hrefValue.value;
    window.parent.frames[1].location.href = urlValue;
}
```

单击【更改 href 属性值】按钮,将获取相应文本框中的 URL 地址,这是由于该文本框和按钮在同一个框架中,所以函数中的第一行代码可以改写为下面的形式:

```
var urlValue = document.test.hrefValue.value;
```

接下来为另一个框架中页面的 location 对象设置 href 属性,此时函数 changeHref()访问的对象与函数本身位于不同的框架中,所以必须通过下面代码指明包含要操作对象所在的框架:

```
window.parent.frames[1].location.href = urlValue;
```

7.1.2　document 对象的属性和方法

document 对象不仅继承了 HTML Element 对象的所有属性,而且还包含其他一些属性;此外,Navigator 和 Internet Explorer 定义了大量互相不兼容的 document 属性。本书只针对 document 对象中基本的、得到不同浏览器支持的标准属性进行讲解,如果读者有兴趣了解其他的属性,可以参考相关的书籍和技术文档。下面首先给出 document 对象的简单属性:

- alinkColor：该属性指定了链接被激活时的颜色，其初始值可以在文档的＜head＞标签中设置，也可以通过＜body＞标签的 alink 属性设置。
- bgColor：该属性指定了文档的背景颜色，其初始值由＜body＞标签的 bgcolor 属性设置。
- cookie：该属性指定了与文档关联在一起的 cookie 的值，通过这个属性，可以使用 JavaScript 程序读写 HTTP cookie。
- fgColor：该属性指定了文档文本的颜色，其初始值可以在文档的＜head＞标签中设置，也可以通过＜body＞标签的 text 属性设置。
- lastModified：该属性是只读的，指定了最后一次修改文档的日期。
- linkColor：该属性指定了文档中未被访问过的链接的颜色，其初始值可以在文档的＜head＞标签中设置，也可以通过＜body＞标签的 link 属性设置。
- location：该属性是只读的，指定了文档的 URL。
- referrer：该属性是只读的，指定了文档的 URL，这个文档包含用户得到当前文档时单击的链接。
- title：该属性是只读的，表示位于＜title＞标签和＜/title＞标签之间的文本。
- URL：该属性是只读的，其作用与 location 属性类似指定了文档的 URL。
- VlinkColor：该属性指定了文档中已经被访问过的链接的颜色，其初始值可以在文档的＜head＞标签中设置，也可以通过＜body＞标签的 vlink 属性设置。

下面是 document 对象中引用数组的属性，这些属性数组中的每一个元素都代表了 HTML 文档中其他类型的对象：

- anchors[]：该属性是一个数组，包含了对当前文档中所有 anchor 对象的引用，每一个数组元素对应一个＜a＞标记，这些引用按照它们在源代码中定义（由 HTML 中的＜a＞标记定义）的顺序存储在该数组中。
- applets[]：该属性是一个数组，包含了对当前文档中所有 applet 对象的引用，每一个数组元素对应一个＜applet＞标记，这些引用按照它们在源代码中定义的顺序存储在该数组中。
- embeds[]：该属性是一个数组，包含了对当前文档中所有嵌入对象（插件或者 ActiveX 控件）的引用，每一个数组元素对应一个＜embed＞标记，这些引用按照它们在源代码中定义的顺序存储在该数组中。
- forms[]：该属性是一个数组，包含了对当前文档中所有 form 对象的引用，每一个数组元素对应一个＜form＞标记，这些引用按照它们在源代码中定义的顺序存储在该数组中。
- images[]：该属性是一个数组，包含了对当前文档中所有 image 对象的引用，每一个数组元素对应一个＜img＞标记，这些引用按照它们在源代码中定义的顺序存储在该数组中。
- links[]：该属性是一个数组，包含了对当前文档中所有 link 对象的引用，每一个数组元素都代表文档中一个超文本链接。

除了上面介绍的属性以外，document 对象还具有若干方法用于操作 HTML 文档。同样地，Navigator 和 Internet Explorer 也定义了大量互相不兼容的 document 方法。本书只介绍 document 对象得到广泛支持的标准方法：
- clear()：该方法用于清除文档内容。不过在 JavaScript 中并不推荐使用这个方法，相同的功能应该使用 document.open() 方法打开一个新文档。
- close()：该方法将显示出所有已经写入文档但还没有显示出来的内容，然后关闭文档的输出流。
- open([mimetype])：该方法用于打开一个可供写入文档内容的流，以便接下来调用 write() 方法将数据添加到文档中。参数 mimetype 是可选的，它指定了要写入文档的数据类型，并且告诉浏览器如何解释那些数据。如果在调用 open() 方法时已经有文档显示出来，那么调用该方法时就会清除文档内容。
- write(value,…)：该方法会将它的所有参数按照出现顺序写入文档中，不是字符串的参数在写入过程中将被转换成字符串。
- wirteln(value,…)：该方法与 write() 方法类似，只不过在写入所有参数之后，会自动加上一个换行符。

7.1.3　document 对象的应用

write() 和 writeln() 方法是 document 对象中最重要的方法，使用这些方法可以通过 JavaScript 代码动态创建 HTML 页面，将 HTML 文本输入到指定的页面上。前文中的一些例题程序已经涉及了这部分内容，例如例 6-3 中的代码：

```
window.parent.frames[1].document.writeln("操作错误：用户密码不能为空！");
```

上面的代码将在相应的框架页面上输出一行文字。writeln() 方法和 write() 方法唯一的区别是前者将在所输出的内容后面自动加一个换行符，但是 HTML 并不能识别 writeln() 方法所加入的换行符，所以在操作纯 HTML 文档时，如果确实需要换行，应该在该方法的参数中加上
标记，例如例 6-12 出现的代码：

```
document.writeln("<H3>" + "有关屏幕设置的基本信息："  + "</H3>" + "<BR>");
```

下面通过一个例子，向读者介绍如何使用 document 对象的简单属性以及各种方法。关于引用数组的属性，将在 7.2.3 小节中详细介绍。

例 7-1　document 对象的应用

```
<html>
  <head>
    <title>Example：document 对象的属性和方法</title>
    <script language = "JavaScript">
    //设置文档的背景颜色
    function setBgColor()
    {
      var color = document.info.bgColorValue.value;
      document.bgColor = color;
    }
    //设置文档的文本颜色
```

```
            function setFgColor()
            {
                var color = document.info.fgColorValue.value;
                document.fgColor = color;
            }
            //打开新窗体显示 document 对象的信息
            function openWindow()
            {
                //获得 URL 地址
                var urlInfo = document.URL;
                //获取最近一次的修改时间
                var modifyInfo = document.lastModified;
                //获得此页面<title></title>标记之间的内容
                var titleInfo = document.title;
                //新建一个空的浏览器窗口
                var w = window.open("","");
                var d = w.document;
                //使用 document.write()方法在新窗口中输出信息
                d.write('<html><head>');
                d.write('<title>展示 document 对象的信息</title>');
                d.write('</head><body>');
                d.write('<h3>以下是 document 对象的部分属性值</h3>');
                d.write('<form><font size = 2>');
                d.write('原页面对应的 URL 地址：</font>');
                d.write('<input type = "text" size = 80 name = "urlValue" value = "' + urlInfo + '">');
                d.write('<br><br>');
                d.write('<font size = 2>原页面最近的修改时间：</font>');
                d.write('<input type = "text" size = 80 name = "modifyValue" value = "' + modifyInfo + '">');
                d.write('<br><br>');
                d.write('<font size = 2>原页面 title 标签之间的内容：</font>');
                d.write('<input type = "text" size = 80 name = "titleValue" value = "' + titleInfo + '">');
                d.write('</form></body></html>');
                d.close();
            }
        </script>
    </head>
    <body>
        <form name = "info">
            <h3>Example：document 对象的应用</h3>
            <font size = "2">设置文档的背景颜色：</font>
            <input type = "text" name = "bgColorValue">      
            <input type = "button" name = "setBg" value = "设置" onClick = "setBgColor()">
            <br><br>
            <font size = "2">设置文档的文本颜色：</font>
            <input type = "text" name = "fgColorValue">      
```

```
            <input type = "button" name = "setFg" value = " 设置 " onClick = "setFgColor()">
            <br><br>
            <font size = "2">单击该按钮将打开新窗口显示 document 对象信息：</font>
            <input type = "button" name = "open" value = "确定" onClick = "openWindow()">
        </form>
    </body>
</html>
```

例 7-1 的运行结果如图 7-1 所示，该程序提供了设置文档背景颜色、字体颜色以及获取 document 对象部分属性信息的功能。

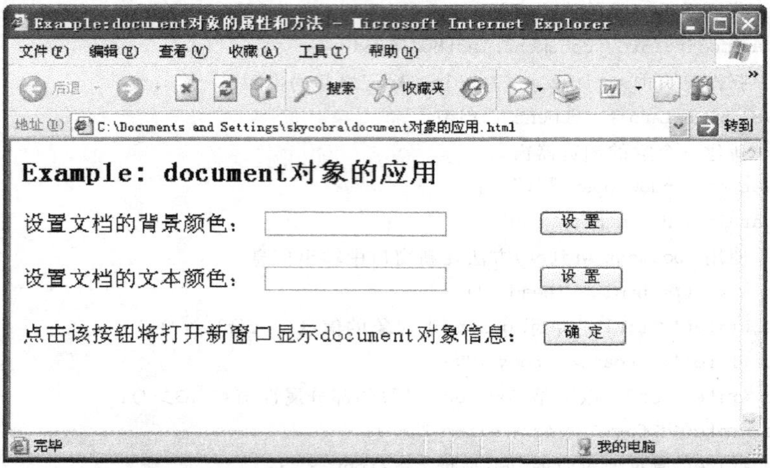

图 7-1 document 对象的应用

在"设置文档背景颜色"文本框或者"设置文档文本颜色"文本框中输入需要的颜色，然后单击相应的【设置】按钮，便可以达到预定的效果。图 7-2 展示了将文档的文本颜色设置为蓝色的效果。

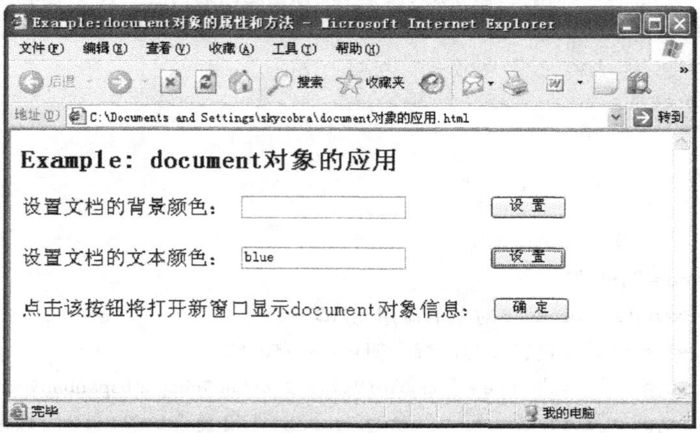

图 7-2 设置文档的文本颜色

单击【确定】按钮将打开一个新的窗体,并使用 document 对象的 write()方法将原来页面中 document 对象的部分属性信息输出到新的页面上。程序运行结果如图 7-3 所示。

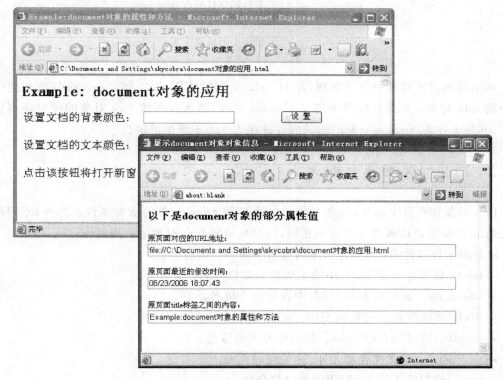

图 7-3 使用 document.write()方法输出文档内容

注意:在使用 document.write()方法创建文档内容结束后,应该使用 document.close()方法关闭文档输出流,结束文档创建过程。虽然在本例中是否使用该方法对结果没有什么影响,但是这一步工作非常重要,如果没有使用 document.close()方法,浏览器就不能停止它所显示的文档装载动画,并且无法将已经写入文档(缓存)但还没有输出的内容显示出来。所以在实际编程中,不可以随意忽略这个方法。

7.2 link 对象

7.2.1 link 对象概述

document 对象的 links[ ]属性包含的就是文档中的 link 对象,link 对象表示的是 HTML 文档中超文本链接或者客户端映射表中的可单击区域,在 HTML 文档中由<a>和</a>标签创建,其语法如下:

```
<a href = "url"                    //链接的目标文件
    [name = "anchorName"]          //创建一个 anchor 对象
```

```
            [target = "windowName"]      //显示新文档的窗口
            [onClick = "handler"]        //链接被单击时的时间处理器
            ……                           //其他的事件处理器
    >
            ……                           //链接中的可见文本
    </a>
```

从上面的语法规则中可以发现,在 HTML 文档中使用<a>和</a>标签将创建一个对应的 link 对象。如果在标签中定义了 name 属性,那么在创建 link 对象的同时还将创建一个 anchor 对象,anchor 对象的相关内容将在 7.3 节中详细讲解。

7.2.2 link 对象的属性和方法

link 对象拥有多个属性,包含了前文介绍的 location 对象的所有属性。另外,不同浏览器支持的 link 对象的属性也不完全相同,这里只给出 link 对象的常用属性:

- hash:该属性表示 URL 引用的对象中的一个锚的名字。
- host:该属性表示 URL 中的主机名和端口号的组合。
- hostname:该属性表示 URL 中含有的主机名。
- href:该属性表示完整的 URL。
- length:该属性表示 links[]数组中元素的数量。
- pathname:该属性表示 URL 中的路径部分。
- port:该属性表示 URL 中的端口部分。
- protocol:该属性表示 URL 中的协议部分。
- search:该属性表示 URL 中含有的查询部分。
- target:该属性指定了显示 URL 所指文档的 window 对象。
- text/innerText:该属性表示出现在创建 link 对象的 HTML 标签<a>和</a>之间的纯文本。这是一个非常有用的属性,但不同浏览器中的属性名称不同,而且互相不兼容,在 Navigator 中为 text,在 Internet Explorer 中为 innerText。

7.2.3 link 对象的应用

下面通过一个例子来讲解如何使用 link 对象。例 7-2 中的代码创建了一个含有若干个超文本链接的页面,这些超链接都对应着一个真实存在的网站,如果单击页面上的"查看链接细节"按钮,将打开一个新的页面,向用户展示每一个链接中的详细信息。

例 7-2 link 对象的应用

```
<html>
    <head>
        <title>Example:link 对象的应用</title>
        <script language = "JavaScript">
```

```javascript
//打开新窗体显示 link 对象的信息
function showLinkInfo()
{
    //新建一个空的浏览器窗口
    var w = window.open("","");
    var d = w.document;
    //使用 document.write()方法在新窗口中输出 link 对象的信息
    d.write('<html><head>');
    d.write('<title>展示 link 对象的信息</title>');
    d.write('</head><body>');
    d.write('<h3>原页面中 link 对象的信息：</h3>');
    d.write('<br>');
    d.write('<form><font size = 3>');
    d.write('原页面中一共有：' + document.links.length + '个 link 对象,分别为：</font>');
    d.write('<br><br>');
    for(var i = 0;i<document.links.length;i++ )
    {
        var number = i + 1;
        d.write('<font size = 3>原文档中第' + number + '个 link 对象：' + document.links[i].innerText + '</font>');
        d.write('<br>');
        d.write('<font size = 3>link 对象的 HREF 属性：' + document.links[i].href + '</font>');
        d.write('<br>');
        d.write('<font size = 3>link 对象的 HOST 属性：' + document.links[i].host + '</font>');
        d.write('<br>');
        d.write('<font size = 3>link 对象的 PROTOCOL 属性：' + document.links[i].protocol + '</font>');
        d.write('<br>');
        d.write('<font size = 3>link 对象的 PORT 属性：' + document.links[i].port + '</font>');
        d.write('<br><br><br>');
    }
    d.write('</form></body></html>');
    d.close();
}
</script>
</head>
<body>
    <form name = "info">
        <h3>Example：link 对象的应用</h3>
        <br>
        <li><a href = http://www.sina.com onMouseOver = "window.status = '单击该超链接可以访问新浪网首页！';return true">
```

新浪网(www.sina.com)</a>
<li><a href = http://www.sohu.com onMouseOver = "window.status = '单击该超链接可以访问搜狐网首页!';return true">
搜狐网(www.sohu.com)</a>
<li><a href = http://www.china.com onMouseOver = "window.status = '单击该超链接可以访问中华网首页!';return true">
中华网(www.china.com)</a>
<li><a href = http://www.163.com onMouseOver = "window.status = '单击该超链接可以访问网易首页!';return true">
网易首页(www.163.com)</a>
<li><a href = http://alumni.chinaren.com onMouseOver = "window.status = '单击该超链接可以访问校友录!';return true">
chinaren校友录(alumni.chinaren.com)</a>

<input type = "button"name = "linkDetail"value = "查看链接细节"onClick = "showLinkInfo()">
</form>
</body>
</html>
```

图7-4展示了例7-2创建的初始页面,如果将鼠标移至每一个链接上时,状态信息栏将显示这个链接指向的 URL 地址。

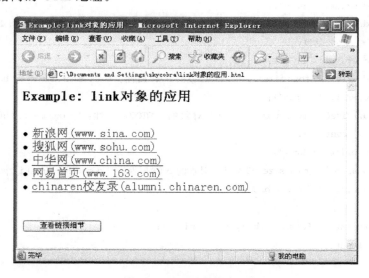

图 7-4　link 对象的应用

接下来,单击"查看链接细节"按钮,将调用 showLinkInfo()事件处理函数,通过 link 对象的属性,在一个新的浏览器窗口中将如图 7-4 中所示的 5 个超链接信息输出。注意,代码中使用的是 link 对象的 innerText 属性,这个属性表示<a>和</a>标记之间的完整文本。
```

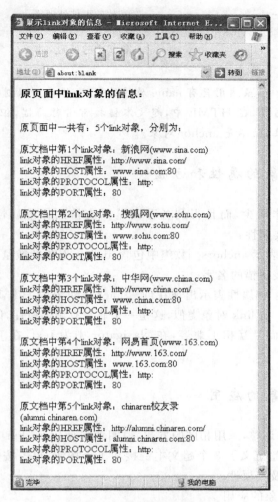

图 7-5 查看 link 对象的属性信息

7.3 anchor 对象

7.3.1 anchor 对象概述

document 对象的 anchors[]属性包含的就是文档中 anchor 对象，anchor 对象表示的是 HTML 文档中超文本链接的锚，"锚"是 HTML 文档中一个被命名的地点，由具有 name 属性的<a>标签创建。其语法如下：

```
<a    name = "anchorName"          //name 属性是创建 anchor 对象必需的
      [href = "url"]               //URL 地址
      [target = "windowName"]      //显示新文档的窗口
      [onClick = "handler"]        //链接被单击时的事件处理器
```

```
        ……                          //其他的事件处理器
    >
        ……                          //链接中的可见文本
    </a>
```

注意：在上面语法中，虽然用具有 name 属性的＜a＞标记可以创建 anchor 对象，但同时也创建了 link 对象。另外，在 HTML 中，超文本链接常常称为锚，但是在 JavaScript 中，代表超链接的是 link 对象，而不是 anchor 对象。

7.3.2　anchor 对象的属性和方法

anchor 对象属性非常少，而且得到各种浏览器支持的标准属性更加少，下面列出了 anchor 对象常用的重要属性：

- length：该属性表示 anchors[] 数组中包含 anchor 对象的数量。
- name：该属性表示锚的名字。
- text/innerText：该属性表示出现在创建 anchor 对象的 HTML 标签＜a＞和＜/a＞之间的纯文本。与 link 对象类似，这是一个非常有用的属性，但是在不同浏览器中的属性名称不同，而且互相不兼容，在 Navigator 中为 text，在 Internet Explorer 中为 innerText。

7.3.3　anchor 对象的应用

这里对例 7-2 稍作调整，采用相同的方式，说明如何使用 anchor 对象及其属性。例 7-3 中的代码使用＜a＞标签定义了 3 个超文本链接和 1 个按钮，单击按钮将打开新的页面，向读者展示 anchor 对象及其属性。

例 7-3　anchor 对象的应用

```
<html>
  <head>
    <title>Example：anchor 对象的应用</title>
    <script language = "JavaScript">
      //打开新窗体显示 anchor 对象的信息
      function showAnchorInfo()
      {
        //新建一个空的浏览器窗口
        var w = window.open("","");
        var d = w.document;
        //使用 document.write()方法在新窗口中输出 anchor 对象的信息
        d.write('<html><head>');
        d.write('<title>展示 anchor 对象的信息</title>');
        d.write('</head><body>');
        d.write('<h3>原页面中 anchor 对象的信息：</h3><br>');
        d.write('<form><font size = 3>');
```

```
            d.write('原页面中一共有：'+document.anchors.length+'个 anchor 对象,分别为：</font>');
            d.write('<br><br>');
            for(var i = 0;i<document.anchors.length;i++)
            {
                var number = i + 1;
                d.write('<font size = 3>原文档中第'+number+'个 anchor 对象的标签文本：'+
                document.anchors[i].innerText+'</font>');
                d.write('<br>');
                d.write('<font size = 3>anchor 对象的 name 属性：'+document.anchors[i].name+
                '</font>');
                d.write('<br><br>');
            }
            d.write('</form></body></html>');
            d.close();
        }
    </script>
</head>
<body>
    <form name = "info">
        <h3>Example：anchor 对象的应用</h3>
        <br><li>
        <a name = "sinaAnchor"
        href = http://www.sina.com onMouseOver = "window.status = '单击该超链接可以访问新浪网
        首页!';return true">
        新浪网(www.sina.com)</a><li>
        <a name = "sohuAnchor"
        href = http://www.sohu.com onMouseOver = "window.status = '单击该超链接可以访问搜狐网
        首页!';return true">
        搜狐网(www.sohu.com)</a><li>
        <a name = "chinaAnchor"
        href = http://www.china.com onMouseOver = "window.status = '单击该超链接可以访问中华网
        首页!';return true">
        中华网(www.china.com)</a>
        <br><br><br>
        <input type = "button" name = "linkDetail" value = "查看 anchor 对象细节"
        onClick = "showAnchorInfo()">
    </form>
</body>
</html>
```

运行例 7-3 中的代码可以得到与图 7-4 类似的界面,单击【查看 anchor 对象细节】按钮,会弹出一个新的页面向用户展示 anchor 对象的属性信息,如图 7-6 所示。

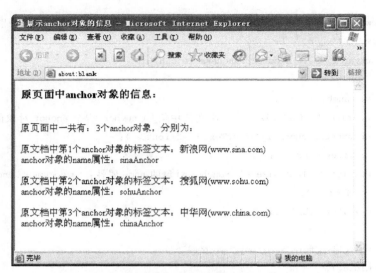

图 7-6　查看 anchor 对象的属性信息

7.4　image 对象

7.4.1　image 对象概述

　　document 对象的 images[]属性是一个包含了 image 对象的数组,它的元素代表了文档中含有的内嵌图像的 image 对象。虽然 HTML 本身具有显示图像的功能,但是存在一个缺陷,就是无法改变已经显示的图像,除非加载一个新的页面;而利用 image 对象,通过 JavaScript 可以动态地对图像进行操作,使网页变得更具吸引力。document 对象的 images[]属性中包含的 image 对象由 HTML 中的<img>标签创建,其语法规则如下:

```
＜img    src = "url"              //要显示图片的 URL 地址
        width = pixels            //图像的宽度,以像素为单位
        height = pixels           //图像的高度,以像素为单位
        name = "imageName"        //image 对象的名称
        [lowsrc = "url"]          //一个可选的适合在低分辨率下显示的图像
        [border = pixels]         //图像边界的宽度
        [hspace = pixels]         //图像距周围文字的水平距离
        [vspace = pixels]         //图像距周围文字的垂直距离
        [onload = handler]        //当图像完全加载完成时的事件处理器
        [onError = handler]       //当图像加载过程中发生错误时调用的事件处理器
        [onAbort = handler]       //当用户放弃图像加载时调用的事件处理器
＞
```

　　除了使用 HTML 中的<img>标签创建 image 对象,在 JavaScript 中,还可以使用 new 关键字创建 image 对象,这种方法创建的 image 对象常用于缓存图像,其格式如下:

```
new Image([width,height]);
```

构造函数 Image 中的 width 和 height 参数是可选的，分别指定所创建 image 对象的宽度和高度。不过这个构造函数并没有指定要加载图像的 URL，如果要将 image 对象与特定的图像对应起来，必须将其 src 属性设定为要显示的图像。

7.4.2 image 对象的属性和方法

除了上面提到的 src 属性，image 对象中还定义了很多属性，这些属性与 HTML 中 <img> 标签的属性相对应，它们中的绝大部分都得到了 Internet Explorer 和 Navigator 的支持：
- border：这个属性指定了图像边界的宽度，以像素为单位。
- complete：这个属性表示图像是否已经完全加载完成。
- height：该属性指定了图像的高度，以像素为单位。
- hspace：该属性指定了图像的左右边界和周围文字之间的水平距离，以像素为单位。
- lowsrc：该属性指定了在低分辨率状态下显示图像的 URL。
- name：该属性指定了 image 对象的名称，表示 HTML 文档中一幅特定的图像。
- src：该属性指定了正常状况下要显示图像的 URL，修改该属性将导致浏览器重新加载和显示图像。
- vspace：该属性指定了图像的上下边界和周围文字之间的垂直距离，以像素为单位。
- width：该属性指定了图像的宽度，以像素为单位。

注意：src 和 lowsrc 是 image 对象的两个重要属性。正常情况下，浏览器将加载由 src 属性设定的图像，而当显示器分辨率过低，无法正常显示由 src 属性指定的图像时，浏览器将加载由 lowsrc 属性设定的图像。但是如果想使用 lowsrc 属性，使其发挥作用，那么就必须在设置 src 属性前设置 lowsrc 属性，因为设置 src 属性之后，浏览器将立刻加载由该属性指定的图像。

7.4.3 image 对象的应用

image 对象的应用是 Web 世界中最普遍、最重要的应用之一，如果要创建丰富多彩、功能强大的 Web 应用，就必须恰当、合理地使用图像。关于 image 对象的应用，这里要强调以下 3 点：

（1）关于图像的替换

动态改变图像在实际应用中有着重要的作用，可以实现动画效果或者其他的特效功能。但是，改变 image 对象的 src 属性将导致浏览器重新加载图像，如果要使新加载的图像显示在原来的地方并且不影响页面上原有的内容，那么必须保证新的图像与原来的图像具有相同的高度和宽度，或者通过设置 image 对象的 width 和 height 属性保证新图像与原来的图像大小相同。

（2）关于图像的缓存

为了让图像能在需要的时候迅速地显示出来，通常的做法是先将图像在浏览器里缓存起来，这样在需要的时候便可以直接使用，而不是临时通过网络下载。缓存图像的方法十分简单，首先使用 Image() 构造函数创建一个 image 对象，然后将想要使用图像的 URL 赋给新建 image 对象的 src 属性即可。

（3）关于图像的其他应用

通过 JavaScript 操作图像还可以达到类似多媒体的复杂效果，不过这种应用大多要结合<div>标签等其他元素,关于这部分内容将在 7.5 节中详细讲解。

下面先通过一个简单例子讲解如何使用 image 对象。例 7-4 中代码的功能是在打开创建的页面时加载 3 幅图片,并将第 1 幅图片静态地显示出来,单击【动态展示图片】按钮可以使浏览器按照设定的时间间隔不断地切换已经缓存的图片,另外用户还可以根据需要改变静态显示或者动态切换的图片。

例 7-4　image 对象的应用

```
<html>
  <head>
    <title>Example: image 对象的应用</title>
    <script language = "JavaScript">
      var number = 0;                          //动态展示图片的参数
      var timeOutID = null;                    //停止动态展示图片的参数
      var picture = new Array(3);              //包含 image 对象的数组
      for(var i = 0;i<3;i++)
      {
        picture[i] = new Image();
      }
      //检查字符串 s 是否为空
      function checkValid(s)
      {
        var len = s.length;
        for(var i = 0;i<len;i++)
        {
          if(s.charAt(i)! = "")
          {
            return true;
          }
        }
        return false;
      }
      //缓冲 3 幅默认图片
      function loadNewPicture()
      {
        picture[0].url = "first_001.jpg";
        picture[1].url = "first_002.jpg";
        picture[2].url = "first_003.jpg";
      }
      //缓冲用户设定的 3 幅图片
      //如果用户没有设定,则缓冲默认的图片
      function loadModifyPicture()
      {
        if(checkValid(document.info.firstPicture.value))
        {
          picture[0].url = document.info.firstPicture.value;
        }
        else
```

```
        {
            picture[0].url = "first_001.jpg";
        }
        if(checkValid(document.info.secondPicture.value))
        {
            picture[1].url = document.info.secondPicture.value;
        }
        else
        {
            picture[1].url = "first_002.jpg";
        }
        if(checkValid(document.info.thirdPicture.value))
        {
            picture[2].url = document.info.thirdPicture.value;
        }
        else
        {
            picture[2].url = "first_003.jpg";
        }
}
//设置静态图片
//如果用户没有设定,则显示默认的图片
function setPicture(sort)
{
    var pictureURL = "";
    if(sort == "first")
    {
        if(checkValid(document.info.firstPicture.value))
        {
            pictureURL = document.info.firstPicture.value;
        }
        else
        {
            pictureURL = "first_001.jpg";
        }
    }
    else if(sort == "second")
    {
        if(checkValid(document.info.secondPicture.value))
        {
            pictureURL = document.info.secondPicture.value;
        }
        else
        {
            pictureURL = "first_002.jpg";
```

```
            }
        }
        else if(sort == "third")
        {
            if(checkValid(document.info.thirdPicture.value))
            {
                pictureURL = document.info.thirdPicture.value;
            }
            else
            {
                pictureURL = "first_003.jpg";
            }
        }
        document.info.showPicture.src = pictureURL;
    }
    //如果在动态展示图片,那么将其停止
    function checkPlay()
    {
        if(timeOutID! = null)
        {
            clearTimeout(timeOutID);
            timeOutID = null;
        }
    }
    //循环展示图片
    function playPicture()
    {
        document.info.showPicture.src = picture[number].url;
        number = (number + 1) % 3;
        timeOutID = setTimeout("playPicture()",1500);
    }
  </script>
</head>
<body onLoad = "loadNewPicture()">
  <form name = "info">
    <h3>Example:image 对象的应用</h3>
    <img src = "first_001.jpg" name = "showPicture" border = 10 hspace = 15 vspace = 15 width = 640 height = 427>
    <br>
    <font size = 2>重新设定第一幅图片:</font>
    <input type = "input" name = "firstPicture" size = 30>
    <input type = "button" name = "setFirstPicture" value = " 设置为静态图片 "
    onClick = "checkPlay();setPicture('first')">
    <br>
    <font size = 2>重新设定第二幅图片:</font>
```

```
            <input type = "input" name = "secondPicture" size = 30>
            <input type = "button" name = "setSecondPicture" value = " 设置为静态图片 "
            onClick = "checkPlay();setPicture('second')">
            <br>
            <font size = 2>重新设定第三幅图片:</font>
            <input type = "input" name = "thirdPicture" size = 30>
            <input type = "button" name = "setThirdPicture" value = " 设置为静态图片 "
            onClick = "checkPlay();setPicture('third')">
            <br><br>   
            <input type = "button" name = "play" value = "动态展示图片"
            onClick = "if(timeOutID == null){loadModifyPicture();playPicture()}">
               
            <input type = "button" name = "play" value = " 停止展示图片" onClick = "checkPlay();">
        </form>
    </body>
</html>
```

从例 7-4 中可以看到,在文档加载过程中首先执行<body>标签的 onLoad 事件处理器,将默认的 3 幅图片缓存到浏览器中,然后使用<img>标签在页面上静态显示了第一幅图像,程序运行结果如图 7-7 所示。

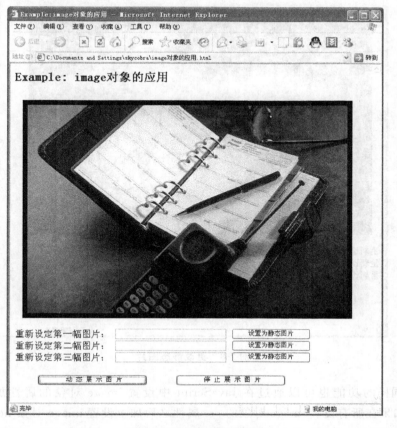

图 7-7 image 对象的应用

程序提供了改变页面上已经静态显示的图片的功能,只要用户在"重新设定…图片"的文本框(任意一个)中输入正确的 URL 地址,然后单击对应的【设置为静态图片】按钮即可用指定的图片替换原有的图片。

在图 7-8 显示的页面中,在"重新设定第二幅图片"文本框中输入 second_002.jpg 的 URL(该 URL 表示指定的图片与页面在同一个目录下,名称为 second_002.jpg),然后单击此文本框对应的【设置为静态图片】按钮,将调用它的 onClick 事件处理器。这时首先执行 checkPlay()函数,检查是否在动态展示图片,如果正在动态展示图片,那么将其停止,然后调用 setPicture()函数,将指定的图片显示在页面上。这里新指定的图片 second_002.jpg 很可能与原有的图片大小不一致,为了不影响页面上其他元素的位置,并且保证图像显示的稳定性,程序中在 HTML 的<img>标签中指定了图像显示的高度和宽度:

<img src = "first_001.jpg" name = "showPicture" border = 10 hspace = 15 vspace = 15 width = 640 height = 427>

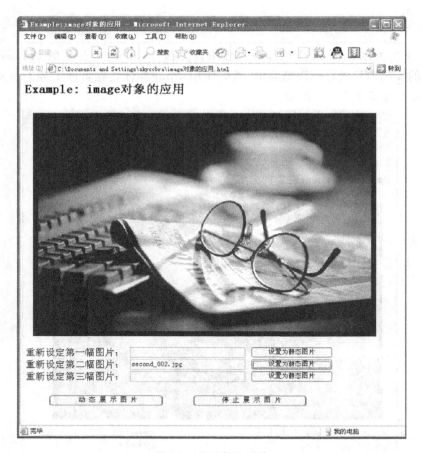

图 7-8　更改静态图片

当然,同样的功能也可以通过在 JavaScript 中设置 image 对象的属性加以实现。在例 7-4 中,如果在所有设置 image 对象的 src 属性之后加上设置 image 对象 height 和 width 属性的代码,将可以实现动态改变图像大小的功能。这种方式不像使用 HTML 的<img>

标签那样古板(只能一次定义),而是更加灵活,例如:

```
document.info.showPicture.height = 427;        //默认图片的高度
document.info.showPicture.width = 640;         //默认图片的宽度
```

程序还提供了更为复杂的功能,即循环播放浏览器默认或者用户指定的图片。单击【动态展示图片】按钮,程序将检查浏览器是否在动态展示图片,如果没有动态展示图片,那么将执行 loadModifyPicture() 函数,缓存将要动态展示的图片(如果用户重新设定了图片,那么缓存用户设定的图片,否则缓存程序默认的图片);然后执行 playPicture() 函数,将图片按照指定的时间间隔播放出来。单击【停止展示图片】按钮将停止图片的动态播放,并将动态展示的最后一张图片显示在页面上。图 7-9 显示的是循环播放图片 second_001.jpg、图片 second_002.jpg 和默认第 3 张图片 first_003.jpg 过程中,某一时刻的页面。

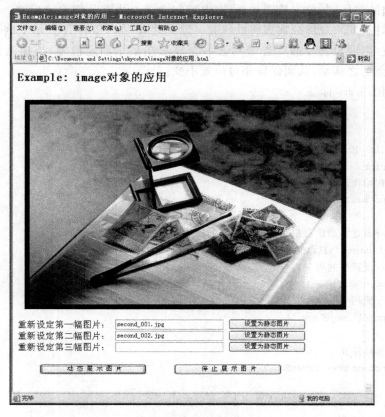

图 7-9　循环播放图片

7.5　使用 div 标签

div 标签是一种可以包含其他 HTML 标签(例如文本或者图片等)的标签,当 div 标签的属性和内容发生变化的时候,包含在该 div 标签中的其他内容也将随之变化。正是由于

div 标签具有这样的特点,所以在实际应用中,常通过 JavaScript 操作 div 标签以及图片、文字等其他对象,以达到各种复杂的效果。例如:通过显示隐藏交替变化达到闪烁的效果,通过有规律的移动达到动画的效果等。

div 标签主要包含 id 和 style 等属性,其中 id 属性唯一标识 div 标签,style 属性用于定义显示样式。在 HTML 中,div 标签的定义语法如下:

```
<div id = idName style = "styleContent">
</div>
```

由于 div 标签的语法和属性不是本书的重点,这里就不再过多的解释了,如果读者需要进一步了解,请参看相关的 HTML 书籍。接下来将通过一个例子,说明如何使用 JavaScript 操作 div 标签。例 7-5 创建了桌面电脑组成结构的示意图,页面初始化时,界面上只显示了一个桌面电脑的整体图,单击该图片,桌面电脑包含的组成部分将显示出来;再一次单击桌面电脑的整体图,其组成部分列表将被收起。除此之外,例 7-5 中还介绍了网络上广为应用的浮动广告技术,即设置好的广告图片会一直显示在某个固定位置,当拖动浏览器滚动条时,该图片也会随之移动,从而保证相对位置不变。

例 7-5　使用 div 标签

```
<html>
  <head>
    <title>Example:使用 div 标签</title>
    <script language = "JavaScript">
      //初始化浮动广告层的函数
      function initial()
      {
        //设置浮动广告层相对于 y 方向的位置
        document.all.imageLayer.style.posTop = -200;
        //设置层的可见性
        document.all.imageLayer.style.visibility = 'visible'
        //调用 move 函数
        move('imageLayer');
      }
      //移动浮动广告层
      function move(layerName)
      {
        //浮动广告层位于浏览器 x 方向的位置
        var x = 500;
        //浮动广告层位于浏览器 y 方向的位置
        var y = 200;
        var diff = (document.body.scrollTop + y - document.all.imageLayer.style.posTop) * .40;
        var y = document.body.scrollTop + y - diff;
        eval("document.all." + layerName + ".style.posTop = y");
        eval("document.all." + layerName + ".style.posLeft = x"); //移动广告层
        //每隔 20ms 调用一次 move 函数
        setTimeout("move('imageLayer');", 20);
      }
```

```
      //展示桌面电脑的组成部分
      function showDetail()
      {
        var frameElement,detailElement;
        frameElement = window.event.srcElement;
        if(frameElement.className == "frame")
        {
          detailElement = document.all("detail");
          if(detailElement.style.display == "none")
          {
            detailElement.style.display = "";
          }
          else
          {
            detailElement.style.display = "none";
          }
        }
      }
    </script>
  </head>
  <body onLoad = "initial()">
    <h3>Example：使用div标签</h3>
    <div id = imageLayer style = "position：absolute；width：61px；height：59px；z-index：20；visibility：hidden；left：500px；top：200px">
      <a href = "http://www.buaa.edu.cn"><img src = "divImage.jpg" border = "2" height = "106" width = "160">
      </a>
    </div>
    <div id = frame onCLick = "showDetail()">
      <img src = "computer.jpg" style = "sursor：hand" class = frame width = 60 height = 40>
       桌面电脑的组成<br>
      <div id = detail style = "display：none">
           <img src = "screen.jpg"width = 60 height = 40> 显示器<br>
           <img src = "box.jpg"width = 60 height = 40> 主机箱<br>
           <img src = "mainboard.jpg" width = 60 height = 40> 主板<br>
           <img src = "memory.jpg" width = 60 height = 40> 内存<br>
           <img src = "disk.jpg" width = 60 height = 40> 硬盘<br>
           <img src = "displaycard.jpg" width = 60 height = 40> 显卡<br>
           <img src = "cdrom.jpg" width = 60 height = 40> 光驱<br>
           <img src = "key.jpg" width = 60 height = 40> 键盘<br>
           <img src = "mouse.jpg" width = 60 height = 40> 鼠标<br>
      </div>
    </div>
  </body>
</html>
```

加载例7-5创建的文档时，首先执行<body>标签的onLoad事件处理器，调用initial()

函数，完成浮动广告的初始化和浮动显示；然后会根据设置将其他 div 标签中的内容显示出来，但是由于 id 为 detail 的 div 标签是不可见的，所以页面加载完成时，只显示出 id 为 frame 的 div 标签中的内容，如图 7-10 所示。

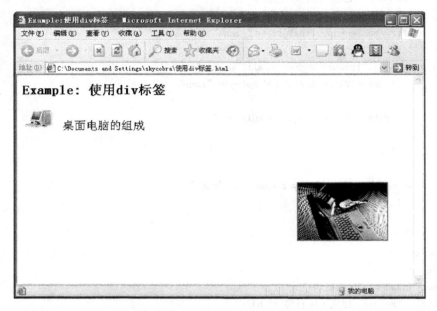

图 7-10 使用 div 标签

接下来，如果单击"桌面电脑的组成"文本前面的图片，程序会将 id 为 detail 的 div 标签设置为可见的，从而展示出桌面电脑的组成细节。另外，如果拖动滚动条就会发现，浮动在浏览器右边的图片位置也会随之变化，但是它相对于浏览器的稳定位置总是不变的。页面显示效果如图 7-11 所示。

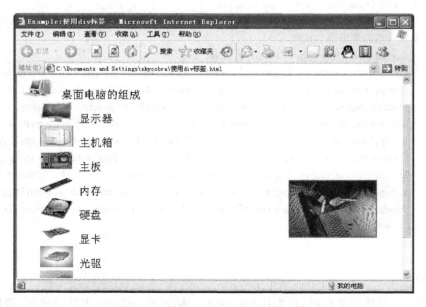

图 7-11 通过 div 标签展示列表内容

使用JavaScript和div标签可以实现的功能绝不仅限于上面例子中给出的,但基本原理大同小异,本质上讲,无非是通过JavaScript按照一定的规则控制div标签的属性,希望读者能在今后的学习中多加体会。

本章小结

- document对象是客户端JavaScript最为常用的对象之一,在浏览器对象模型中,它位于window对象的下一层级,代表了窗口或者框架中的文档。
- document对象的links[]属性包含的就是文档中的link对象,link对象表示的是HTML文档中超文本链接或者客户端映射表中的可点击区域,在HTML文档中由<a>和</a>标签创建。
- document对象的anchors[]属性包含的就是文档中的anchor对象,anchor对象表示的是HTML文档中超文本链接的锚,锚是HTML文档中一个命名了的地点,由具有name属性的<a>标签创建。
- document对象的images[]属性包含的就是文档中的image对象,image对象表示文档中的内嵌图像,在HTML文档中由<img>标签创建。
- div标签是一种可以包含其他HTML标签的标签,在实际应用中,常通过JavaScript操作div标签以达到各种复杂的效果。

习 题 7

1. 什么是document对象?如何获取文档对象上的元素?
2. 通过link对象可以获取什么信息?
3. 创建anchor对象与创建link对象有什么不同?
4. 如何通过image对象模拟播放幻灯片?
5. 如何通过div标签模拟动画效果?(例如让一辆汽车在屏幕上按照预定的轨道前进。)

第 8 章 表单和表单元素

8.1 form 对象

8.1.1 form 对象概述

form 对象是 Web 设计中最常用、也是最重要的对象之一,它代表的是 HTML 文档中的表单。一个 HTML 文档可以包含多个表单,它们按照在文档中的出现顺序存储在 document 对象的 froms[]属性数组中。form 对象由 HTML 中的<form>标签创建,其语法如下:

```
<form
    name = "formName"              //表单名称
    [target = "windowName"]        //用于响应的窗口名称
    [action = "URL"]               //表单被提交目的地的 URL
    [method = (GET|POST)]          //提交表单的方法
    [enctype = "encoding"]         //表单数据的编码方式
    [onReset = "handler"]          //表单重置时调用的事件处理器
    [onSubmit = "handler"]         //表单提交时调用的事件处理器
    >
    ……                             //表单中的其他元素
</form>
```

访问文档中某一个表单的方法有多种,归结起来主要分为两大类:一类是通过 document 对象的 forms[]属性,一类是直接通过表单名称。例如:

```
document.forms[index]
document.forms["formName"]
document.forms.formName
document.formName
```

其中,index 为一个整数,表示所要访问表单在 document 对象 forms[]数组中的位置;字符串 formName 是在 HTML 的<form>标记中所指定的表单的名称。

访问表单上其他元素的方法与访问文档中表单的方法类似,不过这里要先介绍 form 对象的一个属性:elements[]。这个属性是一个数组,包含了表单上所有的其他元素,使用

elements[]数组访问表单元素的方法与上面使用forms[]数组访问表单的方法类似。例如：

```
formName.elements[index]
formName.elements["name"]
```

其中，formName 表示要访问元素所在表单的名称；index 为一个整数，表示所要访问的表单元素在 elements[]数组中的位置；字符串 name 是所要访问元素的名称。

另外，也可以通过表单名称加元素名称的方式直接访问表单元素：

```
formName.name
```

使用表单对象以及表单元素的名称访问对象的方法更为简单、直接，在实际应用中广泛采用，但这并不表示其他方式就无用武之地。事实上，在一些特殊情况下，它们的作用是无法替代的，例如：获取文档中所有的表单或者表单上所有的元素。

8.1.2 form 对象的属性和方法

form 对象中定义了许多属性和方法，并且其中的绝大部分都已经标准化，可以在各种浏览器中得到很好的支持。下面给出了 form 对象常用的重要属性：

- action：该属性表示要提交的表单的 URL。
- elements[]：该属性为一个数组，其元素是出现在表单中的输入元素，它们可能是 button 对象、checkbox 对象、hidden 对象、password 对象、radio 对象、reset 对象、select 对象、submit 对象、text 对象或者 textarea 对象。
- elements.length：该属性表示 elements[]中的元素个数。
- encoding：该属性指定了表单中数据的编码方式。
- length：该属性等同于 elements.length 属性，表示 elements[]中元素的个数。
- method：该属性指定了提交表单的方法，它的值为"get"或者"post"。
- target：该属性指定了显示提交表单结果的窗口或者框架的名字。

除了上面讲述的属性外，form 对象中还包含了一些特定的方法，用于提交或者重置表单，主要包括以下两个：

- reset()：该方法用于将表单中所有输入元素重新设定为其默认值。
- submit()：该方法用于提交表单。

8.2 节中还将介绍 submit 对象和 reset 对象，它们是两个专用的按钮，前者专门用于提交表单，后者专门用于重置表单。form 对象的这两个方法与 submit 按钮和 reset 按钮的功能是相同的，通过调用 form 对象的 submit()方法提交表单就如同单击了【submit】按钮，而通过调用 reset()方法重置表单就像是单击了【reset】按钮一样。

8.1.3 form 元素的组成

form 对象可以包含若干个表单元素，这些元素可以通过 form 对象的 elements[]属性访问。JavaScript 中的表单元素都是通过 HTML 标签创建的，表 8-1 列出了这些表单元素以及创建它们的 HTML 标签。

表 8-1　表单元素

表单元素	HTML 标签	说　明
button	<input type=button>	普通按钮
checkbox	<input type=checkbox>	复选框
fileUpload	<input type=file>	输入框,用于输入要上传的文件名
hidden	<input type=hidden>	随表单提交的用户不可见的数据
option	<option>	select 对象中的一个项目
password	<input type=password>	密码输入框,输入的内容不可见
radio	<input type=radio>	单选框
reset	<input type=reset>	重置表单的按钮
select	<select>	只能选择一项的列表或者下拉菜单
	<select multiple>	可以选择多项的列表
submit	<input type=submit>	提交表单的按钮
text	<input type=text>	单行的文本输入框
textarea	<textarea>	多行的文本输入框

8.1.4　form 对象的应用

几乎所有的 Web 页面都离不开 form 对象,大多数程序都需要通过表单以及表单元素来完成特定的逻辑功能。下面先通过一个例子说明如何使用 form 对象,关于表单以及表单元素的综合应用将在本章 8.6.2 小节中详细讲解。例 8-1 中的代码创建了一个包含若干表单元素的页面,单击页面上的按钮将弹出新的页面,输出关于原来页面上表单及表单包含元素的信息。

例 8-1　form 对象的应用

```
<html>
  <head>
    <title>Example：form 对象的应用</title>
    <script language = "JavaScript">
      //打开新窗体显示 form 对象的信息
      function openWindow()
      {
        //新建一个空的浏览器窗口
        var w = window.open("","");
        var d = w.document;
        var number = 0;
        //使用 document.write()方法在新窗口中输出信息
        d.write('<html><head>');
        d.write('<title>展示 form 对象的信息</title>');
        d.write('</head><body>');
        d.write('<h3>以下是 form 对象的部分属性值</h3>');
        d.write('<form><h4>');
        d.write('原页面含有' + document.forms.length + '个 form 对象,分别为：');
```

```
            for(var i = 0;i<document.forms.length;i++ )
            {
                d.write('form 对象' + document.forms[i].name + '、');
            }
            d.write('</h4>');
            for(var j = 0;j<document.forms.length;j++ )
            {
              number = j + 1;
                d.write('<h5>第' + number + '个 form 对象' + document.forms[j].name + '包含' +
                document.forms[j].length + '个表单元素,分别为：</h5>');
                for(var k = 0;k<document.forms[j].length;k++ )
                {
                    d.write('<font size = 3>     ');
                    d.write(document.forms[j].elements[k].type + '对象,名称为' + document.forms[j].
                    elements[k].name);
                    d.write('<br></font>');
                }
            }
            d.write('</form></body></html>');
            d.close();
        }
    </script>
</head>
<body>
    <h3>Example：form 对象的应用</h3>
    <form name = "baseInfo">
        <h5>请输入您的基本信息(必须填写)</h5>
        <font size = "2">您的姓名：</font>
        <input type = "text" name = "userName" size = 35><br>
        <font size = "2">您的性别：</font>
        <input type = "radio" name = "male" value = "male">男性  
        <input type = "radio" name = "female" value = "female">女性<br>
        <font size = "2">您的年龄：</font>
        <input type = "text" name = "age" size = 35><br>
        <font size = "2">工作单位：</font>
        <input type = "text" name = "work" size = 35><br>
        <font size = "2">联系方式：</font>
        <input type = "text" name = "contact" size = 35><br>
    </form>
    <form name = "otherInfo">
        <h5>请输入您的其他信息(选择填写)</h5>
        <font size = "2">您向往的职业：</font>
        <select name = "profession">
        <option value = "teacher" selected>教师</option>
        <option value = "officer">军官</option>
```

```
          <option value = "technique">技术人员</option>
          <option value = "athlete">运动员</option>
      </select><br>
      <font size = "2">您喜欢的运动：</font><br>   
      <input type = "checkbox" name = "football" value = "football">足球    
      <input type = "checkbox" name = "basketball" value = "basketball">篮球    
      <input type = "checkbox" name = "vollyball" value = "vollyball">排球    
      <br>   
      <input type = "checkbox" name = "badmintoon" value = "badmintoon">羽毛球  
      <input type = "checkbox" name = "pingpong" value = "pingpong">乒乓球  
      <br><br>
      <font size = "2">请给我们留言：</font>
      <textarea name = "content" rows = 5 cols = 30></textarea><br><br>
      <font size = "2">单击该按钮显示 form 表单信息：</font>
      <input type = "button" name = "open" value = "确定" onClick = "openWindow()">
  </form>
 </body>
</html>
```

例 8-1 创建的页面上含有两个表单，每个表单上又包含了若干种不同的表单元素，程序运行的初始界面如图 8-1 所示。

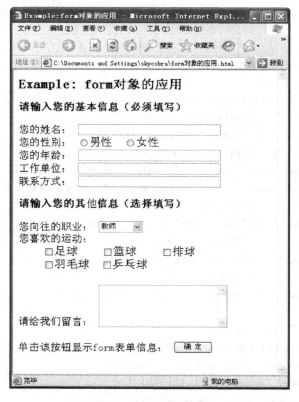

图 8-1　form 对象的应用

在页面上单击【确定】按钮将调用事件处理函数 openWindow(),打开一个新的页面用于输出 form 对象以及表单元素的相关信息。细心的读者可以发现,openWindow()函数中使用了"document.forms[j].elements[k].type"属性,这个属性表示表单元素的类别。图 8-2 中的页面向用户展示了详细信息的输出界面。

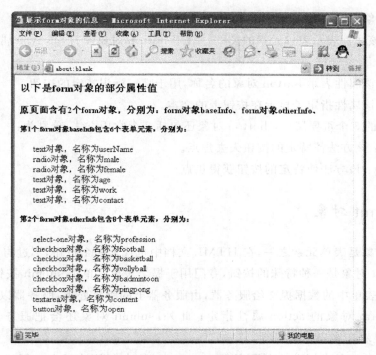

图 8-2 查看 form 对象细节信息

8.2 form 元素中的按钮对象

8.2.1 button 对象

button 对象是表单元素之一,代表 HTML 文档上某个表单内的按钮,它由标准的 HTML<input>标签创建,语法如下:

```
<input   type = "button"              //此属性决定创建的输入对象为 button
         name = "buttonName"          //button 对象的名称,用来引用这个对象
         value = "buttonValue"        //显示在按钮上的文本
         [onClick = "handler"]        //单击按钮时调用的事件处理器
         [onBlur = "handler"]         //按钮失去焦点时调用的事件处理器
         [onFocus = "handler"]        //按钮获得焦点时调用的事件处理器
>
```

button 对象继承了 input 对象和 HTMLElement 对象的属性、方法和事件处理器,本书

159

附录中列出了这些属性、方法和事件处理器，所以这里不再一一列举，而是重点讲解 button 对象中常用的重要属性和方法。另外，大部分表单元素都继承了 input 对象和 HTMLElement 对象的属性、方法和事件处理器，相同的内容不再重复，如果有需要请读者查看附录中的相关内容。

button 对象中包含 3 个常用的重要属性：
- type：该属性表示表单元素的类型。对于 button 对象而言，其 type 属性的值必将是"button"。
- name：该属性表示 button 对象的名称，用于唯一标识特定的按钮。
- value：该属性指定了显示在按钮上的文本。

除了上面的 3 个重要属性，button 对象还包括 2 个常用方法，分别为：
- blur()：该方法使特定的按钮失去焦点。
- focus()：该方法使特定的按钮获得焦点。

8.2.2 submit 对象

submit 对象是表单元素之一，在 HTML 文档中也代表一个按钮，不过与 button 对象不同的是，submit 对象是一种特殊的按钮，专门用于提交表单。单击 submit 按钮时，页面会把含有该按钮的表单中的数据提交给服务器，由服务器上的程序处理，服务器以及服务器上的处理程序由 form 对象的 action 属性指定；此外，submit 对象还会把服务器发送回来的 HTML 页面显示在客户端浏览器。

submit 对象也是由标准的 HTML<input>标签创建，语法规则与创建 button 对象类似，唯一不同的是<input>标签中的 type 属性必须为 submit。submit 对象同样继承了 input 对象和 HTMLElement 对象的属性、方法和事件处理器，所有内容基本上与 button 对象类似，唯一不同的是，如果在浏览器窗口中创建了 submit 按钮，那么与它对应的 submit 对象的 type 属性的值必将是 submit。

8.2.3 reset 对象

与 submit 对象一样，reset 对象也代表 HTML 文档中一个特殊按钮，专门用于重置表单。单击 reset 按钮，将会使含有该按钮的表单中的所有表单元素重置为其相应的默认值。对于大多数表单元素而言，它们的默认值都是由 value 属性设定的，如果没有设定默认值，那么单击 reset 按钮的效果就是清空用户在这些元素中设定的值。

reset 对象也是由标准的 HTML<input>标签创建，语法规则与创建 button 对象类似，唯一不同的是<input>标签中的 type 属性必须为 reset。reset 对象同样继承了 input 对象和 HTMLElement 对象的属性、方法和事件处理器，所有内容基本上与 button 对象类似，唯一不同的是，如果在浏览器窗口中创建了 reset 按钮，那么与它对应的 reset 对象的 type 属性的值必将是 reset。

8.2.4 按钮对象的应用

虽然 button、submit 和 reset 对象都代表 HTML 页面上的按钮，但是它们之间存在着一定的差异，submit 按钮专用于提交表单，而 reset 按钮专用于重置表单。不过这并不意味着无法通过 button 按钮实现提交表单和重置表单的功能，借助 form 对象的 submit() 和 reset() 方法，使用普通的 button 按钮同样可以很方便地实现上述功能。

例 8-2 中代码所创建的页面中包含了 submit 按钮、reset 按钮以及两个 button 按钮，并展示了如何使用 submit 按钮提交表单、如何使用 reset 按钮重置表单，以及如何使用 button 按钮模拟实现这两种专用按钮的功能。

例 8-2　button、submit 和 reset 对象的应用

```
<html>
  <head>
    <title>Example：按钮对象的应用</title>
    <script language = "JavaScript">
      //判断字符 s 是否为空
      function checkValid(s)
      {
        var len = s.length;
        for(var i = 0;i<len;i++)
        {
          if(s.charAt(i)! = "")
          {
            return false;
          }
        }
        return true;
      }
      //检查文本框中获得数据是否合法
      function dataCheck()
      {
        if(checkValid(document.baseInfo.userName.value))
        {
          window.alert("用户名称不能为空！");
          return false;
        }
        else
        {
          return true;
        }
      }
      //使用 button 对象提交表单
      function submitFormByButton()
```

```
        {
            if(checkValid(document.baseInfo.userName.value))
            {
                window.alert("用户名称不能为空!");
            }
            else
            {
                document.baseInfo.submit();
            }
        }
        //使用button对象重置表单
        function resetFormByButton()
        {
            document.baseInfo.reset();
        }
    </script>
</head>
<body>
    <h3>Example：按钮对象的应用</h3>
    <form name = "baseInfo" action = "http://www.sina.com.cn" method = "get">
        <font size = "2">用户名称：</font>
        <input type = "text" name = "userName" value = "用户名称不能为空" size = 35 onFocus = "document.baseInfo.userName.select()">
        <br><font size = "2">用户密码：</font>
        <input type = "password" name = "psw" size = 39><br>
        <font size = "2">个性签名：</font>
        <textarea name = "content" rows = 5 cols = 34 onFocus = "this.select()">
            请在这里留下您的心声
        </textarea><br><br>
        <input type = "submit" name = "submitForm" value = "submit " onClick = "return dataCheck()">
               
        <input type = "reset" name = "resetForm" value = "reset"><br><br>
        <input type = "button" name = "btForm" value = "提交表单" onClick = "submitFormByButton()">
               
        <input type = "button" name = "rsForm" value = "重置表单" onClick = "resetFormByButton()">
    </form>
</body>
</html>
```

图 8-3 为运行例 8-2 的初始界面，其中用户名称和个性签名对应的文本框中都设置了默认值。另外，当它们每一次获得焦点的时候都会通过 onFocus 事件处理器将文本框中所有的内容选中。

单击 submit 按钮将调用与之对应的 onClick 事件处理器，执行代码 return dataCheck()，这段代码首先调用 dataCheck() 函数，判断用户输入的用户名称是否为空，如果为空弹出提示对话框并且返回 false，否则返回 true；然后 onClick 事件处理器根据返回结果作出反应，如

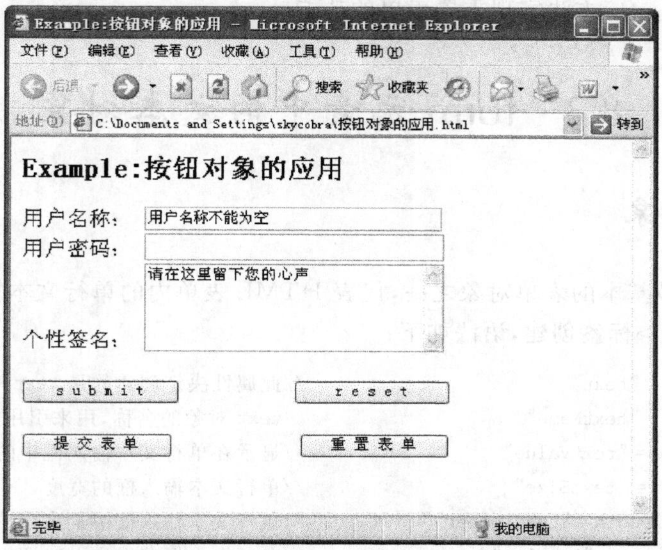

图 8-3 按钮对象的应用

果返回结果为 true,就将表单提交给由＜form＞标签的 action 属性指定的 URL,如果返回结果为 false,程序将不会把表单提交。本例中,如果用户数据填写正确,单击 submit 按钮将会把页面提交给 http://www.sina.com.cn,并将服务器发送回来的 HTML 页面装载进来,显示结果就是新浪网的首页;但是如果用户数据填写错误,单击 submit 按钮将会弹出对话框,提示用户名称不能为空,如图 8-4 所示。

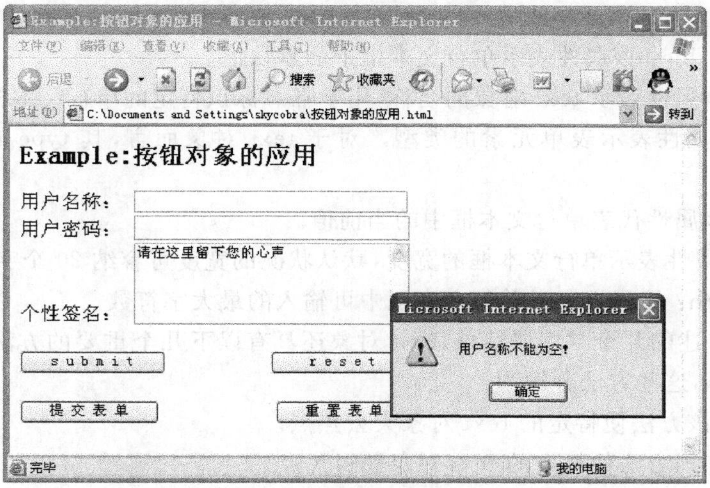

图 8-4 单击 submit 按钮提示错误信息

  同样的功能可以通过单击【提交表单】按钮得以实现,但与 submit 类型的按钮不同的是,它需要借助 form 对象的 submit() 方法。
  页面上名为 reset 的按钮是 reset 类型的,单击此按钮将使页面上所用控件的输入内容恢复为默认值。相同的功能可以通过单击【重置表单】按钮得以实现,只不过这种方法是借助 form 对象的 reset() 方法实现重置表单的功能。

8.3 form 元素中的文本对象

8.3.1 text 对象

text 对象是最基本的表单对象之一,代表 HTML 表单内的单行文本输入框。它由标准的 HTML<input>标签创建,语法如下:

```
<input   type = "text"                //此属性决定创建的是 text 对象
         name = "textName"            //text 对象的名称,用来引用这个对象
         value = "textValue"          //显示在单行文本输入框中的内容
         [size = "textSize"]          //单行文本输入框的宽度
         [maxlength = "textNumber"]   //单行文本输入框中最多容纳的字符数
         [onFocus = "handler"]        //单行文本框获得焦点时调用的事件处理器
         [onBlur = "handler"]         //单行文本框失去焦点时调用的事件处理器
         [onChange = "handler"]       //单行文本框内容改变时调用的事件处理器
         [onSelect = "handler"]       //单行文本框内容选中时调用的事件处理器
         ……                          //其他的事件处理器
>
```

text 对象继承了 Input 对象和 HTMLElement 对象的属性、方法和事件处理器,但这里只介绍一些重要的、常用的属性和方法,其他相关内容请参考本书附录。text 对象中包含的重要属性有:
- defaultValue:该属性表示单行文本框中的默认值。
- name:该属性表示 text 对象的名称,用于唯一标识特定的单行文本框。
- type:该属性表示表单元素的类型。对于 text 对象而言,其 type 属性的值必将是 text。
- value:该属性代表单行文本框中的当前值。
- size:该属性表示单行文本框的宽度,默认状况的宽度可容纳 20 个字符。
- maxlength:该属性表示单行文本框中可输入的最大字符数。

除了上面讲述的几个常用属性外,text 对象还具有以下几个重要的方法,用于操作页面上的单行文本框,这些方法分别为:
- blur():该方法使特定的 text 对象失去焦点。
- focus():该方法使特定的 text 对象获得焦点。
- select():该方法可以选中某 text 对象中的所有内容。

8.3.2 textarea 对象

textarea 对象也是代表 HTML 表单中的文本输入框,但是与 text 对象不同的是,textarea 创建的是一个多行的、可滚动的编辑文本框。注意,它由标准的 HTML<textarea>标签创建,

而不是由<input>标签创建,其语法如下:

```
<textarea  name = "Name"                    //textarea 对象的名称,用来引用这个对象
           rows = rowNumber                 //一个整数表示该对象的高度
           cols = colNumber                 //一个整数表示该对象的宽度
           [wrap = off[virtual|physical]]   //表示文本输入框是否自动换行
           [onFocus = "handler"]            //单行文本框获得焦点时调用的事件处理器
           [onBlur = "handler"]             //单行文本框失去焦点时调用的事件处理器
           [onChange = "handler"]           //单行文本框内容改变时调用的事件处理器
           [onSelect = "handler"]           //单行文本框内容选中时调用的事件处理器
           ……                               //其他的事件处理器
           >
           ……                               //显示在 textarea 中的初始文本
</textarea>
```

textarea 对象继承了 input 对象和 HTMLElement 对象的属性、方法和事件处理器,而且大部分与 text 对象类似,下面介绍一些 textarea 对象中常用的属性:
- defaultValue:该属性表示 textarea 中的默认值,但它不是由<textarea>标签的 value 属性指定,而是由<textarea>和</textarea>标签之间的文本指定。
- name:该属性表示 textarea 对象的名称,用于唯一标识特定的 textarea 元素。
- type:该属性表示表单元素的类型。对于 textarea 对象而言,其 type 属性的值必将是 textarea。
- value:该属性代表 textarea 元素中的当前值。
- cols:该属性表示 textarea 元素的宽度,单位以字符数计算。
- rows:该属性表示 textarea 元素的高度,单位以文本的行数计算。
- wrap:该属性指定了要处理的一行有多长,off 表示实际文本有多长,一行就有多长;virtual 表示显示一行文本时应该有换行符,但是传递一行时没有换行符;physical 表示无论显示一行文本还是传递一行文本,都应该有换行符。

除了上面讲述的几个常用属性外,textarea 对象还包含了若干个方法,其常用的方法基本与 text 对象相同,这些方法分别为:
- blur():该方法使特定的 textarea 对象失去焦点。
- focus():该方法使特定的 textarea 对象获得焦点。
- select():该方法可以选中某 textarea 对象中的所有内容。

8.3.3　password 对象

password 对象代表 HTML 表单上一个专门用于输入敏感信息(例如用户密码)的文本框,在该对象中输入的字符都将以"•"或者"*"等其他特殊符号统一代替。password 对象与 text 对象非常类似,也是由标准的 HTML<input>标签创建,语法如下:

```
<input  type = "password"       //此属性决定创建的是 password 对象
        name = "psdName"        //password 对象的名称,用来引用这个对象
        value = "psdValue"      //显示在 password 对象中的内容
```

```
            [size = "psdSize"]                //password 对象的宽度
            [maxlength = "psdNumber"]         //password 对象中最多容纳的字符数
            [onFocus = "handler"]             //password 对象获得焦点时调用的事件处理器
            [onBlur = "handler"]              //password 对象失去焦点时调用的事件处理器
            [onChange = "handler"]            //password 对象内容改变时调用的事件处理器
            [onSelect = "handler"]            //password 对象内容选中时调用的事件处理器
            ……                                //其他的事件处理器
        >
```

password 对象与 text 对象具有相同的属性和方法,其中常用的属性包括:
- defaultValue:该属性表示 password 中的默认值。
- name:该属性表示 password 对象的名称,用于唯一标识特定的 password 对象。
- type:该属性表示表单元素的类型。对于 password 对象而言,其 type 属性的值必将是 password。
- value:该属性代表 password 中的当前值。
- size:该属性表示 password 的宽度。
- maxlength:该属性表示 password 中可输入的最大字符数。

password 对象的常用方法包括:
- blur():该方法使特定的 password 对象失去焦点。
- focus():该方法使特定的 password 对象获得焦点。
- select():该方法可以选中某 password 对象中的所有内容。

8.3.4 文本对象的应用

例 8-2 中的代码重点说明了如何使用按钮对象,本节对其进行改写,用来重点说明 text、textarea 以及 password 等文本对象的属性和方法。例 8-3 创建的页面包含 text 类型的"用户名称"文本框,password 类型的"用户密码"文本框,以及 textarea 类型的"个性签名"文本框,单击【数据检测】按钮将对用户输入的内容进行判断,单击【数据清空】按钮将把用户输入的内容清空。

例 8-3 text、textarea 和 password 对象的应用

```
<html>
  <head>
    <title>Example:文本对象的应用</title>
    <script language = "JavaScript">
      //判断字符 s 是否为空
      function checkValid(s)
      {
        var len = s.length;
        for(var i = 0;i<len;i++ )
        {
          if(s.charAt(i)! = "")
          {
```

```
            return false;
        }
    }
    return true;
}
//用户名称文本框失去焦点执行的函数
function nameBlur()
{
    //首先用户名称不能为空
    if(checkValid(document.baseInfo.userName.value))
    {
        window.alert("用户名称不能为空!");
    }
    else
    {
        //然后用户名称不能为默认值
        if(document.baseInfo.userName.value == document.baseInfo.userName.defaultValue)
        {
            window.alert("用户名称不能为系统默认值!");
        }
    }
}
//用户密码文本框失去焦点执行的函数
function pswBlur()
{
    //首先用户密码不能为空
    if(checkValid(document.baseInfo.psw.value))
    {
        window.alert("用户密码不能为空!");
    }
    else
    {
        //然后用户密码不能小于4位
        if(document.baseInfo.psw.value.length<4)
        {
            window.alert("用户密码不能少于四位!");
        }
    }
}
//检查文本框中获得数据是否合法
function dataCheck()
{
    //第一步:用户名称不能为空
    if(checkValid(document.baseInfo.userName.value))
    {
```

```javascript
          window.alert("用户名称不能为空!");
          document.baseInfo.userName.focus();
        }
        else
        {
          //第二步:用户名称不能为默认值
          if(document.baseInfo.userName.value == document.baseInfo.userName.defaultValue)
          {
            window.alert("用户名称不能为系统默认值!");
            document.baseInfo.userName.focus();
          }
          else
          {
            //第三步:用户密码不能为空
            if(checkValid(document.baseInfo.psw.value))
            {
              window.alert("用户密码不能为空!");
              document.baseInfo.psw.focus();
            }
            else
            {
              //第四步:用户密码不能小于四位
              if(document.baseInfo.psw.value.length<4)
              {
                window.alert("用户密码不能少于4位!");
                document.baseInfo.psw.focus();
              }
              else
              {
                window.alert("您输入了正确的数据!");
              }
            }
          }
        }
      }
      //使用 button 对象重置表单
      function resetForm()
      {
        document.baseInfo.userName.value = "";
        document.baseInfo.psw.value = "";
        document.baseInfo.content.value = "";
      }
    </script>
  </head>
  <body onLoad = "document.baseInfo.userName.focus()">
```

```html
<h3>Example：文本对象的应用</h3>
<form name = "baseInfo">
    <font size = "2">用户名称：</font>
    <input type = "text" name = "userName" value = "用户名称不能为空" size = 35 onFocus = "this.select()" onBlur = "nameBlur()">
    <br><font size = "2">用户密码：</font>
    <input type = "password" name = "psw" maxlength = 12 size = 39 onFocus = "this.select()" onBlur = "pswBlur()"><br>
    <font size = "2">个性签名：</font>
    <textarea name = "content" rows = 5 cols = 34 onFocus = "this.select()">
        这家伙没什么个性！
    </textarea><br><br>
    <input type = "button" name = "showPsw" value = " 查看密码 " onClick = "alert('用户输入的密码是：' + document.baseInfo.psw.value)">
     
    <input type = "button" name = "btForm" value = " 数据检测 " onClick = "dataCheck()">
     
    <input type = "button" name = "rsForm" value = " 数据清空 " onClick = "resetForm()">
</form>
</body>
</html>
```

例 8-3 通过 text 元素的 value 属性为"用户名称"文本框设置了默认的初始值，并在 <textarea> 和 </textarea> 之间为 textarea 元素指定了默认值。程序运行时，通过 <body> 标签的 onLoad 事件处理器调用"用户名称"文本框的 focus() 函数，使其获得焦点。图 8-5 展示了程序运行的初始界面。

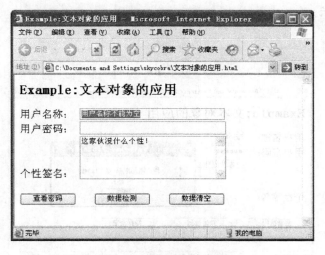

图 8-5 文本对象的应用

程序为"用户名称"文本框设置了 onFocus 和 onBlur 事件处理器，当它获得焦点时会执行 text 对象的 select() 方法，自动将文本框中的内容全部选中；而当它失去焦点时会调用

nameBlur()函数,如果用户名称为空,或者用户名称为 text 对象 defaultValue 属性指定的默认值,将会弹出对话框提示用户输入错误,如图 8-6 所示。

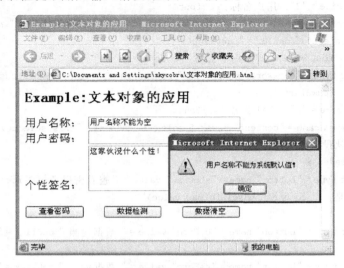

图 8-6　使用 text 对象的属性和方法

程序同样为"用户密码"文本框设置了 onFocus 和 onBlur 事件处理器,当该文本框获得焦点的时候选中文本框中所有的内容,当它失去焦点的时候进行判断,如果文本框为空,或者密码长度小于 4 位,则进行错误提示。另外,程序还为该文本框指定了 maxlength 属性,使得密码长度不能超过 12 个字符。在上例中可以看到,password 类型的文本框用 • 掩盖所输入的内容,这种方式增加了输入数据的保密性,但并不表示数据就是绝对安全的。如果输入了密码,然后单击【查看密码】按钮,用户密码文本框中的真实密码将会通过对话框被展示出来,如图 8-7 所示。

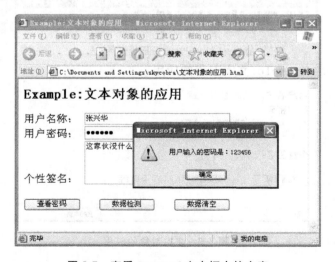

图 8-7　查看 password 文本框中的内容

8.4　select 与 option 对象

8.4.1　select 对象

select 对象代表 HTML 表单中的选项列表，从而使得用户可以从列表中选择需要的内容。它由标准的 HTML＜select＞标签创建，语法如下：

```
＜select    name = "Name"            //select 对象的名称，用来引用这个对象
           size = sizeNumber         //一个整数表示该对象中可见的选项数
           [multiple]                //是否允许同时选择多个选项
           [onFocus = "handler"]     //select 对象获得焦点时调用的事件处理器
           [onBlur = "handler"]      //select 对象失去焦点时调用的事件处理器
           [onChange = "handler"]    //select 对象内容改变时调用的事件处理器
           ……                        //其他的事件处理器
＞
           ＜option value = "optionValueOne" [selected]＞选项一
           ＜option value = "optionValueTwo" [selected]＞选项二
           ……                        //其他选项
＜/select＞
```

如果在＜select＞标签中设置 size 属性等于 1 或者不设置该属性，那么 select 对象可见的选项数为一项，显示效果为下拉列表框；如果设置 size 属性大于 1，那么 select 对象可见的选项数即为 size 属性指定的数量，显示效果为列表框。如果在＜select＞标签中设置了 multiple 属性，那么 select 对象允许用户从列表中选择任意多项；如果不设置 multiple 属性，那么用户只能从列表中选择一项。

select 对象是一种非常重要和常见的表单元素，它继承了 input 对象和 HTMLElement 对象的属性、方法和事件处理器，其中常用的属性如下：

- length：该属性表示 select 对象中 option 对象的个数，即 options[]数组的长度。
- multiple：该属性为一个布尔值，表示是否可以在 select 对象中选择多项。
- name：该属性表示 select 对象的名称，用于唯一标识特定的 select 元素。
- options：该属性表示 select 对象中 option 对象的数组，数组中每一个元素对应于一个 option 对象。
- selectedIndex：该属性表示 select 对象中被选中选项的下标。如果 select 对象具有 multiple 属性，即允许用户同时选中多个选项，那么该属性表示 select 对象中第一个被选中的选项；如果 select 对象中没有选项被选中，那么该属性的值为－1。
- size：该属性为一个整数，表示 select 对象可见的选项数。
- type：该属性表示 select 对象的类型。如果 select 对象可以多选，那么其 type 属性的值为 select-multiple；如果 select 元素只能单选，那么其 type 属性的值为 select-one。

select 对象的常用方法主要包括 blur()和 focus()，其中 blur()方法使得 select 对象失去焦点，而 focus()方法使得 select 对象获得焦点。

8.4.2 option 对象

option 对象代表 select 对象中的一个可供选择的选项,它由标准的 HTML<option>标签创建,其语法规则在讲解 select 对象时已经出现过,这里再做些补充:

```
<select>
    <option
        value = "optionValueOne"          //提交表单时返回的值
        [selected]>                       //该选项默认状态下是否被选中
        text                              //该选项显示的文本内容
    [</option>]                           //该标签可以省略
</select>
```

option 对象总是和 select 对象一起使用的。从上面的创建语法中可看到,<option>标记嵌套在<select>标记中,一个<option>标记代表一个选项,选项的默认值由<option>和</option>标记之间的 text 设定。另外,可以通过设置或者不设置 selected 属性来指定该选项默认状态下是否被选中。

option 对象继承了 HTMLElement 对象的属性,并在此基础上定义了一些特有属性帮助用户设置和操作 option 对象,其中常用的属性有:

- defaultSelected:该属性为一个布尔值,表示在默认状态下,该选项是否被选中。
- index:该属性为一个整数,表示该选项在 select 对象中的位置。
- selected:该属性为一个布尔值,表示当前状态下,该选项是否被选中。
- text:该属性为一个字符串,表示该选项的文本文字,即出现在<option>标签之后的文字。
- value:该属性为一个字符串,表示在该选项被选中的情况下,提交表单时传给服务器的值。

8.4.3 select 与 option 对象的应用

相对于以前讲到的表单元素,select 对象和 option 对象的应用复杂得多。为了让读者更好地理解 select 对象和 option 对象的使用方法,本节首先针对不同功能做专项讲解,然后再通过一个完整的实例展示 select 对象和 option 对象的整体应用。

1. 获取 select 对象中被选中的选项

select 对象的应用中首先要解决的问题就是如何获取被选中的选项,不同类型的 select 对象,获取被选中选项的方法也略有不同。"select-one"类型的 select 对象只能有一个选项被选中,所以只要通过 select 对象的 selectIndex 属性得到被选中选项的下标,然后在 option[ ]数组中查找该下标对应的数组元素即可获得被选中的选项,通用的表达式如下:

```
form.select.options[form.select.selectedIndex]
```

其中,form 表示包含 select 对象的表单名称,select 表示当前操作的 select 对象的名称。对于"select-multiple"类型的 select 对象而言,获取被选中对象的方法稍微复杂一些,因为在这种情况下，select 对象可以同时选中多个选项，而其 selectIndex 属性代表的值是第一个被选中的选项，所以无法通过上面的方法获取全部的被选中的对象。常用的方式是使用 for 循环检查 options[] 数组中所有 option 对象的 selected 属性，如果该属性为 true，说明相应的选项被选中了，然后可以把它们提取出来存放在其他数组中，或者直接进行处理。下面看一段简单的代码，假定存在名为"formExample"的表单以及名为"selectExample"的列表，程序将把 select 对象中所有被选中的选项提取出来存储在新建的数组中。

```
var selectedArray = new Array();
var selectedNumber = 0;
for(var i = 0;i<document.formExample.selectExample.options.length;i++)
{
    if(document.formExample.selectExample.options[i].selected)
    {
        selectedArray[selectedNumber] = document.formExample.selectExample.options[i];
        selectedNumber = selectedNumber + 1;
    }
}
```

2. 在 select 对象中增加或者删除一个选项

构造函数 Option() 可以动态创建一个新的 option 对象，从而使得用户可以在程序运行过程中根据需要为 select 对象添加选项，其语法规则如下：

```
form.select.options[index] = new Option(text,value)
```

另外，还可以在程序运行过程中动态地删除一个 option 对象，从而减少 select 对象中的选项。删除 option 对象的方法相对简单，只需要把 select 对象 options[] 数组中相应的元素设为 null 即可，其语法规则如下：

```
form.select.options[index] = null
```

其中，form 表示包含 select 对象的表单名称，select 表示当前操作的 select 对象的名称，index 表示新选项在 select 对象 options[] 数组中的索引，text 表示新建 option 对象的 text 属性，value 表示新建 option 对象的 value 属性。

3. 综合实例

通过前面的学习，可以初步了解如何获取被选中的选项以及如何动态添加和删除选项，接下来本节将通过一个实例进一步说明 select 对象和 option 对象的应用。例 8-4 中代码创建的页面不仅包含了不同类型的 select 对象，还向用户展示了如何通过 select 对象的事件处理器触发事件，实现添加和删除选项的功能。

例 8-4 select 对象的应用

```
<html>
  <head>
    <title>Example：select 对象的应用</title>
    <script language = "JavaScript">
      //切换用户类型时的处理函数
```

```javascript
function selectChange()
{
    var allNumber = document.selectForm.allItem.options.length;
    //首先删除备选列表中的所有内容
    for(var i = 0;i<allNumber;i++)
    {
        document.selectForm.allItem.options[0] = null;
    }
    var selectNumber = document.selectForm.selectedItem.options.length;
    //然后删除选择列表中的所有内容
    for(var i = 0;i<selectNumber;i++)
    {
        document.selectForm.selectedItem.options[0] = null;
    }
    //然后根据选择的用户类型更新列表中的内容
    if(document.selectForm.profession.options[document.selectForm.profession.selectedIndex].text == "学生")
    {
        document.selectForm.allItem.options[0] = new Option("数学","数学");
        document.selectForm.allItem.options[1] = new Option("语文","语文");
        document.selectForm.allItem.options[2] = new Option("英语","英语");
        document.selectForm.allItem.options[3] = new Option("Java 基础","Java 基础");
        document.selectForm.allItem.options[4] = new Option("JavaScript 应用","JavaScript 应用");
    }
    else if(document.selectForm.profession.options[document.selectForm.profession.selectedIndex].text == "运动员")
    {
        document.selectForm.allItem.options[0] = new Option("足球","足球");
        document.selectForm.allItem.options[1] = new Option("篮球","篮球");
        document.selectForm.allItem.options[2] = new Option("排球","排球");
        document.selectForm.allItem.options[3] = new Option("网球","网球");
        document.selectForm.allItem.options[4] = new Option("羽毛球","羽毛球");
        document.selectForm.allItem.options[5] = new Option("游泳","游泳");
        document.selectForm.allItem.options[6] = new Option("武术","武术");
        document.selectForm.allItem.options[7] = new Option("登山","登山");
    }
}
//检查选中的项目是否已经被添加
function checkData(selectedItem)
{
    var flag = true;
    for(var i = 0;i<document.selectForm.selectedItem.options.length;i++)
    {
        //如果选中的内容已经被添加,此函数返回 false
        if(document.selectForm.selectedItem.options[i].text == selectedItem.text)
        {
```

```
        flag = false;
        break;
      }
    }
    return flag;
}
//将备选列表中选中的内容添加到选择列表中
function addSelectedItem()
{
    for(var i = 0;i<document.selectForm.allItem.options.length;i++)
    {
      //如果该选项被选中
      if(document.selectForm.allItem.options[i].selected)
      {
        //如果数据检查通过,即此内容尚未被添加
        if(checkData(document.selectForm.allItem.options[i]))
        {
          document.selectForm.selectedItem.options[document.selectForm.selectedItem.
          length] = new Option(document.selectForm.allItem.options[i].text,document.
          selectForm.allItem.options[i].value);
        }
      }
    }
}
//将备选列表中所有内容添加到选择列表中
function addAll()
{
    //首先把选中列表中的所有内容删除掉
    //这样做的好处是添加时不需要进行是否重复的判断
    for(var i = 0;i<document.selectForm.selectedItem.options.length;i++)
    {
      document.selectForm.selectedItem.options[i] = null;
    }
    //然后将备选列表中的所有内容添加进来
    for(var i = 0;i<document.selectForm.allItem.options.length;i++)
    {
      document.selectForm.selectedItem.options[i] = new Option(document.selectForm.
      allItem.options[i].text,document.selectForm.allItem.options[i].value);
    }
}
//将选择列表中选定的内容删除
function deleteSelectedItem()
{
```

```
            for(var i = 0;i<document.selectForm.selectedItem.options.length;i++)
            {
                if(document.selectForm.selectedItem.options[i].selected)
                {
                    document.selectForm.selectedItem.options[i] = null;
                }
            }
        }
        //将选择列表中所有内容删除
        function deleteAll()
        {
            var number = document.selectForm.selectedItem.options.length
            for(var i = 0;i<number;i++)
            {
                document.selectForm.selectedItem.options[0] = null;
            }
        }
    </script>
</head>
<body>
    <form name = "selectForm">
        <h5><font size = "3">Example:select 对象的应用</font></h5>
        <hr>
        <b><font size = "1"> 选择用户类别:</font></b>
        <select size = "1" name = "profession" style = "border-style:solid;width:150;height:1"
        onChange = "selectChange()">
            <option value = "学生" selected>学生</option>
            <option value = "运动员">运动员</option>
        </select>
        <br><br>
        <b><font size = "1"> 请选择您曾经学过的课程或者参与过的项目(根据用户类别)
        </font></b>
        <table border = "0" width = "560" id = "table1" height = "210">
            <tr>
                <td width = "180" rowspan = "6" height = "204" align = "center">
                    <select size = "13" name = "allItem" multiple style = "width:150">
                        <option value = "数学">数学</option>
                        <option value = "语文">语文</option>
                        <option value = "英语">英语</option>
                        <option value = "Java 基础">Java 基础</option>
                        <option value = "JavaScript 应用">JavaScript 应用</option>
                    </select>
                </td>
```

```html
              <td width = "200" height = "30"></td>
              <td width = "180" rowspan = "6" height = "204" align = "center">
                  <select size = "13" name = "selectedItem" multiple style = "width: 150"></select>
              </td>
            </tr>
            <tr>
              <td width = "200" height = "30" align = "center">
                  <input type = "button" value = "添加选中" name = "addSelect" style = "width: 100;
                  height: 25" onClick = "addSelectedItem()">
              </td>
            </tr>
            <tr>
              <td width = "200" height = "30" align = "center">
                  <input type = "button" value = "添加全部" name = "addAll" style = "width: 100;
                  height: 25" onClick = "addAll()">
              </td>
            </tr>
            <tr>
              <td width = "200" height = "30" align = "center">
                  <input type = "button" value = "删除选中" name = "deleteSelect" style = "width:
                  100;height: 25" onClick = "deleteSelectedItem()">
              </td>
            </tr>
            <tr>
              <td width = "200" height = "30" align = "center">
                  <input type = "button" value = "删除全部" name = "deleteAll" style = "width: 100;
                  height: 25" onClick = "deleteAll()">
              </td>
            </tr>
            <tr>
              <td width = "145" height = "37" align = "center"></td>
            </tr>
          </table>
      </form>
  </body>
</html>
```

例 8-4 在页面初始化的时候创建了 3 个 select 对象：第 1 个 select 对象用来选择用户类别，程序默认值为"学生"，它是下拉列表框形式的，只能选择和现实列表中的一项内容；第 2 个 select 对象用来表示与用户类别对应的课程或项目，默认值为与"学生"类别对应的课程，它是列表形式的，可以同时选择和展示多个选项；第 3 个 select 对象用来让用户选择属于自己的选项，它也是列表形式的，可以同时选择和展示多个选项。另外，程序还提供了 4 个按钮：单击【添加选中】按钮可以将左边列表内选中的选项添加到右边列表中；单击【添加全部】按钮可以将左边列表内全部选项添加到右边列表中；单击【删除选中】按钮可以将右边列表内选中的选项清除；单击【删除全部】按钮可以将右边列表内全部选项清除。图 8-8 为程序初始化时的页面。

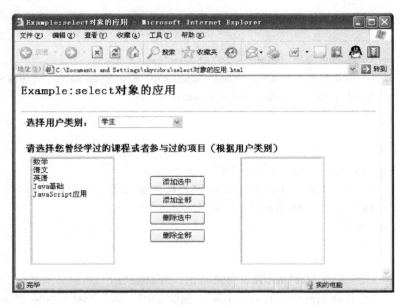

图 8-8　select 对象的应用

更改用户类别下拉列表框中的数据将触发 onChange 事件处理器，根据选中的选项更新页面左侧列表框中的数据。如果选中的是"学生"，那么左侧列表框中将显示课程名称，如果选中的是"运动员"，那么左侧列表框中将显示体育项目名称。图 8-9 展示了当用户类别切换为"运动员"时页面显示情况。

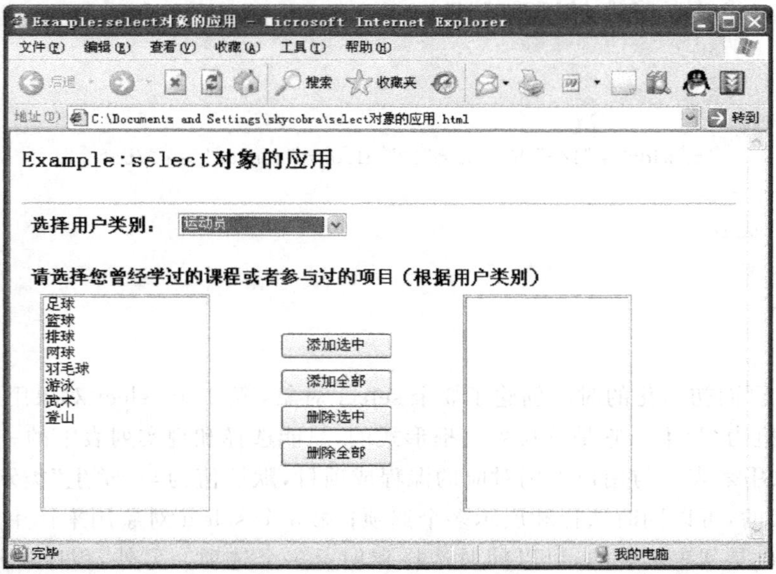

图 8-9　select 对象的 onChange 事件处理器

如果在左侧列表框中选中若干个选项后单击【添加选中】按钮，程序将对左侧列表框中所有的选项进行检测，把那些被选中的选项添加到右侧列表框中，如图 8-10 所示。

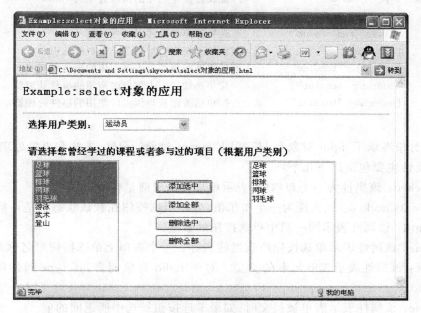

图 8-10　添加选中的选项

例 8-4 中，需要注意的是全部删除右侧列表框中选项的方法，很多读者可能会把这个方法写成下面的形式：

```
for(var i = 0;i<document.selectForm.selectedItem.options.length;i++)
{
    document.selectForm.selectedItem.options[i] = null;
}
```

这种写法是不对的。因为在循环过程中，随着列表框中选项的删除，其 options[ ] 数组的长度也在变化，for 循环的次数也就不是一开始所期望的了。本例中提供了一种可参考的方法，一开始先获取右侧列表框中选项的数目，然后按照选项数目进行循环，每次都删除列表中的第 1 个选项，从而最终删除右侧列表框中的所有选项。

8.5　form 元素中的选择按钮对象

8.5.1　radio 对象

radio 对象代表 HTML 表单中的单选按钮，具有相同 name 属性的单选按钮形成一个组，同一组中只能有一个单选按钮被选中，也就是说选中一个单选按钮后，同一组中的其他单选按钮将处于非选中状态。

radio 对象由标准的 HTML<input>标签创建，在<input>标签中，对多个 radio 对象

设置相同的 name 属性,可以创建一个单选按钮组,相应的语法如下:

```
<input   type = "radio"              //此属性决定创建的输入对象为 radio
         name = "radioName"          //此属性代表该单选按钮所在组的名称
         value = "radioValue"        //选中该单选按钮时的返回值
         [checked]                   //该单选按钮初始状态下是否被选中
         [onClick = "handler"]       //按单选按钮被单击时调用的事件处理器
         [onBlur = "handler"]        //按单选按钮失去焦点时调用的事件处理器
         [onFocus = "handler"]       //按单选按钮获得焦点时调用的事件处理器
>
```

radio 对象继承了 input 对象和 HTMLElement 对象的属性、方法和事件处理器,其中常用的重要属性主要包括以下几个:
- checked:该属性为一个布尔值,表示单选按钮当前是否被选中。
- defaultChecked:该属性为一个布尔值,表示单选按钮在默认状态下是否被选中。
- length:该属性表示同一组中单选按钮的数量。
- name:该属性表示单选按钮所在组的名称。一个表单上单选按钮组名称是唯一的。
- type:该属性表示表单元素的类型。对于 radio 对象而言,其 type 属性的值必将是 radio。
- value:该属性表示表单被提交时,如果单选按钮被选中所返回的值。

由于 radio 对象常常是以组的形式出现的,并且同一组中的 radio 对象具有相同的名称,所以 JavaScript 无法依据 name 属性获取某一组中特定的 radio 对象。获取某一个特定 radio 对象的正确做法是采用数组索引的方式,语法如下:

```
document.radioForm.radioGroup[i]
```

其中 radioForm 表示包含 radio 对象的表单名称,radioGroup 表示要访问 radio 对象所在组的名称,i 表示要访问 radio 对象在该组中的索引。

除了上面讲述的属性外,radio 对象还支持以下两个常用的方法,分别为:
- blur():该方法使特定的单选按钮失去焦点。
- focus():该方法使特定的单选按钮获得焦点。

8.5.2 checkbox 对象

checkbox 对象代表 HTML 表单中的复选按钮,与 radio 对象类似,具有相同 name 属性的复选按钮形成一个组,但是与 radio 对象不同的是,同一组中的多个复选按钮可以同时被选中。

checkbox 对象由标准的 HTML <input> 标签创建,在 <input> 标签中为多个 checkbox 对象设置相同的 name 属性,可以创建复选按钮组,相应的语法如下:

```
<input   type = "checkbox"           //此属性决定创建的输入对象为 checkbox
         name = "checkboxName"       //此属性代表某一个复选按钮或者复选按钮组名称
         value = "checkboxValue"     //选中该复选按钮时的返回值
         [checked]                   //该复选按钮初始状态下是否被选中
```

```
    [onClick = "handler"]        //按复选按钮被单击时调用的事件处理器
    [onBlur = "handler"]         //按复选按钮失去焦点时调用的事件处理器
    [onFocus = "handler"]        //按复选按钮获得焦点时调用的事件处理器
>
```

checkbox 对象继承了 input 对象和 HTMLElement 对象的属性、方法和事件处理器，其中常用的重要属性主要包括以下几个：

- checked：该属性为一个布尔值，表示复选按钮当前是否被选中。
- defaultChecked：该属性为一个布尔值，表示复选按钮在默认状态下是否被选中。
- length：该属性表示同一组中复选按钮的数量。
- name：该属性表示复选按钮的名称。如果多个复选按钮拥有相同的名称，将形成一个复选按钮组。
- type：该属性表示表单元素的类型。对于 checkbox 对象而言，其 type 属性的值必将是 checkbox。
- value：该属性表示表单被提交时，如果复选按钮被选中所返回的值。

可以将多个 checkbox 对象单独命名，也可以将其指定为相同的名称，组成一个 checkbox 对象组。不同方式下创建的 checkbox 对象的访问方式也不相同，对于那些名称不会重复的复选框，可以采取表单名称加元素名称的方式进行访问，语法如下：

```
document.checkboxForm.checkboxName
```

而对于那些复选按钮组中的 checkbox 对象，由于它们具有相同的名称，所以无法通过上面的方式访问某一个特定的 checkbox 对象，此时应该采取与 radio 对象相同的方式访问特定的 checkbox 对象，语法如下：

```
document.checkboxForm.checkboxGroup[i]
```

其中，checkboxForm 表示包含 checkbox 对象的表单名称，checkboxGroup 表示要访问的 checkbox 对象所在组的名称，i 表示要访问的 checkbox 对象在该组中的索引。

除了上面讲述的属性外，checkbox 对象还支持以下两个常用的方法，分别为：

- blur()：该方法使特定的复选按钮失去焦点。
- focus()：该方法使特定的复选按钮获得焦点。

8.5.3 选择按钮对象的应用

checkbox 和 radio 元素在 HTML 页面上常常搭配使用，例 8-5 便是这样的应用，说明了如何使用 checkbox 和 radio 对象的属性。它分别创建了一组单选按钮和一组复选按钮，用于搜集用户对汽车类型和品牌的偏好信息，然后通过 button 按钮的 onClick 事件将搜集到的信息输出到新的页面上。

例 8-5 radio 和 checkbox 对象的应用

```
<html>
  <head>
    <title>Example：radio 和 checkbox 对象的应用</title>
```

```
<script>
//提交表单,获取用户选择的数据
function submitForm()
{
  //新建一个空的浏览器窗口
  var w = window.open("","");
  var d = w.document;
  //使用 document.write()方法在新窗口中输出信息
  d.write('<html><head>');
  d.write('<title>选择的信息</title>');
  d.write('</head><body>');
  d.write('<h3>以下是您所选择的信息:</h3>');
  d.write('<form><h4>');
  d.write('您选择的汽车类型是:<u> ');
  for(var i = 0;i<document.baseForm.carModel.length;i++)
  {
     if(document.baseForm.carModel[i].checked == true)
     {
        d.write(document.baseForm.carModel[i].value);
     }
  }
  d.write(" </u></h4>");
  d.write('<h4>您喜欢的汽车品牌是:');
  for(var j = 0;j<document.baseForm.brand.length;j++)
  {
     if(document.baseForm.brand[j].checked == true)
     {
        d.write('<u> ' + document.baseForm.brand[j].value + ' </u> ');
     }
  }
  d.write('</h4></form></body></html>');
  d.close();
}

//将所有选项置空
function cancel()
{
  for(var i = 0;i<document.baseForm.carModel.length;i++)
  {
     document.baseForm.carModel[i].checked = false;
  }
  document.baseForm.carModel[0].checked = true;
  for(var j = 0;j<document.baseForm.brand.length;j++)
  {
```

```html
                document.baseForm.brand[j].checked = false;
            }
        }
    </script>
</head>
<body>
<form name = "baseForm">
    <h5><font size = "3">Example：radio 和 checkbox 对象的应用</font></h5>
    <hr>
    <b><font size = "1"> 请选择你喜欢的车型：
    <input type = "radio" name = "carModel" value = "轿车" checked>轿车
    <input type = "radio" name = "carModel" value = "跑车">跑车
    <input type = "radio" name = "carModel" value = "MPV">MPV
    <input type = "radio" name = "carModel" value = "SUV">SUV
    <input type = "radio" name = "carModel" value = "商务车">商务车
    </font></b>
    <br><br>
    <b><font size = "1"> 请选择你喜欢的品牌：
    <br><br>     
    <input type = "checkbox" name = "brand" value = "一汽">一汽
    <input type = "checkbox" name = "brand" value = "上汽">上汽
    <input type = "checkbox" name = "brand" value = "奇瑞">奇瑞
    <input type = "checkbox" name = "brand" value = "长城">长城
    <input type = "checkbox" name = "brand" value = "华晨">华晨
    <br><br>     
    <input type = "checkbox" name = "brand" value = "奔驰">奔驰
    <input type = "checkbox" name = "brand" value = "宝马">宝马
    <input type = "checkbox" name = "brand" value = "大众">大众
    <input type = "checkbox" name = "brand" value = "别克">别克
    <input type = "checkbox" name = "brand" value = "标志">标志
    <br><br>     
    <input type = "checkbox" name = "brand" value = "丰田">丰田
    <input type = "checkbox" name = "brand" value = "本田">本田
    <input type = "checkbox" name = "brand" value = "日产">日产
    <input type = "checkbox" name = "brand" value = "三菱">三菱
    <input type = "checkbox" name = "brand" value = "海马">海马
    </font></b><hr>     
    <input type = "button" name = "OK" value = " 提交结果 " onClick = "submitForm()">
         
    <input type = "button" name = "Cancel" value = " 取消选择 " onClick = "cancel()">
</form>
</body>
</html>
```

运行例 8-5,将创建如图 8-11 所示的页面。页面上的一组 radio 按钮用于选择汽车类型,用户只能从给出的车型中选择一项;页面上还有一组 checkbox 按钮,代表各类汽车的品牌,用户可以选择任意多项。

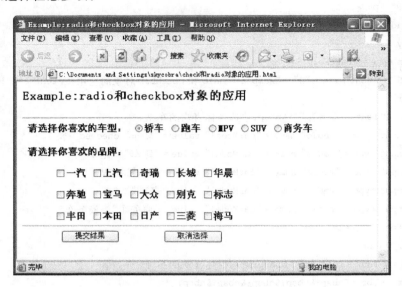

图 8-11　选择按钮的应用

当用户选择了自己喜欢的车型和品牌后,单击【提交结果】按钮,将通过 button 按钮的 onClick 事件处理器调用 submitForm()函数,该函数对每一个 radio 和 checkbox 元素进行检测,最后将选中的内容输出到如图 8-12 所示的新页面上。

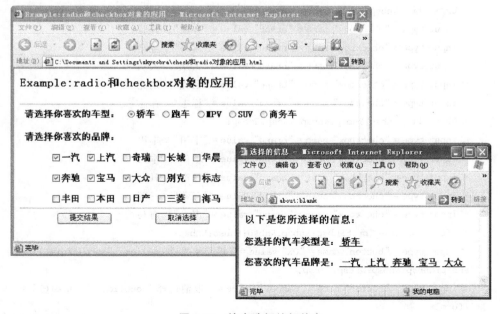

图 8-12　输出选择按钮信息

8.6　form 元素中的其他对象

8.6.1　fileUpload 对象

　　fileUpload 对象代表 HTML 表单中用于文件上传的输入元素，包含一个文本框和一个用来浏览目录文件的按钮。用户可以直接在文本框中输入要上传文件的路径，也可以单击按钮浏览计算机里的文件，选择文件后系统会将所选文件的路径自动填入文本框中。提交表单时，fileUpload 元素的文本框中指定的文件也会随着表单一同提交给服务器。

　　fileUpload 对象由标准的 HTML<input>标签创建，相应的语法如下：

```
<input   type = "file"                //此属性决定创建的输入对象为 fileUpload
         name = "fileName"            //此属性代表 fileUpload 对象的名称
        [onChange = "handler"]        //输入值发生变化时调用的事件处理器
        [onBlur = "handler"]          //失去焦点时调用的事件处理器
        [onFocus = "handler"]         //获得焦点时调用的事件处理器
>
```

　　fileUpload 对象继承了 input 对象和 HTMLElement 对象的属性、方法和事件处理器，其中常用的重要属性包括：

- name：该属性表示 fileUpload 对象的名称。
- type：该属性表示表单元素的类型。对于 fileUpload 对象而言，其 type 属性的值必将是 file。
- value：该属性指定了用于输入 fileUpload 对象中的文件路径和名称。

　　为了避免恶意的 JavaScript 代码窃取用户信息，或者上传不安全的文件，fileUpload 对象的 value 属性是只读的，并且只能通过直接在文本框中输入数据或者单击浏览文件按钮的方式进行设置，而 JavaScript 不能更改这一属性。

　　fileUpload 对象除了支持上面的属性，还提供了下面的方法：

- blur()：该方法使特定的 fileUpload 对象失去焦点。
- focus()：该方法使特定的 fileUpload 对象获得焦点。
- select()：该方法可以选中某 fileUpload 对象中的所有内容。

　　基于安全因素的考虑，JavaScript 不能过多的操作 fileUpload 对象，只能进行值的读取和检查，在所选文件正常的情况下提交表单而在文件错误的时候拒绝表单的提交。

8.6.2　hidden 对象

　　hidden 对象代表 HTML 表单中不可见的输入对象，用户在浏览器页面上无法看到这个元素，更无法修改它的值。hidden 对象只能通过 JavaScript 程序控制，通过它可以向服务器或者客户端传递任意类型的数据。hidden 对象由标准的 HTML<input>标签创建，相应的语法如下：

```
<input    type = "hidden"          //此属性决定创建的输入对象为 hidden
          name = "hiddenName"      //此属性代表 hidden 对象的名称
          value = "hiddenValue"    //此属性代表 hidden 对象的值
>
```

hidden 对象继承了 input 对象和 HTMLElement 对象的属性，但是它没有继承相关的方法和事件处理器，这使得 JavaScript 只能在程序中读取和设置 hidden 对象的值，而无法进行其他操作。hidden 对象中常用的重要属性包括：

- defaultValue：该属性表示 hidden 对象的默认值。
- name：该属性表示 hidden 对象的名称。
- type：该属性表示表单元素的类型。对于 hidden 对象而言，其 type 属性的值必将是 hidden。
- value：该属性表示 hidden 对象的当前值。

下面通过一个简短的例子讲解如何使用 hidden 对象。例 8-6 中代码创建的页面里含有一个 hidden 对象，单击页面上的按钮会通过 JavaScript 程序将 hidden 对象的类型、名称和值展示出来。

例 8-6　hidden 对象的应用

```
<html>
  <head>
    <title>Example：hidden 对象的应用</title>
    <script language = "JavaScript">
      //查看表单中的 hidden 对象
      function showHidden()
      {
        document.hiddenForm.hiddenExample.value = "JavaScript 程序修改后的值！"
        var message = "元素类型：" + document.hiddenForm.hiddenExample.type + "\n 元素名称：" +
        document.hiddenForm.hiddenExample.name + "\n 元素当前值：" + document.hiddenForm.
        hiddenExample.value + "\n 元素默认值：" + document.hiddenForm.hiddenExample.defaultValue；
        alert(message);
      }
    </script>
  </head>
  <body>
    <form name = "hiddenForm">
      <input type = "hidden" name = "hiddenExample" value = "可以用 hidden 对象传递一些隐藏信息！">
      <h5><font size = "3">Example：hidden 对象的应用</font></h5>
      <hr>
      <b><font size = "1"> 单击按钮查看 hidden 对象的细节信息：</font></b>
      <input type = "button" name = "hiddenDetail" value = " 查看细节 " onClick = "showHidden()">
    </form>
  </body>
</html>
```

程序运行的初始界面上看不到 hidden 对象,但是它却是存在于页面之中,单击【查看细节】按钮将首先通过 JavaScript 更改 hidden 对象的 value 属性,然后通过对话框输出 hidden 对象的细节信息,图 8-13 展示了程序的执行结果。

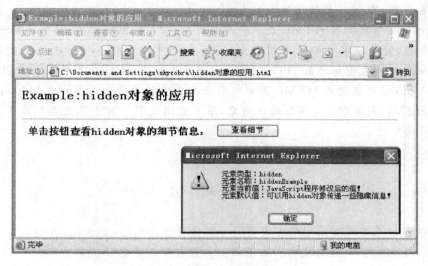

图 8-13　hidden 对象的应用

本 章 小 结

- form 对象代表的是 HTML 文档中的表单,一个 HTML 文档可以包含多个表单,它们按照在文档中的出现顺序存储在 document 对象的 froms[]属性数组中。
- form 对象包含了若干个表单元素,这些元素可以通过 form 对象的 elements[]属性访问。
- button 对象代表 HTML 文档上某个表单内的按钮,它由标准的 HTML＜input＞标签创建,其 type 属性必须为 button。
- submit 对象代表 HTML 文档中一个按钮,但是它专门用于提交表单。submit 对象由标准的 HTML＜input＞标签创建,其 type 属性必须为 submit。
- reset 对象代表 HTML 文档中专门用于重置表单的按钮,它由标准的 HTML＜input＞标签创建,其 type 属性必须为 reset。
- text 对象代表 HTML 表单内的单行文本输入框,它由标准的 HTML＜input＞标签创建,其 type 属性必须为 text。
- textarea 对象代表 HTML 表单中的多行、可滚动的文本输入框,它由标准的 HTML＜textarea＞标签创建。
- password 对象代表 HTML 表单上一个专门用于输入敏感信息的文本框,在该对象中输入的字符都将以"●"或者"＊"等其他特殊符号统一代替。它由标准的 HTML＜input＞标签创建,其 type 属性必须为 password。
- select 对象代表 HTML 表单中的选项列表,其中的选项由＜option＞标签创建,而

- select 对象则由标准的 HTML＜select＞标签创建。
- radio 对象代表 HTML 表单中的单选按钮,具有相同 name 属性的单选按钮形成一个组,同一组中只能有一个单选按钮被选中。radio 对象由标准的 HTML＜input＞标签创建,其 type 属性必须为 radio。
- checkbox 对象代表 HTML 表单中的复选按钮,具有相同 name 属性的复选按钮形成一个组,但是与单选按钮不同的是,同一个组中可以有多个复选按钮被同时选中。checkbox 对象由标准的 HTML＜input＞标签创建,其 type 属性必须为 checkbox。
- fileUpload 对象代表 HTML 表单中用于文件上传的输入元素;而 hidden 对象则代表 HTML 表单中不可见的输入对象,用户在浏览器页面上无法看到这个元素,更无法修改它的值。

习 题 8

1. 常用的表单元素有哪些?它们在页面上分别代表什么?
2. button、submit 和 reset 对象有什么不同?各自有什么功能?
3. text、textarea 和 password 对象有什么相同点与不同点?
4. 如何动态改变 select 对象中的选项?
5. hidden 对象中存储的内容无法显示的展示给用户,那么它在实际应用中有什么作用呢?

第 9 章 Applet 和 ActiveX 控件

在浏览网站的过程中，经常会看到一些制作精美的网页，这些网页不仅含有文字和图像，通常还有动画、声音和视频等其他丰富的元素。这些元素就是通常所说的 Java 小应用程序和嵌入式数据。Java 小应用程序是在网页内运行的 Java 程序，英文名称为 Applet；嵌入式数据是指存储在另一个应用程序中的应用程序数据。在 Internet Explorer 中，可以使用 ActiveX 控件来显示嵌入式数据。在开发的时候，可以把 Applet 和嵌入式数据当作网页中的对象来处理，这样就可以通过 JavaScript 来操作它们，丰富网页的效果。

本章将介绍 Applet 和 ActiveX 控件的基本概念以及如何利用 JavaScript 来操作它们。

9.1 Applet

本节将向读者介绍 Applet 的概念以及如何使用 JavaScript 操作 Applet。Applet 是 Java 技术的一种，为了学习 Applet，首先要熟悉 Java 编程。关于 Java 编程方面的具体知识，可以参考本套丛书的《Java 程序设计》。

9.1.1 Java 简介

Java 可以说是目前 IT 技术领域最耀眼的一颗明星。从它诞生至今的十多年间，它已经把触角深入到了 IT 的方方面面，可以说，Java 的影响在现代社会中无处不在。

如今的 Java 已经不仅仅是一门编程语言，更是一个技术平台，也是一种竞争力的保证。截止到目前，全世界有 28 亿台 Java 设备，有 10 亿部支持 Java 的手机，有 7 亿台支持 Java 的个人电脑，有 12 亿枚已部署的 Java Cards，有 450 万 Java 开发者，更有多达 149 家硬件厂商宣布支持 Java 技术。目前，Java 技术分为三个平台：J2SE 是 Java 的基础平台，可以用来开发桌面应用；J2ME 是 Java 的嵌入式平台，用来开发嵌入式应用；J2EE 是 Java 的企业级平台，用来开发大型的企业级应用。

下面来看一下 Java 的发展历史。

Java 是由 James Gosling、Patrick Naughton、Chris Warth 等人于 1991 年在 Sun Microsystems 公司设计出来的，开发第一个版本花了 18 个月。刚开始，该语言被命名为

Oak，在 1995 年，更名为 Java。Java 不是几个单词首字母的缩写词，而是 Sun 公司的商标。

Java 的最初推动力是源于对独立于平台（也就是体系结构中立）语言的需要，使用这种语言能够开发嵌入微波炉、遥控器等各种家用电器设备的软件。用作控制器的 CPU 芯片是多种多样的，但 C 和 C++ 以及其他绝大多数语言的缺点是只能对特定目标进行编译。尽管为任何类型的 CPU 芯片编译 C++ 程序是可能的，但这样做需要一个完整的、以该 CPU 为目标的 C++ 编译器。而创建编译器是一项既耗资巨大又耗时较长的工作，因此需要一种简单且经济的解决方案。为了找到一种这样的方案，Patrick Naughton 和 James Gosling 领导的 Sun 工程师小组开始致力于开发一种可移植、跨平台的语言，该语言能够生成运行于不同环境、不同 CPU 芯片上的代码，即开发一种"Write once，Run anywhere（一次编写，到处运行）"的语言，这个项目是整个大型项目 Green Project 的一部分。他们的努力最终促成了 Java 的诞生。

Sun 公司用了很长时间寻找客户购买 Green Project 技术，然而却没有人打算购买，这时万维网开始蓬勃发展起来。Web 的关键技术是把超文本页面显示在浏览器上，因此 Sun 公司发布了一种可以运行 Java 的浏览器 HotJava。HotJava 完全用 Java 编写，并且可以用来下载和运行 Applet。最终，Java 语言于 1996 年正式发布。

Sun 公司于 1996 年年初发布了 Java 的第一个版本，并且在几个月以后就紧接着发布了 Java 1.02，1996 年 5 月又发布了 Java 1.1，该版本改进了旧版本，并且增加了新的类库，这已经成为 Java 的一个重要特点。1998 年，Sun 公司发布了 Java 1.2，它强化了 Java 的图形处理能力，增加了一些新的类库。目前最新的 Java 版本是 Java 1.5，Java 1.6 正在测试的过程中。

9.1.2 Java 的特性

Java 的大部分特性是从 C 和 C++ 中继承的。Java 设计人员之所以这么做，主要是因为他们认为，在新语言中使用熟悉的 C 语法及模仿 C++ 面向对象的特性，将使他们的语言对经验丰富的 C/C++ 程序员有更大的吸引力。除了一些表层的原因，其他一些促使 C 和 C++ 成功的深层因素也帮了 Java 的忙。首先，Java 的设计、测试和精炼是由真正从事编程工作的人员完成的，它植根于设计人员的需要和经验，因而也是一个程序员自己的语言；其次，Java 是紧密结合、且在逻辑上协调一致的；最后，除了那些 Internet 环境强加的约束以外，Java 给了编程人员完全的控制权。

同时，Java 也有自己的特点。Java 的特点主要包括如下 7 条：简单、面向对象、体系结构中立、多线程、可移植性、分布式和安全性。

Java 是一种简单的面向对象语言，Java 的开发者希望构建一个无须经过深奥专业训练就可以进行编程的系统，并且使它符合当前的标准规范。因此，使用过 C++ 的开发人员会发现 Java 与 C++ 十分接近，便于学习。同时，Java 也剔除了 C++ 中一些很少使用且难以理解的特性，让语言本身变得更简洁和纯净。

从本质上说，Java 是一种纯面向对象的高级语言。面向对象已经成为软件编程领域的标准，基本上所有的现代编程语言都具有面向对象的特性。

Java 自诞生后最大的卖点就是"一次编写、到处运行"的体系结构中立特性，也可以叫做"平台无关性"。Java 的编译程序会把 Java 源代码文件编译成体系结构中立的字节文件，这些字节文件通过 Java 解释器来解释执行，相当于在具体系统上面又添加了一层 Java 虚拟机层，从而使得同样的代码在任何平台的系统上都可以正确运行。

Java 自带的类库为开发人员提供了强大的多线程支持能力,与其他语言不同的是,这种强大能力是建立在简单性的基础上的。在系统底层,主流平台的线程实现各不相同,Java 并没有费力在这方面实现平台无关性。在不同平台上,开发多线程的代码是完全相同的,Java 把多线程的实现交给了底层的操作系统或线程库来完成。多线程编程的简单性是 Java 成为流行的服务器端开发语言的主要原因之一。

在 C 语言中,int 类型的位数是不确定的,不同的编译器厂商可能会指定不同的大小。与 C 语言不同,Java 规范中没有"依赖具体实现"的概念。Java 中对基本数据类型的大小及其算法都做了明确的规定。这种做法增强了程序的可移植性,使得开发人员不用考虑不同系统上的数据类型大小问题。

Java 的迅速发展得益于其在网络方面的强大能力。目前 Java 应用的最成功的一个领域是架构在 J2EE 平台上的企业级应用。正是由于 Java 在处理分布式应用上的优势,使得远程方法调用机制能够进行分布式对象间的通信,使得 J2EE 的核心 EJB 分布式组件技术的实现成为可能。

Java 被设计用来实现网络和分布式环境。为了达到这个目标,Java 在安全性方面投入了很大的精力。用 Java 可以构建防病毒和防篡改的系统。Java 安全机制禁止 Java 程序进行一些操作:禁止运行时堆栈溢出;禁止在自己的处理空间外破坏内存;禁止通过安全控制类装载器来读写本地文件等。

9.1.3 Applet 简介

9.1.2 节介绍了关于 Java 的一些基础知识,Java 最开始能够迅速流行就是得益于它强大的网络功能,也就是现在的 Applet 技术。Web 的关键是 HTML 页面和客户端浏览器,但是,最初 Internet 上的 HTML 页面普遍比较乏味和死板,很难满足人们的交互性要求。与此同时,开发人员也希望能够在 Web 上灵活且方便地创建应用程序,而这是原有编程语言很难做到的。为了满足这些需要,Sun 公司的工程师决定自主开发一款浏览器产品,这就是著名的 HotJava 浏览器。为了让 HotJava 浏览器具有在网页中执行代码的能力,设计者们采用了一种全新的技术,这就是 Applet。1995 年 5 月 23 日,SunWorld'95 展示了 HotJava 浏览器,从而引发了对 Java 的狂热,并且一直延续到了今天。

Applet,通常被称为 Java 小应用程序,是一种用 Java 语言编写,在网页上运行的 Java 程序。它的设计思想很容易理解,即开发人员编写的 Applet 文件放置在服务器端,通过＜applet＞标记和相应的 HTML 页面联系起来。为了使用 Applet 的功能,用户需要启动一个支持 Java 虚拟机的浏览器,浏览器会从 Internet 上下载字节码,然后负责解释字节码,最后把结果显示给用户。

Applet 有许多令人印象深刻的优点:(1)通过嵌入 Applet 程序,加强了页面与用户的交互能力;(2)Applet 出色的图形与动画编程能力使 Web 页面变得丰富多彩,增加了生动的感官效果。这些年来,很多网站为用户提供的地图查询功能其实就是 Applet 的一个典型应用,而这种功能用原来传统的编程语言是很难实现的。

虽然 Applet 有许多优点,但是它也有一些明显的缺点:(1)速度问题,因为 Applet 字节码需要从服务器端下载下来使用,所以会产生比较大的网络流量,如果用户使用宽带网络可能不会感受到明显的速度延迟,而如果使用拨号等方式上网就要忍受这种很慢的速度;(2)兼容性问题,在 Applet 最早被开发出来的时候,只有 Sun 公司开发的 HotJava 浏览器能够执行，所以能够体验这种新技术的用户并不是很多。后来，Netscape 在自己的浏览器中加入了 Java 虚拟机，为 Applet 的流行做出了重大贡献，随后，Microsoft 公司在 Internet Explorer 中也加入了 Java 虚拟机，使 Applet 成为了主流技术。随着 Internet Explorer 在浏览器市场霸主地位的确立，Microsoft 公司出于自身发展的战略考虑，在 Internet Explorer 6.0 以后取消了对 Java 的支持，虽然后来 Sun 公司通过 Internet Explorer 的插件机制使得外部的 Java 运行时环境可以用来运行 Applet，但是无疑增加了用户的使用复杂度，在一定程度上影响了 Applet 的流行；(3)出于安全性的考虑，Applet 采用了"沙箱"机制，限制了一些功能的实现，使得某些复杂功能用 Applet 实现不了。

Applet 的发展经历了从高潮到低谷再到高潮的过程，可以说 Applet 的价值正在重新被人们所认识。随着 Sun 公司推出的 Java Web Start 技术热度的持续高涨，作为其基础之一的 Applet 必然会有一个更广阔的发展空间。

9.1.4 Applet 体系结构

Applet 技术和普通的 Java 技术相比，没有太多的区别，一个 Applet 应用实际上就是某个遵守了特定规范的 Java 类。当然，为了实现这些规范，Applet 类需要继承 java.applet 包中 Applet 类。AWT(Abstract Window Toolkit)技术是 Java 中最早的 GUI(Graphics User Interface)技术，然而由于现在 Swing 技术已经取代了 AWT 技术，成为现在 Java 界面开发的事实标准，所以 Applet 也有基于 Swing 技术的实现，所有开发的 Applet 都需要继承 javax.swing.JApplet 类，因此 JApplet 类是所有基于 Swing 技术的 Applet 的父类。这里需要注意的是，JApplet 类本身就是 java、applet、Applet 类的子类。

本章中的 Applet 例子都将基于 Swing 技术来实现，所以都将继承 JApplet 类。图 9-1 是 Applet 的类继承层次结构，可以帮助读者更好地认识 Applet 技术在 Java 体系中的位置。

9.1.5 Applet 的生命周期

Applet 与其他 Java 程序最大的不同就是它是通过浏览器执行的，可以把它看成是浏览器的嵌入式对象。它与浏览器是息息相关的，所以它的生命周期实际上就是与浏览器交互的过程。Applet 类提供了 4 个方法：init()、start()、stop()和 destroy()，它们构成了 Applet 的生命周期，图 9-2 描述了这一过程。

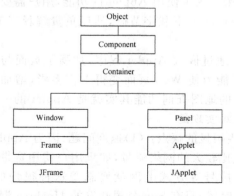

图 9-1 Applet 类继承层次结构

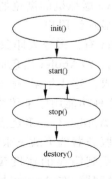

图 9-2 Applet 的生命周期

下面对这些方法加以简单说明,以帮助读者清楚理解它们何时被调用以及该执行什么样的功能。

> **init()**

init()用来初始化Applet,它类似于普通Java类的构造方法。当Applet第一次运行的时候,系统会自动调用该方法。所有变量的初始化、对象的创建、参数的设置等都可以在这个方法里进行。Applet可以有一个默认的构造方法,但是习惯上在init()中执行所有的初始化操作。请注意,这个方法仅仅会被调用一次。

> **start()**

当Java调用完init()后会自动调用该方法。在用户浏览其他页面后返回到包含Applet的页面时也将调用该方法。start()可以重复调用,这一点和init()不同。start()是applet中重新启动线程的地方,如果Applet在用户离开页面时没有需要挂起的东西,就不需要实现这个方法。简言之,start()可以用来启动Applet的执行。

> **stop()**

stop()用来终止Applet的运行,当用户离开Applet所在的页面时将自动调用这个方法。它在同一个Applet里可以重复运行。该方法用来停止那些耗费资源的操作,因为用户在离开的时候并不需要执行这些操作。

> **destroy()**

当用户关闭浏览器的时候,destroy()会被自动调用。该方法用来释放Applet运行所需要的资源。如果Applet仍处于激活状态,那么Java将在调用destroy()之前调用stop()。

上面所介绍的四个核心方法构成了Applet的生命周期,除了它们以外,Applet的运行还需要其他一些方法,其中最重要的就是paint()和repaint(),它们是Component类中的方法,读者可以在自己编写的Applet类中覆盖来使用。

> **paint()**

这个方法用来为Applet绘制图形或背景。它接收一个参数,这个参数是Graphics类的一个实例。所以要使用这个方法,必须引入Graphics类。

> **repaint()**

repaint()在Applet需要重绘时被调用。通常在包含多线程的动画程序里调用repaint()。

9.1.6 开发一个简单的Applet

开发Applet与开发其他的Java应用有所不同,开发人员在编写完Java类代码并且编译以后,需要把这个class文件和某个HTML文件联系起来,这样才能通过浏览这个HTML文件来查看Applet应用。例9-1是一个最简单的Applet应用,用来在浏览器中显示一行文字。

例9-1 一个最简单的Applet应用

```
import java.awt.*;
import javax.swing.*;
public class FirstApplet extends JApplet
{
```

```java
    public void start()
    {
        System.out.println("in start method");
    }
    public void paint(Graphics g)
    {
        System.out.println("in paint method");
        g.drawString("Hello World!",100,100);
    }
    public void repaint()
    {
        System.out.println("in repaint method");
    }
    public void stop()
    {
        System.out.println("in stop method");
    }
    public void destroy()
    {
        System.out.println("in destroy method");
    }
}
```

例 9-1 实现了一个最简单的 Applet 应用，叫做 FirstApplet。它包括了 Applet 的六个常用方法，当浏览器运行每个方法的时候，都会在控制台上输出提示信息。而且它可以在 HTML 页面中显示一句话：Hello World，这是通过覆盖父类的 paint 方法实现的。

代码的前两行通过 import 语句引入 Applet 编译和运行所需要的类。随后定义了这个 Applet 类的名字为 FirstApplet，因为是采用 Swing 技术来开发 Applet，所以应该继承 JApplet 类。

编写完源文件以后，需要把它编译成对应的类文件 FirstApplet.class。这样，编写 Applet 的工作就完成了。接下来，将讨论如何查看这个 Applet 应用。

为了查看 Applet，需要把它和某个 HTML 联系起来。首先，创建一个空 HTML 文件叫 FirstApplet.html，然后需要告诉浏览器要装载哪一个 Applet 类文件以及如何设置它的显示方式。为此，需要在 FirstApplet.html 中加入如下内容：

```
<applet code = "FirstApplet.class" name = "firstApplet" width = 300 height = 300>
</applet>
```

<applet>标记用来在浏览器中显示 Applet，开发人员需要在里面设置属性来定义 Applet 类文件的名字、类文件的位置、Applet 对象的名字和 Applet 在页面中的显示方式等内容，这样浏览器才能正确显示这个 Applet。在例 9-1 中，通过 code 属性告诉浏览器去找 FirstApplet.class 这个 Java 类，通过 name 属性为 Applet 对象命名为 firstApplet，JavaScript 就是通过这个 name 属性来操作 Applet，然后通过 width 和 height 两个属性设置

显示 Applet 的区域为一个 300 * 300 的正方形。

查看 Applet 的方式有两种，第一种是用 Applet 查看浏览器；第二种是直接在 Internet Explorer 中浏览。在调试阶段，Java 提供了一个专门的 Applet 查看器叫做 appletviewer，它就在 Java 开发工具包（Java Development Kit）中。首先用它来查看，在命令行中执行以下命令：

```
appletviewer FirstApplet.html
```

这里需要注意的是，appletviewer 的命令参数是 HTML 文件名，而不是类文件名。如图 9-3 所示为 appletviewer 命令的运行结果。

从图 9-3 中可以看到，Applet 在页面中输出了字符串 Hello World！。图 9-4 给出了这个 Applet 在控制台的输出情况。

图 9-3 用 appletviewer 查看 FirstApplet

appletviewer 的用途仅仅是显示 Applet，而开发人员编写 Applet 的作用主要是为了和 HTML 页面相结合来丰富 HTML 页面本身，所以必然还需要浏览这个页面的其他信息，而这在 appletviewer 里面是做不到的。为了实现这些功能，需要用浏览器打开这个 HTML 页面。若想在浏览器中正确加载 Applet，必须保证它上面的 Java 插件安装正确。安装和配置好 Java 插件以后，只需要在浏览器中加载 HTML 文件就可以了。针对例 9-1 的 Applet，显示结果如图 9-5 所示。

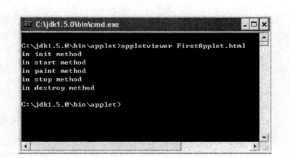

图 9-4 FirstApplet 在控制台中的输出情况

图 9-5 用 IE 浏览器查看 FirstApplet

9.1.7 使用 JavaScript 操作 Applet

了解了 Applet 的基本概念以及如何编写简单的 Applet 程序，本节来看看如何通过 JavaScript 操作 Applet。

读者看到这里可能会产生一个疑问，Java 本身语言优势十分明显，Applet 技术又非常强大，那为什么还要使用 JavaScript 来操作呢？其实本书第 1 章在介绍 Java 与 JavaScript

的区别时就说明了这一点。实际上，Applet 与 JavaScript 的优势是互补的，同样作为运行在浏览器中的程序，Applet 虽然功能强大，可以进行绘图、网络和多线程的操作，但是不能在总体上控制浏览器；相反，JavaScript 却可以控制浏览器的行为和内容。而且值得庆幸的是，客户端的 JavaScript 可以与嵌入网页中的 Applet 进行交互，并且能够控制它的行为。开发人员可以利用这一点，把 Applet 和 JavaScript 结合起来使用，开发出更为出色的 Web 程序。

JavaScript 操作 Applet 非常容易，这是因为对于网页来说，Applet 就是其中的对象。它与 window 对象和 document 对象等是一样的。JavaScript 既然能够操作它们，那么用同样的方法也可以操作 Applet。调用 Applet 的属性与方法同调用前面讲过的 JavaScript 对象的属性和方法基本上一样。这里需要注意一点，可以被 JavaScript 调用的 Applet 的属性和方法必须通过 public 关键字来修辞。

JavaScript 可以通过两种方法来调用 Applet：(1)通过＜applet＞标记的 name 属性，调用方法为 document.appletName，其中 appletName 就是 name 属性的值，对于例 9-1 来说，就应该写成 document.firstApplet；(2)使用 applets[ ]数组，applets[ ]数组按照网页上 Applet 出现的次序来排列 Applet，页面上的第 1 个 Applet 是 applets[0]，第 2 个 Applet 是 applets[1]，依此类推。因为例 9-1 中只有一个 Applet，用这种方法的调用语句应该写成 document.applets[0]。

下面来看一个 JavaScript 操作 Applet 的程序，整个程序的过程是首先由用户在文本框中输入信息，然后通过按钮事件把这个信息传递给网页中的 Applet 程序来处理。例 9-2 是这个程序中的 Applet 部分。

例 9-2　JavaScript 控制 Applet 显示用户输入信息（Applet 部分）

```java
import java.awt.*;
import javax.swing.*;
public class ScriptApplet extends JApplet
{
    private String message = "Hello World!";
    public void changeMessage(String message)
    {
        this.message = message;
        repaint();
    }
    public void init()
    {
        System.out.println("in init method");
    }
    public void start()
    {
        System.out.println("in start method");
    }
    public void paint(Graphics g)
```

```
    {
        System.out.println("in paint method");
        g.drawString(message,100,100);
    }
    public void stop()
    {
        System.out.println("in stop method");
    }
    public void destroy()
    {
        System.out.println("in destroy method");
    }
}
```

例 9-2 的程序是在例 9-1 的基础上改动得到的,它的目的就是在网页的指定位置显示信息。与例 9-1 不同的是,这个信息存储在成员变量 message 中。同时,程序中多了一个方法 changeMessage(),即用户可以传入自己想要显示的信息,changeMessage()把用户信息赋给成员变量 message,而后调用 repaint()对 Applet 程序进行重新绘制,这样用户的信息就可以被显示到页面上。随后的 JavaScript 程序就是通过调用 changeMessage()来实现用户输入显示的功能,因此,这个方法必须用 public 关键字修辞。例 9-3 是这个程序的 HTML 代码部分。

例 9-3 JavaScript 控制 Applet 显示用户输入信息(HTML 部分)

```html
<html>
  <head>
    <title>JavaScript control applet</title>
  </head>
  <body>
    <applet code = "ScriptApplet.class" name = "scriptApplet" width = 300 height = 150>
    </applet>
    <form name = "testForm">
      <input type = "text" name = "message">
      <input type = "button" name = "send" value = "hava another message"
      onClick = "document.scriptApplet.changeMessage(document.testForm.message.value)">
    </form>
  </body>
</html>
```

例 9-3 所定义的网页嵌入了例 9-2 定义的 Applet,并且通过 name 属性命名为 scriptApplet。而后为网页定义了一个表单,命名为 testForm,表单中含有一个文本框和一个按钮,分别命名为 message 和 send。为了实现 JavaScript 操作 Applet 显示用户输出信息的功能,为按钮定义了一个单击事件,把用户输入的文本传给 Applet 中的 changeMessage()来进行处理。获得用户输入文本的语句为 document.testForm.message.value,调用 Applet 中的 changeMessage 方法的语句为 document.scriptApplet.changeMessage()。图 9-6 是网页开始运行时的显示情况。

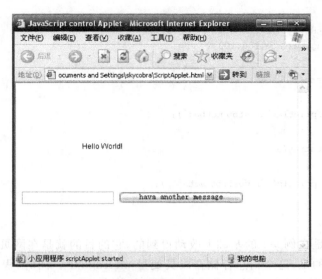

图 9-6　例 9-3 网页开始运行时的显示情况

例 9-2 定义的 Applet 开始运行的时候显示 message 变量的默认值"Hello World！"。Applet 下面有一个文本框和按钮。图 9-7 显示了当用户输入信息并且单击按钮后的网页显示情况。

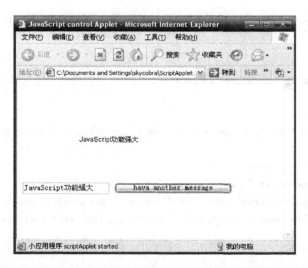

图 9-7　例 9-3 用户输入信息并且单击按钮后的网页显示情况

从图 9-7 可以看到，当用户输入"JavaScript 功能强大"的信息并且单击按钮后，Applet 将会刷新并且显示该信息。

下面再来看一个程序，这个程序通过 Applet 在网页中画出内外两个圆，它们的颜色分别由两个变量设置，网页中提供了两组单选按钮供用户选择，用户单击选中单选按钮后由 JavaScript 把值传给 Applet 来改变两个圆的颜色。例 9-4 是这个程序中的 Applet 部分代码。

例 9-4　JavaScript 控制 Applet 改变图形颜色（Applet 部分）

```java
import java.awt.*;
import javax.swing.*;
public class ColorScriptApplet extends JApplet
{
    Color outerColor = Color.blue;
    Color innerColor = Color.red;
    //为外面的圆设置颜色
    public void setOuterColor(String color)
    {
        setColor(0,color);
        repaint();
    }
    //为里面的圆设置颜色
    public void setInnerColor(String color)
    {
        setColor(1,color);
        repaint();
    }
    private void setColor(int type,String color)
    {
        Color tempColor = null;
        if(color.equalsIgnoreCase("blue"))
        {
            tempColor = Color.blue;
        }
        else if(color.equalsIgnoreCase("red"))
        {
            tempColor = Color.red;
        }
        else if(color.equalsIgnoreCase("green"))
        {
            tempColor = Color.green;
        }
        if(type == 0) outerColor = tempColor;
        else if(type == 1) innerColor = tempColor;
    }
    public void paint(Graphics g)
    {
        //画外面的圆
        g.setColor(outerColor);
        g.fillOval(80,80,200,200);
        //画里面的圆
        g.setColor(innerColor);
        g.fillOval(150,150,80,80);
```

}
}

例 9-4 中定义了两个变量 outerColor 和 innerColor 来分别控制外圆和内圆的颜色,并且为外部的 JavaScript 提供了 setOuterColor 和 setInnerColor 两个用 public 关键字修辞的方法来改变前面两个颜色变量的值。例 9-5 是这个程序的 HTML 代码部分。

例 9-5 JavaScript 控制 Applet 改变图形颜色(HTML 部分)

```html
<html>
  <head>
    <title>JavaScript control Applet</title>
    <script>
    <!--html comment begin
    function setOuterColor()
    {
      var radioObj = document.getElementsByName("outerColor");
      for(i = 0;i<radioObj.length;i++)
      { if(radioObj[i].checked) {document.colorApplet.setOuterColor(radioObj[i].value)} };
    }
    function setInnerColor()
    {
      var radioObj = document.getElementsByName("innerColor");
      for(i = 0;i<radioObj.length;i++)
      { if(radioObj[i].checked) {document.colorApplet.setInnerColor(radioObj[i].value)} };
    }
    // html comment end-->
    </script>
  </head>
  <body>
    <applet code = "ColorScriptApplet.class" name = "colorApplet" width = 450 height = 300>
    </applet>
    <form name = "colorForm">
      <p>choose a color for the outer circle<br>
      <input type = "radio" name = "outerColor" value = "blue" onClick = "setOuterColor()">blue
      <input type = "radio" name = "outerColor" value = "red" onClick = "setOuterColor()">red
      <input type = "radio" name = "outerColor" value = "green" onClick = "setOuterColor()">green
      </p><br>
      <p>choose a color for the inner circle<br>
      <input type = "radio" name = "innerColor" value = "blue" onClick = "setInnerColor()">blue
      <input type = "radio" name = "innerColor" value = "red" onClick = "setInnerColor()">red
      <input type = "radio" name = "innerColor" value = "green" onClick = "setInnerColor()">green
      </p>
    </form>
  </body>
</html>
```

例 9-5 所定义的网页嵌入了例 9-4 定义的 Applet，并且通过 name 属性命名为 colorApplet。而后为网页定义了一个表单，命名为 colorForm，表单中含有两组单选按钮，用来表示 Applet 中外圆颜色的是 outerColor，表示内圆颜色的是 innerColor。为了实现 JavaScript 操作 Applet 改变图形颜色的功能，为每个单选按钮定义了一个单击事件，调用 ＜script＞标记中定义的 setOuterColor() 和 setInnerColor() 两个方法来进行处理。图 9-8 是网页开始运行时的显示情况。

例 9-4 定义的 Applet 开始运行的时候外圆为蓝色，内圆为红色。Applet 下面有两组单选按钮。图 9-9 显示了当用户选择单选按钮后的网页显示情况。

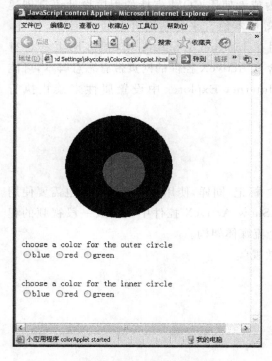

图 9-8　例 9-5 网页开始运行时的显示情况

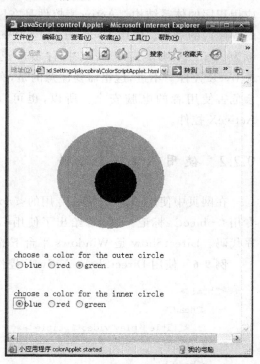

图 9-9　例 9-5 用户选择单选按钮后的网页显示情况

从图 9-9 中可以看到，当用户选择了外圆为绿色（green），内圆为蓝色（blue）后，Applet 刷新改变了两个圆的颜色。

9.2　ActiveX 控件

9.1 节已经介绍了如何用 JavaScript 来控制 Applet。在 Internet Explorer 中，为了利用嵌入式数据，需要使用 ActiveX 控件技术。本节就来介绍关于 ActiveX 的基本概念以及如何通过 JavaScript 来控制 ActiveX 控件。

9.2.1 ActiveX 简介

ActiveX 是开发和使用 Microsoft 软件组件的一种技术。ActiveX 是 Windows 3.1 开发的对象链接与嵌入(Object Link and Embed)和组件对象模型(Component Object Model)技术的扩展。其中,OLE 技术是为了简化 Windows 程序之间交换信息的过程,它使得在一个程序中开发的对象可以在另外一个程序中使用,例如,使用 Microsoft Visio 软件画的图可以粘贴到 Microsoft Word 文档中,然后在 Word 文档中编辑和使用;COM 是一种跨平台开发应用程序的体系结构。ActiveX 控件是在网页内或者使用 COM 支持的程序设计语言创建的程序内的对象。使用 JavaScrip 和 VBScript 等脚本语言来控制网页上的 ActiveX 控件,称为 ActiveX 脚本。ActiveX 控件被广泛应用在 Internet Explorer 中,很多网页都含有 ActiveX 控件。不过,这里需要注意的是,有些含有 ActiveX 控件的网页带有恶意脚本,可能会危害使用者的电脑安全。所以,也可以在 Internet Explorer 中设置属性来禁止执行 ActiveX 控件。

9.2.2 使用 ActiveX 控件

在网页中使用 Applet 需要专用的<applet>标记,同样,使用 ActiveX 控件也需要使用专用<object>标记。例 9-6 给出了使用 DirectShow ActiveX 控件中来播放一段视频的程序代码。DirectShow 是 Windows 平台下的一个流媒体架构。

例 9-6 使用 DirectShow ActiveX 控件播放视频

```
<html>
    <head>
        <title>play video</title>
    </head>
    <body>
        <object id = "testVideo" classid = "CLSID:05589FA1-C356-11CE-BF01-00AA0055595A"
            width = 400 height = 300>
        <param name = "filename" value = "harvard.rmvb">
        </object>
    </body>
</html>
```

<object>标记有 4 个重要属性,分别是 id、classid、width 和 height。其中,id 属性赋予 ActiveX 一个可以在 JavaScript 中使用的标识符;classid 属性表示嵌入的 ActiveX 控件的标识符,每个 ActiveX 控件都有一个唯一标识符,这个标识符可以在控件的文档中找到,DirectShow 的唯一标识符是 CLSID:05589FA1-C356-11CE-BF01-00AA0055595A;width 和 height 用来定义一个显示控件的窗口大小。

当然，一个 ActiveX 控件通常都会有很多其他属性，可以把它们通过＜param＞标记定义在＜object＞标记中间。例 9-6 用＜param＞定义了一个 filename 属性，它的值为要播放的视频文件。图 9-10 显示了该视频的播放情况。

图 9-10　例 9-6 的运行情况

9.2.3　使用 JavaScript 操作 ActiveX 控件

JavaScript 可以利用＜object＞标记的 id 属性来引用 ActiveX 控件。与操作 Applet 相同，JavaScript 也可以调用 ActiveX 控件的方法和属性。另外，调用控件要通过 document 对象来完成。为了使用 ActiveX 控件，需要知道它所包含的属性与方法，通常可以在说明文件里获得。例 9-7 为例 9-6 的网页加入了 JavaScript 控制功能，它通过 3 个按钮单击事件来完成对视频的播放、暂停和停止，需要调用 DirectShow ActiveX 控件的 run()、pause() 和 stop() 三个方法。

例 9-7　使用 JavaScript 操作 DirectShow ActiveX 控件播放视频

```
<html>
  <head>
      <title>play video</title>
  </head>
  <body>
      <object id = "testVideo" classid = "CLSID:05589FA1-C356-11CE-BF01-00AA0055595A"
          width = 400 height = 300>
      <param name = "filename" value = "harvard.rmvb">
      </object>
      <form>
        <input type = "button" value = "play" onClick = "document.testVideo.run();">
```

```
            <input type = "button" value = "pause" onClick = "document.testVideo.pause();">
            <input type = "button" value = "stop" onClick = "document.testVideo.stop();">
        </form>
    </body>
</html>
```

在例 9-7 中，嵌入的 ActiveX 控件被命名为 testVideo，所以调用时要写成 document.testVideo。图 9-11 为例 9-7 的运行情况。

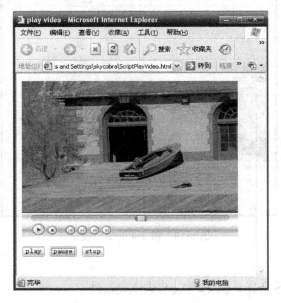

图 9-11　例 9-7 的运行情况

本 章 小 结

➢ Applet，通常被称为 Java 小应用程序，是一种用 Java 语言编写、在网页上运行的 Java 程序。开发人员通过<applet>标记把 Applet 和相应的 HTML 页面联系起来。

➢ JavaScript 可以通过两种方法来调用 Applet。第一种是通过<applet>标记的 name 属性，第二种方法是使用 applets[ ]数组。调用 Applet 的属性与方法同使用 JavaScript 对象的属性和方法基本上一样，不过可以被 JavaScript 调用的 Applet 的属性和方法必须用 public 关键字修辞。

➢ ActiveX 是开发和使用 Microsoft 软件组件的一种技术。ActiveX 控件是在网页内或者使用 COM 支持的程序设计语言创建的程序内的对象。

➢ 在网页中使用 ActiveX 控件需要使用专用<object>标记，<object>中的 classid 属性表示嵌入的 ActiveX 控件的标识符，每个 ActiveX 控件都有一个唯一标识符。

➢ JavaScript 可以利用<object>标记的 id 属性来引用 ActiveX 控件。与操作 Applet 相同，JavaScript 也可以调用 ActiveX 控件的方法和属性。

习 题 9

1. 简述 Applet 与普通 Java 类的区别。
2. 如何开发一个 Applet 应用？
3. 如何使用 JavaScript 操作 Applet？
4. 什么是 ActiveX 控件？
5. 如何使用 JavaScript 操作 ActiveX 控件？

第 10 章 JavaScript 应用与实践

在本书的前面部分，首先从最基本的 JavaScript 概念入手，介绍了 JavaScript 的基础语法，然后说明了什么是事件以及 JavaScript 的事件处理机制，接下来重点详述了 JavaScript 语言中经常使用的各种对象，如 window 对象、document 对象以及 form 对象等。在这一章里，笔者将通过大量的实例向读者展示如何运用之前所学的知识编写出功能强大的 JavaScript 程序，获得满意的效果。本章的大多数实例都可以运行在 Internet Explorer 和 Netscape 两种浏览器中，但是也有一些例子只能在 Internet Explorer 浏览器中运行。

10.1 文字特效

Internet 是信息传播的强大媒介，而信息最常见、直接和有效的传播方式就是文字。JavaScript 能够在网页上实现各种特殊的文字效果，使信息不仅在内容上，而且在形式上都同样地吸引人。为了叙述的方便，在这里把文字特效的实例分为文字移动特效、文字色彩特效和文字形状特效三部分进行展示。

10.1.1 文字移动

文字移动是最基本的文字特效，文字可以前后移动或者左右移动，同时可以设置文字移动的速度、移动文字的大小、颜色等。JavaScript 中文字移动的效果主要是通过 HTML 语言的 <marquee> 标签来实现的，这也是网页中最常见、使用最多的一种动态效果。但是必须要注意的是，只有在 Internet Explorer 中才有 <marquee> 标签，在 Netscape 浏览器中是不支持这个标签的。因此，为了在所有的浏览器中都能够实现文字移动的效果，必须在编写程序的时候事先考虑到这种情况，利用 JavaScript 来进行处理。

例 10-1 文字移动效果

```
<html>
    <head>
        <title>文字移动效果</title>
    </head>
```

```
<body>
    <p>
    <center>
    <font color = "ffaafa"><h2>文字移动效果——上下滚动的文本</h2></font>
    <hr width = 300>
    <p>
    <script language = JavaScript>
        //这个变量定义滚动文本的宽度
        var MarqueeWidth = 180;
        //这个变量定义滚动文本的高度
        var MarqueeHeight = 80;
        //这个变量定义文本滚动的速度,数值大,滚动快
        var speed = 3;
        //这个变量定义滚动文本的颜色和内容
        var marqueecontents = '<font face = "Arial" color = #993366><strong><big>
        传统的HTML语言不能开发交互式的动态网页,而JavaScript却能很好地做到这一点。
        JavaScript是一门相当简单易学的网络化编程语言,通过把它和HTML语言相互结合起
        来,能够实现实时的动态网页特效,这为网页浏览者在浏览网页的同时也提供了某些乐
        趣。</big></strong></font>';

        if (document.all)
            document.write('<marquee direction = "up" scrollAmount = '+ speed + ' style = "
            width:
            '+ MarqueeWidth + '; height: '+ MarqueeHeight + '">' + marqueecontents + '</
            marquee>');

        function regenerate()
        {
            if (document.layers)
            {
                setTimeout("window.onresize = regenerate",450);
                intializemarquee();
            }
        }
        function intializemarquee()
        {
            document.MarqueeMessage001.document.MarqueeMessage002.document.write
            (marqueecontents);
            document.MarqueeMessage001.document.MarqueeMessage002.document.close();
            thelength = document.MarqueeMessage001.document.MarqueeMessage002.document.height;
            scrollText();
        }
        function scrollText()
        {
            if (document.MarqueeMessage001.document.MarqueeMessage002.top >= thelength * ( - 1))
```

```
            {
                document.MarqueeMessage001.document.MarqueeMessage002.top-= speed;
                setTimeout("ScrollText()",100);
            }
            else
            {
                document.MarqueeMessage001.document.MarqueeMessage002.top = MarqueeHeight;
                ScrollText();
            }
        }
        window.onload = regenerate;
    </script>
    <ilayer name = "MarqueeMessage001" width = &{MarqueeWidth};height = &{MarqueeHeight};>
        <layer name = "MarqueeMessage002" width = &{MarqueeWidth};height = &{MarqueeHeight};>
        </layer>
    </ilayer>
    </body>
</html>
```

例 10-1 的效果如图 10-1 所示。打开该网页后，中间的文本就会由下向上缓慢移动，循环往复，就好像"跑马灯"一样。这种文字移动特效在网站设计中常常用于"滚动新闻"、"站点公告"等类似的栏目中，为网页增添动态效果。

图 10-1　JavaScript 实现文字上下滚动效果

例 10-1 是一个比较完整的例子，无论是在 Internet Explorer 还是 Netscape 中都可以正确运行，原因是程序在实现文字移动效果之前判断了浏览器类型，从而根据当前浏览器类型选择恰当的途径实现文字特效。document.all 属性只有在 Internet Explorer 中才能被识别，而 document.layers 属性只有在 Netscape 中才可以被识别。程序通过 if(document.all) 判断当前浏览器是不是 Internet Explorer，如果是，则执行适合 Internet Explorer 浏览器的功能代码，实现文字移动的特效；通过 if（document.layers）判断当前浏览器是不是 Netscape，如果是，则执行适合于 Netscape 浏览器的功能代码，实现文字移动的特效。

程序首先声明了 4 个变量，分别表示滚动文本的宽度、高度、速度及颜色和内容，然后判断此浏览器是否为 Internet Explorer，如果是，那么就直接使用 document.write 方法把一串设置好的字符串（这些字符就是要上下滚动的内容）显示出来。实际上到这里为止，如果客户端的浏览器是 Internet Explorer，那么文字移动的效果就可以显示出来了，而那些适用于 Netscape 的代码都不会被执行。

接下来分析一下 window.onload＝regenerate 语句。该语句会在加载浏览器窗体的时候被执行，从而调用 regenerate()函数。在 regenerate()函数中，程序将判断客户端的浏览器是否为 Netscape，如果是 Netscape，那么就首先执行 intializemarquee()函数，其作用是在 ＜layer＞元素中设置要显示的文本信息和显示区域的高度；然后调用 scrollText()函数，scrollText()函数要实现的功能与 Internet Explorer 中的＜marquee＞＜/marquee＞标签所能实现的功能类似，只不过 scrollText()函数的实现过程要复杂很多。它通过比较滚动文本对象的高度和滚动文本对象目前的位置，判断是否要继续把文字向上移动，如果滚动文本对象的位置小于滚动文本对象的高度，那么就继续向上移动；反之，就会从底部重新开始一次新的滚动。

讲到这里，细心的读者可能会问：这样做的话，文本之间的运动就会存在一个空隙，空隙的大小就是显示区域的高度。事实的确是这样，而且在 Internet Explorer 的＜marquee＞＜/marquee＞标签中，也存在同样的问题。那么有没有办法实现滚动内容之间的"无缝"连接呢？答案是肯定的。关于这个问题将会在例 10.6 中为读者提供一个详细的解决方案。

10.1.2 文字色彩

网页设计的成功与否很大程度上取决于网页美工的设计，而美工设计中色彩的搭配又是重中之重，文字的色彩自然也是不可忽略的一个方面。在这一节中，将通过具体实例讲述如何使用 JavaScript 实现文字色彩特效。

例 10-2 实现炽热的文字效果

```
<html>
    <head>
        <title>实现炽热的文字效果</title>
        <style>
        <!--
            #glowtext
            {
                filter: glow(color = red,strength = 2);width: 100%;
            }
        -->
        </style>
    <script language = "JavaScript">
        function glowIt(which)
        {
            if (document.all.glowtext[which].filters[0].strength == 2)
                document.all.glowtext[which].filters[0].strength = 1;
            else
                document.all.glowtext[which].filters[0].strength = 2;
```

```
        }
        function glowIt2()
        {
          if (document.all.glowtext.filters[0].strength == 2)
              document.all.glowtext.filters[0].strength = 1;
          else
              document.all.glowtext.filters[0].strength = 2;
        }
        function startGlowing()
        {
          if (document.all.glowtext&&glowtext.length)
          {
            for (i = 0;i<glowtext.length;i++)
            setInterval("glowIt(i)",150);
          }
          else if (glowtext)
            setInterval("glowIt2()",150);
          }
          if (document.all)
          window.onload = startGlowing;
    </script>
  </head>
  <body>
      <span id = "glowtext">实现炽热的文字效果！</span>
  </body>
</html>
```

例 10-2 的运行效果如图 10-2 所示，程序通过 css 的滤镜不断改变字体四周发散出来的颜色的强度，使文字在视觉上具有不断闪烁的效果，好像燃烧一样。

图 10-2　JavaScript 实现炽热的文字效果

这里需要说明的是例 10-2 中的代码只能运行在 Internet Explorer 中，这一点从该例的倒数第 7 行代码 if (document.all) window.onload=startGlowing 就可以看出来。另外，实现这个效果不仅仅需要 JavaScript，还需要 css 的滤镜——Filter。

首先来看<style></style>标记中的内容，这里实际上就是定义 css 的地方。本例中使用的是 Glow 滤镜，其定义的标准语句为{filter：Glow(Color=color,Strength=n)}。在定义了滤镜效果之后，可以在源文件的任何位置由某个对象对 filter 对象进行调用。当对一个对象使用 Glow 属性后，这个对象的边缘就会产生类似发光的效果。Color 表示发光的颜色，可以直接使用颜色名称，也可以使用类似"♯RRGGBB"的形式来指定；Strength 表示发光强度，可以用 1～255 之间的任何整数来指定。

访问这个网页时，程序首先判断当前浏览器是不是 Internet Explorer，如果是，就会执行 startGlowing()函数。该函数利用 document 对象的方法获得所有要显示的文本信息，并通过一个 for 循环使得每个文字都调用 glowIt()函数；循环完成后，判断＜span＞＜/span＞标记中是否含有文字，如果有文字的话，就继续调用 glowIt2()函数。

最后对比分析 glowIt()函数和 glowIt2()函数，这两个函数的作用是类似的，即判断当前文字的显示强度，并根据需要改变滤镜的强度。这样一来，文字看上去就会有一闪一闪的效果了。在这两个函数中，值得注意的是对象中的 filters 属性。每个对象都可以加载多个滤镜的效果，然后通过 filters[]数组的形式为某个滤镜进行设置。

结合使用 JavaScript 和 css，特别是 css 中的滤镜技术，可以制造出很多特殊效果，为网页设计增光添彩，希望读者可以在今后的学习和实践中认真研究。

10.1.3 文字形状

在通常的 HTML 语言中，如果想让文字在页面上出现移动的效果，即俗称的"跑马灯"效果，那么一般会使用＜marquee＞标签来实现。但是＜marquee＞标签中仅仅定义了文字移动的方向（上下和左右）和文字的移动速度等一些简单的属性，如果希望做出风格独特新颖的文字移动甚至变形的效果，这个标签就心有余而力不足了。随着 JavaScript 的出现，为实现复杂文字特效提供了一个良好的解决方案，利用 JavaScript 内置的函数对要显示的字符串进行处理，可以实现 HTML 标签无法实现的文字特效，使网页变得更加生动。例 10-3 是一个利用 JavaScript 内置函数处理显示文字从而实现复杂特效的例子。

例 10-3 文字呈正弦函数式跳动

```
<html>
  <head>
    <title>文字呈正弦函数式跳动</title>
  </head>
  <body onload = sinWave(0)>
    <script language = "JavaScript">
      function nextSize(i,textLength)
      {
        return (72 * Math.abs( Math.sin(i/(textLength/3.14))));
      }
      function setSize (text,dis)
      {
        output = "";
        for (i = 0;i<text.length;i++ )
        {
          size = parseInt(nextSize(i + dis,text.length));
```

```
            output + = "<font style = 'font-size: " + size + "pt'>" + text.substring(i,i + 1) +
            "</font>";
        }
        div.innerHTML = output;
    }
    function sinWave(n)
    {
        text = "文字呈正弦函数式跳动";
        setSize(text,n);
        if (n>text.length) {n = 0;}
        setTimeout("sinWave (" + (n + 1) + ")",50);
    }
    </script>
    <div ID = "div" align = "center"></div>
</body>
</html>
```

例10-3的运行效果如图10-3所示。打开网页后,这些文字就开始如波浪一般不断上下起伏,因为在设置字体大小的时候用到了正弦函数,所以字符串的运动效果就好像正弦波一样。

图10-3 JavaScript实现文字呈正弦函数式跳动

在例10-3中由三个函数共同完成跳动的效果：只要打开网页,就会通过<body>标签中的onload事件调用sinWave(n)。sinWave(n)首先设置了要显示的文本信息；然后调用setSize(text,dis)对字符串进行处理,设置字符大小；最后利用setTimeout(),设定调用自身的间隔时间,从而能够持续文字跳动的效果。

对于显示信息的处理都是在setSize(text,dis)中完成的。它的功能是利用一个循环来设置字符串中各个字符的大小,并把组织好的 HTML 语句设置为 div 对象的 innerHTML 属性的内容,通过 innerHTML 属性来显示字符串。另外,在 setSize(text,dis)中还调用了 nextSize(i,textLength)。整个函数就只有一行语句,通过 Math.sin 函数来完成字体大小的计算,并返回计算后的结果。

前文讲述了例10-3中文字呈正弦函数波动的形状特效的实现原理,读者还可以尝试其他方法来实现不同的文字特效,例如让文字呈余弦波动或者呈圆形显示。

10.2 控 件 特 效

这一节主要向大家介绍按钮、鼠标等常用控件的特效,也许这些例子有点"花哨",不太适合在正规的场合使用,但是如果把它们放在你的博客里面,相信肯定可以给很多的游客留下深刻印象。

10.2.1 按钮特效

在网页设计中,对按钮使用特效以增加网页的动态效果是一个不错的方法。例如,可以利用 history 对象来创建具有 Internet Explorer 工具栏中"前进"和"后退"功能的自定义按钮,还可以设置按钮的形状、颜色等。例 10-4 是一个关于按钮特效的实例,它实现的过程并不复杂,但是运行效果非常实用,读者可以考虑在自己编写的程序中加以应用。

例 10-4 实现变色按钮

```html
<html>
    <head>
        <title>实现变色按钮</title>
    </head>
    <body>
        <style>
            <!--
            .initial{font-weight: bold;background-color: lime}
            -->
        </style>
        <script>
            function change(color)
            {
                var el = event.srcElement;
                if (el.tagName == "INPUT"&&el.type == "button")
                    event.srcElement.style.backgroundColor = color;
            }
            function jumpto(url)
            {
                window.location = url;
            }
        </script>
        <form onMouseover = "change('yellow')" onMouseout = "change('lime')">
            <input type = "button" value = "Yahoo " class = "initial"
                onClick = "jumpto('http://yahoo.com')">
            <input type = "button" value = "Sohu " class = "initial"
                onClick = "jumpto('http://Sohu.com')">
```

            </form>
        </body>
</html>
```

例 10-4 的运行效果如图 10-4 所示。在刚打开网页时,按钮的背景颜色都是绿色的,当把鼠标移动到某一个按钮上时,该按钮的背景色就会变成黄色,如果单击按钮的话还会链接到相应的网页中去。

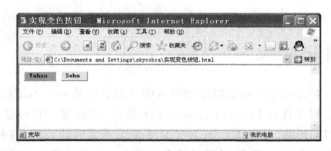

图 10-4　JavaScript 实现变色按钮特效

相对于本章前面的三个例子来说,这个例子比较简单,按钮变色的效果和超级链接通过两个函数来完成。

首先在<style></style>标记中,定义了样式表的一些信息;然后在<form>标记中定义了 onMouseover 和 onMouseout 这两个事件处理器,这样一来,<form>和</form>标记中定义的任何一个元素只要支持这两个事件处理器,那么就会在鼠标移上和移出该元素的时候触发相应的事件,调用指定的函数。

change(color)是鼠标移上和移出某个元素时被调用的函数,下面让我们一起来分析这个函数中的代码。首先是 var el=event.srcElement 语句,因为 Mouseover 和 Mouseout 都属于事件,并且这两个事件被触发后都将调用 change(color)函数,所以可以用 event 来指代这个事件,并获得事件的触发源的信息,再把这个事件源的信息保存到变量 el 中;接下来对 el 进行判断,如果事件源的名称是 INPUT 并且类型是按钮,那么就把按钮的背景颜色属性改变成由参数指定的颜色。

另外,当单击按钮的时候,会调用 jumpto(url),该函数通过设置 window 对象的 location 属性,把网页重定向到新的网址中。

### 10.2.2　鼠标特效

当读者浏览某些个人网站或者博客的时候,可能会经常看到一些漂亮但很复杂的特效,例如,网页上悬浮的时钟,网页背景中来回游动的金鱼等。不过,其中的好多效果都是用 Flash 实现的,然后嵌入到网页中来。这种实现方式相对复杂,并且需要客户端安装 Flash 播放软件来支持程序的运行。而 JavaScript 也可以实现类似功能,相比较而言,使用 JavaScript 来实现这种效果要简单得多,而且也不需要客户端安装其他的辅助软件。

例 10-5　实现三色鼠标

```
<html>
    <head>
```
```

```html
<title>三色鼠标特效</title>
<script language = "JavaScript">
    var a_Color = 'ff0000';
    var b_Color = '00ff00';
    var c_Color = '0000ff';
    var Size = 50;
    var YDummy = new Array(),XDummy = new Array(),xpos = 0,ypos = 0,ThisStep = 0;step = 0.03;
    if (document.layers)
    {
        window.captureEvents(Event.MOUSEMOVE);
        function nsMouse(evnt)
        {
            xpos = window.pageYOffset + evnt.pageX + 6;
            ypos = window.pageYOffset + evnt.pageY + 16;
        }
        window.onMouseMove = nsMouse;
    }
    else if (document.all)
    {
        function ieMouse()
        {
            xpos = document.body.scrollLeft + event.x + 6;
            ypos = document.body.scrollTop + event.y + 16;
        }
        document.onmousemove = ieMouse;
    }
    function swirl()
    {
        for (i = 0;i<3;i++)
        {
            YDummy[i] = ypos + Size * Math.cos(ThisStep + i * 2) * Math.sin((ThisStep) * 6);
            XDummy[i] = xpos + Size * Math.sin(ThisStep + i * 2) * Math.sin((ThisStep) * 6);
        }
        ThisStep + = step;
        setTimeout('swirl()',10);
    }
    var amount = 10;
    if (document.layers)
    {
        for (i = 0;i<amount;i++)
        {
            document.write('<layer name = nsa' + i + ' top = 0 left = 0 width = ' + i/2 + ' height = ' + i/2 + '
                bgcolor = ' + a_Colour + '></layer>');
            document.write('<layer name = nsb' + i + ' top = 0 left = 0 width = ' + i/2 + ' height = ' + i/2 + '
                bgcolor = ' + b_Colour + '></layer>');
```

```
            document.write('<layer name=nsc'+i+'top=0 left=0 width= '+i/2+'height= '+i/2+'
                bgcolor= '+c_Colour+'></layer>');
        }
    }
    else if (document.all)
    {
        document.write('<div id="ODiv" style="position:absolute;top:0px;left:0px"
            >'+'<div id="IDiv" style="position:relative">');
        for (i=0;i<amount;i++)
        {
            document.write('<div id=x style="position:absolute;top:0px;left:0px;
                width: '+i/2+';height: '+i/2+';
                background: '+a_Colour+';font-size: '+i/2+'"></div>');
            document.write('<div id=y style="position:absolute;top:0px;left:0px;
                width: '+i/2+';height: '+i/2+';
                background: '+b_Colour+';font-size: '+i/2+'"></div>');
            document.write('<div id=z style="position:absolute;top:0px;left:0px;
                width: '+i/2+';height: '+i/2+';
                background: '+c_Colour+';font-size: '+i/2+'"></div>');
        }
        document.write('</div></div>');
    }
    function prepos()
    {
        var ntscp=document.layers;
        var msie=document.all;
        if (document.layers)
        {
            for (i=0;i<amount;i++)
            {
                if (i<amount-1)
                {
                    ntscp['nsa'+i].top=ntscp['nsa'+(i+1)].top;ntscp['nsa'+i].left=
                        ntscp['nsa'+(i+1)].left;
                    ntscp['nsb'+i].top=ntscp['nsb'+(i+1)].top;ntscp['nsb'+i].
                        left=ntscp['nsb'+(i+1)].left;
                    ntscp['nsc'+i].top=ntscp['nsc'+(i+1)].top;ntscp['nsc'+i].
                        left=ntscp['nsc'+(i+1)].left;
                }
                else
                {
                    ntscp['nsa'+i].top=YDummy[0];ntscp['nsa'+i].left=XDummy[0];
                    ntscp['nsb'+i].top=YDummy[1];ntscp['nsb'+i].left=XDummy[1];
                    ntscp['nsc'+i].top=YDummy[2];ntscp['nsc'+i].left=XDummy[2];
                }
            }
        }
```

```
                else if(document.all)
                {
                    for(i = 0;i<amount;i++)
                    {
                        if(i<amount-1)
                        {
                            msie.x[i].style.top = msie.x[i+1].style.top;msie.x[i].style.left = msie.x[i+1].style.left;
                            msie.y[i].style.top = msie.y[i+1].style.top;msie.y[i].style.left = msie.y[i+1].style.left;
                            msie.z[i].style.top = msie.z[i+1].style.top;msie.z[i].style.left = msie.z[i+1].style.left;
                        }
                        else
                        {
                            msie.x[i].style.top = YDummy[0];msie.x[i].style.left = XDummy[0];
                            msie.y[i].style.top = YDummy[1];msie.y[i].style.left = XDummy[1];
                            msie.z[i].style.top = YDummy[2];msie.z[i].style.left = XDummy[2];
                        }
                    }
                }
                setTimeout("prepos()",10);
            }
            function start()
            {
                swirl(),prepos()
            }
            window.onload = start;
        </script>
    </head>
</html>
```

例 10-5 的运行效果如图 10-5 所示,当把鼠标放置到页面中时,就会在鼠标的位置产生红、绿、蓝三种不同颜色的小方块图形,三色方块各自围绕着鼠标做不规则的运动。当移动鼠标的时候,图形的位置也会随之发生变化,非常新颖。其中图形的个数、运动的快慢和运动的轨迹都是可以设置的。

图 10-5 JavaScript 实现三色鼠标特效

例10-5中的代码可能比较多,那是为了保证程序可以在Internet Explorer和Netscape上都能正确运行,针对不同的浏览器,编写了不同的代码,用于完成相同的功能。下面以Internet Explorer为例,详细讲解例10-5的执行过程。

首先程序声明了所需要的各个变量,其中,a_Color、b_Color和c_Color定义了显示的三种颜色,Size表示图形的大小,Ydummy和Xdummy是两个数组,用来保存图形运行的位置,xpos和ypos用来保存鼠标的位置,ThisStep和step表示角度变化的步长。

然后执行的是脚本程序中的两个if判断语句,其目的只是为了确认客户端浏览器类型,而读者更加应该关心的是if判断语句内部的代码。

第1个if判断之后是ieMouse(),这个函数是由document.onmousemove=ieMouse这一句来触发的,即只要客户端的鼠标一移动,就会执行ieMouse()。而ieMouse()的功能就是通过调用DOM的body.scrollLeft属性和body.scrollTop属性把当前鼠标在显示器上的坐标值保存到xpos和ypos两个全局变量中,方便后面函数的调用。

第2个if判断之后是document.write语句和for循环。这部分的语句是紧接着上面的ieMouse()之后执行的。这些语句的功能就是"画图",即按照长和宽逐个减半的规则一个一个地画出三种颜色的小方块,并把这些方块都设置到事先准备好的div元素中。

程序运行到最后,通过窗体的onload事件调用start(),而start()再先后调用swirl()和prepos()。swirl()函数的功能就是根据ieMouse()中得到的鼠标的坐标,调用Math.sin()和Math.cos(),对下一步的旋转坐标进行设置,同时不断改变步长,达到变换坐标位置的目的。改变其中的系数,就可以看到不同的运动轨迹。而prepos()的作用则是把具体的位置信息设置到每一个活动的"图形"中。swirl()和prepos()都是每隔10ms就循环执行一次,以保证流畅的三色鼠标效果。

以上就是在Internet Explorer中执行所有代码的流程,在Netscape上执行的代码与在Internet Explorer上执行的代码都是对应的,两者基本的原理是一样的,只是实现的方法不同而已,这里就不一一解释了。

10.3 图片特效

很难想像,如果一个网站中没有任何图片会是什么样子。事实上,除了国外的一些纯技术性的网站或者论坛之外,几乎所有的网站都把图片作为宣传自己站点和展示网站内容的窗口。丰富生动的图片再加上一些动态的效果,会让网站赢得更多的关注。这一节的例子就是用JavaScript实现的滚动图片效果。

例10-6 实现滚动图片

```
<html>
  <head>
    <title>实现滚动图片</title>
  </head>
  <body>
  <script language="JavaScript">
```

```javascript
//设置滚动块的宽度；
var sliderwidth = 300;
//设置滚动块的高度；
var sliderheight = 150;
//设置滚动块的速度，值从1到10,越大速度越快；
var slidespeed = 3;
//设置背景颜色；
slidebgcolor = "#EAEAEA";
//设置滚动块中填充的图片；
var leftrightslide = new Array();
var finalslide = '';
leftrightslide[0] = '<a href = ""><img src = "Picture/Pic1.gif" border = 1></a>';
leftrightslide[1] = '<a href = ""><img src = "Picture/Pic2.gif" border = 1></a>';
leftrightslide[2] = '<a href = ""><img src = "Picture/Pic3.gif" border = 1></a>';
leftrightslide[3] = '<a href = ""><img src = "Picture/Pic4.gif" border = 1></a>';
leftrightslide[4] = '<a href = ""><img src = "Picture/Pic5.gif" border = 1></a>';
var copyspeed = slidespeed;
leftrightslide = '<nobr>' + leftrightslide.join(" ") + '</nobr>';


var iedom = document.all || document.getElementById;
if (iedom)
      document.write('<span id = "temp" style = "visibility: hidden;position: absolute;
          top: -100;left: -3000">' + leftrightslide + '</span>');
var actualwidth = '';
var cross_slide,ns_slide;
if (iedom || document.layers)
{
      with (document)
      {
        document.write('<table border = "0" cellspacing = "0" cellpadding = "0"><td>');
        if (iedom)
        {
           write('<div style = "position: relative;width: ' + sliderwidth + ';
              height: ' + sliderheight + ';overflow: hidden">');
           write('<div style = "position: absolute;width: ' + sliderwidth + ';
              height: ' + sliderheight + ';background-color: ' + slidebgcolor + '"
              onMouseover = "copyspeed = 0" onMouseout = "copyspeed = slidespeed">');
           write('<div id = "test2"style = "position:absolute;left:0;top:0"></div>');
           write('<div id = "test3"style = "position:absolute;left: -1000;top:0"></div>');
           write('</div></div>');
        }
        else if (document.layers)
        {
           write('<ilayer width = ' + sliderwidth + ' height = ' + sliderheight + '
              name = "ns_slidemenu" bgColor = ' + slidebgcolor + '>');
```

```
            write('<layer name = "ns_slidemenu2" left = 0 top = 0
                onMouseover = "copyspeed = 0" onMouseout = "copyspeed = slidespeed"></layer>');
            write('<layer name = "ns_slidemenu3" left = 0 top = 0
                onMouseover = "copyspeed = 0" onMouseout = "copyspeed = slidespeed"></layer>');
            write('</ilayer>');
        }
        document.write('</td></table>');
    }
    function fillUp()
    {
        if (iedom)
        {
            cross_slide = document.getElementById?
                document.getElementById("test2"): document.all.test2;
            cross_slide2 = document.getElementById?
                document.getElementById("test3"): document.all.test3;
            cross_slide.innerHTML = cross_slide2.innerHTML = leftrightslide;
            actualwidth = document.all?
                cross_slide.offsetWidth: document.getElementById("temp").offsetWidth;
            cross_slide2.style.left = actualwidth + 20;
        }
        else if (document.layers)
        {
            ns_slide = document.ns_slidemenu.document.ns_slidemenu2;
            ns_slide2 = document.ns_slidemenu.document.ns_slidemenu3;
            ns_slide.document.write(leftrightslide);
            ns_slide.document.close();
            actualwidth = ns_slide.document.width;
            ns_slide2.left = actualwidth + 20;
            ns_slide2.document.write(leftrightslide);
            ns_slide2.document.close();
        }
        lefttime = setInterval("slideLeft()",30);
    }
    function slideLeft()
    {
        if (iedom)
        {
            if (parseInt(cross_slide.style.left)>(actualwidth*(-1)+8))
                cross_slide.style.left = parseInt(cross_slide.style.left)-copyspeed;
            else
                cross_slide.style.left = parseInt(cross_slide2.style.left) + actualwidth + 30;
            if (parseInt(cross_slide2.style.left)>(actualwidth*(-1)+8))
                cross_slide2.style.left = parseInt(cross_slide2.style.left)-copyspeed;
```

```
                else
                    cross_slide2.style.left = parseInt(cross_slide.style.left) + actualwidth + 30;
            }
            else if (document.layers)
            {
                if (ns_slide.left>(actualwidth*(-1)+8))
                    ns_slide.left -= copyspeed;
                else
                    ns_slide.left = ns_slide2.left + actualwidth + 30;
                if (ns_slide2.left>(actualwidth*(-1)+8))
                    ns_slide2.left -= copyspeed;
                else
                    ns_slide2.left = ns_slide.left + actualwidth + 30;
            }
        }
        window.onload = fillUp;
    </script>
</body>
</html>
```

例10-6的运行效果如图10-6所示。打开网页后,会在指定的位置出现滚动的图片,当把鼠标放到某一张图片上的时候,图片停止滚动,单击图片就会链接到指定的网页。图片显示区域的长度、宽度和图片移动的速度都可以进行设置。当然,如果能够确定浏览网站的用户都使用Internet Explorer的话,用<marquee>和</marquee>标记也是可以做到非常接近的效果的,只是这样也会面临例10-1的问题,移动的对象(如文字或者图片)之间是留有空隙的。

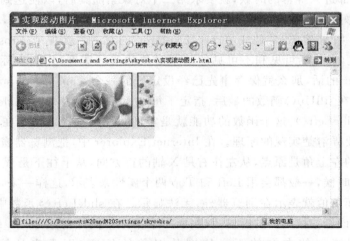

图10-6 JavaScript实现滚动图片特效

现在来分析一下整个程序。程序首先定义了sliderwidth、sliderheight、slidespeed和slidebgcolor这4个变量,它们分别代表滚动图片区域的宽度、高度、图片滚动的速度、滚动区域的背景颜色属性;然后又定义了一个数组leftrightslide,该数组的作用是保存将要显示的图片的超链接地址和图片相对于文件的路径，并一一声明了数组中的各个元素。

下面看 leftrightslide='<nobr>'+leftrightslide.join(" ")+'</nobr>'这一行代码，其中有两点值得注意。一是数组的 join()方法，它返回的是一个把各个数组元素连接起来的字符串，在数组的各个元素之间用指定的元素作为连接字符，例如，本例代码中使用的连接字符是一个空格" "；二是<nobr></nobr>标记，它表示在标记中间的所有文本都是不会换行的，不会因为宽度设置的不够而产生无法显示的效果。

在程序主体部分中，可以很容易地看到，这个程序也是支持多种浏览器的，可以正确运行在 Internet Explorer 或者 Netscape 中。变量声明之后便是用于实现程序功能的逻辑代码，其中 with(document){}的用法，即表示在{}中的内容，任何对变量的引用被认为是 document 对象的属性。这是一种简便的写法，例如在向页面输出的时候就可以使用 write 来代替 document.write。with{}中代码主要功能就是建立起多个层元素以便显示信息。其中值得注意的是 div 元素的 overflow 属性，它的作用是检索或设置当对象的内容超过其指定高度及宽度时如何对其进行管理，在程序中属性的值被设置成 hidden，表示 div 元素将不显示超过对象尺寸的内容，也就是说，即使滚动图片区域的宽度大于图片，也不会把图片作为背景进行填充，在网页设计中处理图片的时候要特别注意这一点。另外，在其中的一个层元素中，还设置了 onMouseover 和 onMouseout 属性，它们分别表示在鼠标移上和移出某一个图片时改变图片的滚动速度。最后，设置了 test2 和 test3 两个层元素供后面调用。

接下来请读者注意 fillUp()，这个函数将由 window 对象的 onload 事件直接调用。在这个函数中，使用了两个变量：cross_slide 和 cross_slide2，这两个变量分别表示前面已经设置好的 test2 和 test3 两个层元素；然后再去调用变量的 innerHTML 属性。这样一来，cross_slide 和 cross_slide2 在页面上显示的时候，都会表现为滚动的图片。那么，为什么要设置两个同样的滚动图片的对象呢？这是因为只靠一个对象无法完成连续滚动的效果，当第一个对象的尾部进入屏幕的时候，就要求第二个对象紧随其后，以便达到不间断滚动图片的效果。在设置好了 innerHTML 属性之后，还要把真实的宽度保存起来，actualwidth 就是起的这个作用，如果客户端是 Internet Explorer 的话，它就保存 cross_slide 变量的 offsetWidth 宽度(即包括可见和不可见的整个对象的实际宽度)作为实际宽度；如果不是 Internet Explorer 的话，那么就保存事先已经设定好的一个<span></span>标记的宽度作为实际宽度。在 fillUp()函数的最后，指定了每隔 30ms 就调用一次 slideLeft()。

最后来看 slideLeft()，这个函数的功能就是实现图片的移动。但是在讲解具体的实现过程之前，读者要弄清楚实现的原理。在 Internet Explorer 中，把浏览器窗口看作是一个直角坐标系，窗口的左上角是原点，从左往右是 X 轴的正方向，从上往下是 Y 轴的正方向。在设置绝对位置的时候，一般都会用 Left 和 Top 两个属性来表示，这样一来，在浏览器内部的位置都是正值，而负值就表示在浏览器外，无法显示。在 slideLeft()函数中，实现图片滚动的原理就是每当该函数被调用的时候，就判断一下第一个图片对象 cross_slide 最左端的位置，如果它离浏览器的左端的距离比图片对象的长度(即事先计算好的实际宽度 actualwidth)短的话，就继续移动；同时判断第二个图片对象 cross_slide2 的位置，如果第一个图片对象 cross_slide 的最右端已经在显示区域出现的话，那么就马上让 cross_slide2 对象紧接着 cross_slide 对象出现在屏幕中。

前文详细分析了程序各个部分，其逻辑功能的实现原理比较简单，但实现过程相对复杂,需要考虑很多情况,而且在设置具体位置的时候需要精确计算。但是它也具有如下优点,首先是在任何浏览器中都可以正常运行;其次,它比使用＜marquee＞和＜/marquee＞标签要好,能够实现图片或者文本滚动时的"无缝"连接。

10.4 页面特效

页面往往是开发人员最为关注的焦点之一,因为好的页面效果必然可以吸引更多的浏览者注意,是 Web 应用成功的基础。一些大的门户网站,或者是个性论坛,无不挖空心思,构建别致新颖的网页特效。本小节将以一个简单的例子,向大家展示如何创建和使用页面特效。

例 10-7 实现页面上的浮动窗口

```
<html>
    <head>
        <title>页面上的浮动窗口</title>
    </head>
    <body onload = "doTransition()">
    <script language = "JavaScript">
        messages = new Array();
        messages[0] = "关于本论坛的通告:";
        messages[1] = "您可以在论坛上发表任何信息,";
        messages[2] = "但是不允许发布涉及政治,军事等敏感话题的文章,一旦遇到删无赦!";
        messages[3] = "希望您以后能一如既往地支持本站的发展";
        mescolor = new Array();
        mescolor[0] = "000000";
        mescolor[1] = "FF0000";
        mescolor[2] = "226622";
        mescolor[3] = "0000FF";
        mescolor[4] = "FFFF00";
        textfont = new Array();
        textfont[0] = "Verdana";
        textfont[1] = "Times";
        textfont[2] = "Arial";
        bagcolor = new Array();
        bagcolor[0] = "CCCCCC";
        bagcolor[1] = "Yellow";
        bagcolor[2] = "CCFFFF";
        bagcolor[3] = "AAEEFF";
        bagcolor[4] = "CCFF88";
        bagcolor[5] = "orange";
        bagcolor[6] = "99AAFF";
        var i_messages = 0;
        function randomPosition(range)
```

```
        {
            return Math.floor(range * Math.random());
        }
        function doTransition()
        {
            if (document.all)
            {
                content.filters[i_messages].apply();
                content.innerHTML = "<table width = 320 height = 180 border = 2><tr><td
                bgcolor = " + bagcolor
                    [randomPosition(6)] + "style = 'color: " + mescolor[randomPosition(4)] + ";
                    font-family: "
                    + textfont[randomPosition(2)] + ";font-size: 30px' align = center valign =
                    middle>" + messages
                    [i_messages] + "</td></tr></table>";
                content.filters[i_messages].play();
                if (i_messages >= messages.length-1)
                {
                    i_messages = 0;
                }
                else
                {
                    i_messages++;
                }
            }
            setTimeout("doTransition()",3000);
        }
    </script>
    <div id = content style = "position: absolute;top: 100px;left: 10px;width: 560px;
        height:200px;text-align:center;filter:revealTrans(Transition = 1,Duration = 3)
        revealTrans(Transition = 2,Duration = 3) revealTrans(Transition = 3,Duration = 2)
        revealTrans(Transition = 4,Duration = 2) ">;
    </div>
</body>
</html>
```

例10-7的运行效果如图10-7所示。打开页面,将会在页面的左上方设定一个长方形区域,区域中的文字、区域的背景颜色和每次提示内容的变化方式都可以随机变换。另外,还可以根据需要设置区域的大小和位置以及在其中显示的信息。

这个浮动窗口的实现原理也很简单,主要是运用了css的滤镜,和例10-2比较类似。下面来分析具体的代码。

首先,程序定义了很多的变量和数组,其中,messages数组用来保存将要在浮动窗口中显示的文字信息;mescolor数组用来保存所显示文本的颜色;textfont数组用来保存所显示文本的字体;bagcolor数组则用来保存浮动窗口区域的背景颜色。另外,i_messages变量记录了要显示的文本信息的条数。

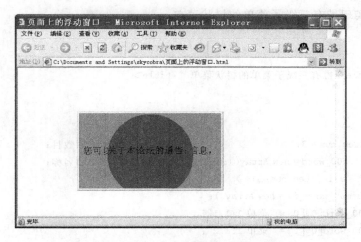

图 10-7　JavaScript 实现页面上的浮动窗口

然后是该程序的两个核心函数，其中，randomPosition(range)比较简单，它的作用就是把输入的 range 参数与用 Math.random()方法所产生的一个 0～1 之间的浮点数相乘，再对相乘的结果调用 Math.floor()方法，获取该数字的整数部分（直接获取整数部分，而不是四舍五入），计算完成后，再返回得到的整数。doTransition()是完成这个网页特效的核心函数，该函数首先对 div 元素中正在显示的某个信息对象采用了 apply()方法，该方法的作用是捕获对象内容的初始显示，为转换做必要的准备。一旦调用此方法后，对象属性的任何改变都不会被显示，直到调用 play()方法时开始转换。

接下来的代码对 div 元素的 innerHTML 属性进行赋值，并且规定了浮动窗口显示区域的长度和宽度。通过多次调用 randomPosition(range)，分别对显示的背景颜色、字体和字体颜色进行设置，这些工作产生的都是随机效果，接着再调用 play()方法完成显示内容的转换工作。在该函数的结尾，通过一个 if 判断语句对 i_messages 变量进行了处理，确保了浮动窗口内容的循环显示，并使用 setTimeout()方法进行循环调用。

该程序的最后是一段 HTML 语言，定义了前面所使用的 div 元素，并应用了 css 滤镜的转换滤镜 revealTrans。revealTrans 提供了 24 种转换对象内容的效果，其功能就是对之前定义好的这些对象进行动态的转换。

由此可以看到，在 JavaScript 脚本语言的实际运用中，需要配合其他更多的技术，特别是 css 才能发挥更加强大的效果。在客户端技术方面，JavaScript 与 css 滤镜的结合有着更加广阔的天地。

10.5　树 状 菜 单

到现在为止，读者已经学习了多种 JavaScript 可以实现的特效，学习这些特效的实现原理和方式，一方面是为了熟练掌握和应用 JavaScript 语言，另一方面是为了获取特效本身的功能。但是这些效果并不是那么"专业"，作为商业应用显得过于单薄。本小节将以树状菜单为例，向读者展示如何使用 JavaScript 创建复杂的商业应用，实现"专业"功能。

例 10-8 实现带有三级子菜单的树状菜单

```html
<html>
    <head>
        <title>带有三级子菜单的树状菜单</title>
    </head>
    <body>
    <script>
        var item_num = 3;                              //设置二级菜单的数目;
        var item00_word = new Array();                 //设置三级菜单的名称;
        for(i = 0;i<item_num;i++)
            item00_word[i] = new Array();
        item00_word[0][0] = "菜单 1.1.1";
        item00_word[0][1] = "菜单 1.1.2";
        item00_word[0][2] = "菜单 1.1.3";
        item00_word[1][0] = "菜单 1.2.1";
        item00_word[1][1] = "菜单 1.2.2";
        item00_word[1][2] = "菜单 1.2.3";
        item00_word[2][0] = "菜单 1.3.1";
        item00_word[2][1] = "菜单 1.3.2";
        item00_word[2][2] = "菜单 1.3.3";
        var item00_link = new Array();                 //设置三级菜单的链接;
        for(i = 0;i<item_num;i++)
            item00_link[i] = new Array();
        item00_link[0][0] = "#none";
        item00_link[0][1] = "#none";
        item00_link[0][2] = "#none";
        item00_link[1][0] = "#none";
        item00_link[1][1] = "#none";
        item00_link[1][2] = "#none";
        item00_link[2][0] = "#none";
        item00_link[2][1] = "#none";
        item00_link[2][2] = "#none";
        var item00 = new Array();                      //三级子菜单的 HTML 编码;
        for(i = 0;i<item_num;i++)
            item00[i] = "";
        for(i = 0;i<item_num;i++)
            for(j = 0;j<item00_word[i].length;j++)
                item00[i] + = " | - <img border = 0 src = Picture/1.jpg><a class = childlink href =
                " + item00_link[i][j] + "
                onclick = javascript:this.blur();>" + item00_word[i][j] + "</a><br>";
        function closeItemTable00()
        {
            for(i = 0;i<item_num;i++)
            {
                document.all.itemTable00.cells[2 * i + 1].innerHTML = "";
```

```
        item00Img[i].src = "Picture/2.jpg";
    }
}
function openItemTable00(n)
{
    if(document.all.itemTable00.cells[n * 2 + 1].innerHTML == "")
    {
        closeItemTable00();
        item00Img[n].src = "Picture/1.jpg";
        document.all.itemTable00.cells[n * 2 + 1].innerHTML = item00[n];
    }
    else
        closeItemTable00();
}
var item00_view = new Array();
item00_view[0] = "<table id = itemTable00 cellpadding = 0 cellspacing = 0 border = 0>\n";
item00_view[1] = " <tr><td valign = bottom>
<img name = item00Img name = treeImg src = Picture/2.jpg border = 0><a id = item_1 class =
parentlink href = javascript: onclick = javascript: openItemTable00(0);this.blur();>
菜单1.1</a></td></tr>\n";
item00_view[2] = " <tr><td class = childlink></td></tr>\n";
item00_view[3] = " <tr><td valign = bottom>
   <img name = item00Img name = treeImg src = Picture/2.jpg border = 0>
   <a id = item_2 class = parentlink href = javascript: onclick = javascript: openItemTable00(1);
    this.blur();>菜单1.2</a></td></tr>\n";
item00_view[4] = " <tr><td class = childlink></td></tr>\n";
item00_view[5] = " <tr><td valign = bottom>
   <img name = item00Img name = treeImg src = Picture/2.jpg border = 0>
   <a id = item_3 class = parentlink href = javascript: onclick = javascript: openItemTable00(2);
    this.blur();>菜单1.3</a></td></tr>\n";
item00_view[6] = " <tr><td class = childlink></td></tr>\n";
item00_view[7] = "</table>\n";
var item00_all = "";
for(i = 0;i<item00_view.length;i++)
    item00_all + = item00_view[i];
var item_num = 3;                          //Hom many rows is the parent item
var item01_word = new Array();             //设置第二个三级子菜单的名称；
for(i = 0;i<item_num;i++)
    item01_word[i] = new Array();
item01_word[0][0] = "菜单2.1.1";
item01_word[0][1] = "菜单2.1.2";
item01_word[0][2] = "菜单2.1.3";
item01_word[1][0] = "菜单2.2.1";
item01_word[1][1] = "菜单2.2.2";
item01_word[1][2] = "菜单2.2.3";
```

```javascript
            item01_word[2][0] = "菜单 2.3.1";
            item01_word[2][1] = "菜单 2.3.2";
            item01_word[2][2] = "菜单 2.3.3";
            var item01_link = new Array();              //设置第二个三级子菜单的链接;
            for(i = 0;i<item_num;i++)
                item01_link[i] = new Array();
            item01_link[0][0] = "#none";
            item01_link[0][1] = "#none";
            item01_link[0][2] = "#none";
            item01_link[1][0] = "#none";
            item01_link[1][1] = "#none";
            item01_link[1][2] = "#none";
            item01_link[2][0] = "#none";
            item01_link[2][1] = "#none";
            item01_link[2][2] = "#none";
            var item01 = new Array();                   //三级子菜单的 HTML 编码;
            for(i = 0;i<item_num;i++)
                item01[i] = "";
            for(i = 0;i<item_num;i++)
                for(j = 0;j<item01_word[i].length;j++)
                    item01[i] + = " |-<img border = 0 src = Picture/1.jpg>
                        <a class = childlink href = " + item01_link[i][j] + " onclick = javascript: this.blur();>"
                        + item01_word[i][j] + "</a><br>";
            function closeItemTable01()
            {
                    for(i = 0;i<item_num;i++)
                {
                    document.all.itemTable01.cells[2 * i + 1].innerHTML = "";
                    item01Img[i].src = "Picture/2.jpg";
                }
            }
            function openItemTable01(n)
            {
                if(document.all.itemTable01.cells[n * 2 + 1].innerHTML == "")
                {
                    closeItemTable01();
                    item01Img[n].src = "Picture/1.jpg";
                    document.all.itemTable01.cells[n * 2 + 1].innerHTML = item01[n];
                }
                else
                    closeItemTable01();
            }
            var item01_view = new Array();
            item01_view[0] = "<table id = itemTable01 cellpadding = 0 cellspacing = 0 border = 0>\n";
            item01_view[1] = " <tr><td valign = bottom>
```

```
            <img name = item01Img name = treeImg src = Picture/2.jpg border = 0>
            <a id = item_1 class = parentlink href = javascript: onclick = javascript: openItemTable01(0);
            this.blur();>菜单 2.1</a></td></tr>\n";
item01_view[2] = " <tr><td class = childlink></td></tr>\n";
item01_view[3] = " <tr><td valign = bottom>
            <img name = item01Img name = treeImg src = Picture/2.jpg border = 0>
            <a id = item_2 class = parentlink href = javascript: onclick = javascript: openItemTable01(1);
            this.blur();>菜单 2.2</a></td></tr>\n";
item01_view[4] = " <tr><td class = childlink></td></tr>\n";
item01_view[5] = " <tr><td valign = bottom>
            <img name = item01Img name = treeImg src = Picture/2.jpg border = 0>
            <a id = item_3class = parentlink href = javascript: onclick = javascript: openItemTable01(2);
            this.blur();>菜单 2.3</a></td></tr>\n";
item01_view[6] = " <tr><td class = childlink></td></tr>\n";
item01_view[7] = "</table>\n";
var item01_all = "";
for(i = 0;i<item01_view.length;i++)
    item01_all+ = item01_view[i];
function closeTopTree()
{
    for(i = 0;i<topTreeTable.cells.length/2;i++)
    {
        topTreeTable.cells[2*i+1].innerHTML = "";
        treeImg[i].src = "Picture/2.jpg";
    }
}
function openTopTree(n)
{
    if(topTreeTable.cells[2*n+1].innerHTML == "")
    {
        closeTopTree();
        treeImg[n].src = "Picture/1.jpg";
        switch(n)
        {
            case 0:{topTreeTable.cells[2*n+1].innerHTML = item00_all;break;}
            case 1:{topTreeTable.cells[2*n+1].innerHTML = item01_all;break;}
        }
    }
    else
    closeTopTree();
}
</script>
<table id = topTreeTable style = "border-collapse: collapse;background-repeat: repeat-y;
background-position-x:0px" cellpadding = 0 cellspacing = 0 border = 0>
    <tr>
```

```
            <td height = 20>
                <img name = treeImg src = Picture/2.jpg border = 0>
                <a href = #none onclick = "openTopTree(0);">菜单1</a>
            </td>
        </tr>
        <tr>
            <td></td>
        </tr>
        <tr>
            <td height = 20>
                <img name = treeImg src = Picture/2.jpg border = 0>
                <a href = #none onclick = "openTopTree(1);">菜单2</a>
            </td>
        </tr>
        <tr>
            <td></td>
        </tr>
    </table>
</body>
</html>
```

例10-8的运行效果如图10-8所示。打开网页后，首先将看到两个一级菜单，在每个一级菜单下面各有三个二级菜单，每个二级菜单的下面各有3个三级菜单（初始界面不显示二级和三级菜单的）。单击菜单项，将会展开或者收起子菜单（单击已经展开子菜单的菜单项，将会收起子菜单；单击没有展开子菜单的菜单项，将会展开子菜单）。另外，开发人员还可以根据需要为每个菜单项设置超级链接。

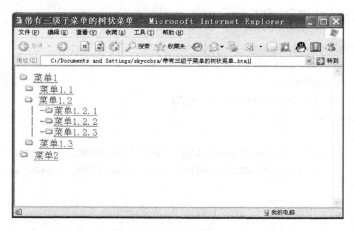

图10-8　JavaScript实现带有三级子菜单的下拉菜单

初看起来，这个例子好像很复杂，但是其原理却很简单：就是通过改变innerHTML属性的值达到反复隐藏和展示文本的目的。下面来分析例10-8中的代码。

首先是各个变量的声明，其中，item_num表示二级菜单的数目；item00_word是一个数组，用来保存第1个二级菜单下所有三级菜单的名称；item00_link也是一个数组，用来保存第1个二级菜单的下的所有三级菜单的超级链接的地址；item00 也是一个数组，用来保存每个子节点 HTML 编码的内容（这是通过两个 for 循环来实现的）。在这部分代码中，需要留意的是，在给每个子节点设置 HTML 编码的同时，还设置了单击菜单的事件处理器，即 onclick＝javascript：this.blur()。一般情况下，在超级链接中，默认链接的表现形式总是使用蓝色文字加底线的形式，每当用户单击链接时，周围会出现虚线框，表示当前的焦点位于该链接。这大大影响了美观，而 this.blur() 函数的功能就是将焦点从该链接上移开，屏蔽掉虚线框的效果，使得网页更加清爽美观。

然后是实现二级菜单展开和收起功能的两个函数，其中，closeItemTable00() 的功能是收起第1个二级菜单的所有菜单项，它采用了一个 for 循环，找出 itemTable00 元素中的所有对应菜单项，并把它们的 innerHTML 属性设置为空，这样一来任何内容都不会在浏览器中显示出来，从而达到收起菜单项的功能。而 openItemTable00(n) 的功能也是找到 itemTable00 元素中的所有对应菜单项，不同的是，此函数将把这些菜单项的 innerHTML 属性设置为事先已经定义好的各个子菜单，从而达到展开菜单项的功能。

接下来的代码用于设置第1个一级菜单的内容，程序定义了 item00_view 数组，用来把相关的 HTML 元素作为字符串保存在该数组的元素中，并将其组合到 item00_all 变量中，供相关函数调用。到这里为止，已经完成了对第1个菜单及其子菜单的功能设置，而这之后是一段完全类似的代码，用于完成对第2个菜单及其子菜单的功能设置，同样的功能这里就不再重复叙述了。

再下来是最后的两个函数，其中，closeTopTree() 的功能和 closeItemTable00() 的功能是类似的，只不过前者用于收起一级菜单。同样，它是在 topTreeTable 元素中找到对应的子元素，并把它们的 innerHTML 属性设置为空。而 openTopTree() 的功能与 openItemTable00() 的功能相似，它也是通过设置 innerHTML 属性，根据传入参数的不同，决定是要显示第1个一级菜单还是要显示第2个一级菜单。

程序的最后是一段 HTML 代码，这段代码的目的是显示出两个一级菜单，同时为一级菜单下面的二级菜单留出位置。这里要说明的是，在前面程序的设置中多次用到了"cells"属性，并有基于该属性的计算，例如 cells[2 * n+1] 等。因此，这一段 HTML 编码中的任何一个 <tr></tr> 元素都是不能随意更改的，否则会引起程序的执行错误。

最后还需要注意的是，在实际的网站设计中，菜单项的设定都不是固定写在脚本语言中的，而是从数据库中动态读取的。这样在网站的菜单发生变化时，程序几乎不需要做什么修改就能正常运行，避免了静态文本方式下程序修改和维护带来的诸多麻烦。感兴趣的读者不妨在例 10-8 的基础上运用服务器端编程技术（例如 ASP.NET、Servlet、PHP 等）来实现一个动态的多级菜单。

本 章 小 结

➢ 本章的主题是 JavaScript 的应用与实践，旨在通过对大量程序的分析和讲解，为读者做好一个由理论到实践的过渡。一方面让读者能够熟练掌握在前面学习到的基础知识，另一方面培养读者的创造能力和创新思维，从而达到能够设计出高质量的

JavaScript 程序的目的。
- 在本章选取的实例中,都广泛运用了 JavaScript 语言的各种基本的方法和属性。同时为了获得更好的效果,实例中还运用了 css 等其他技术。这些实例思路清晰,结构清楚。无论是从实用性还是易学性上来讲,都能够满足大多数读者的需求。
- 在真正的网页设计当中,JavaScript 的运用也都与本章讲述的这些方面相关,小到文字的移动,大到整个网页的布局,到处都有 JavaScript 的痕迹。熟练地运用 JavaScript 技术,能够为今后的 Web 程序开发之路打下良好的基础。
- 熟练运用 JavaScript 技术并不等于可以打造一个功能强大的 Web 应用,实际上,JavaScript 只是运用最为广泛的客户端技术之一,要想完成功能强大的 Web 应用,还需要把客户端技术和服务器端技术良好地结合起来才行。例如,在本章最后一个"树状菜单"的实例中就曾提到结合服务器端技术来实现动态自动更新的网站菜单。
- 在通常的商业应用中,服务器端技术始终是关注的重点。但是如果离开了功能强大的客户端技术,Web 应用真正的魅力却是无法发挥出来的。希望读者通过本章的亲手实践,能够熟练地运用 JavaScript 技术,同时再去学习一些服务器端的编程技术,从而构建出一个真正意义上的 Web 应用。

习 题 10

1. 本章的例 10-1 和例 10-6,一个是文字的移动特效,一个是图片的移动特效,所不同的是在图片的移动特效中使用了一些技巧使得图片可以连续滚动而没有缝隙。模仿例 10-6 的做法,对例 10-1 进行修改,使例 10-1 中的文字移动也可以连续起来。
2. 在本章的例 10-2 中,主要使用了 css 的滤镜效果。请仔细查阅 css 的相关技术文档,掌握其他一些主要的滤镜效果,并自己动手编写程序加以实践。
3. 在本章的例 10-3 和例 10-5 中,都用到了 Math 函数。在实际的运用中,常常使用 Math 相关的函数对对象的大小、形状和位置等变量进行调整和计算,以达到某种效果。仔细研究例 10-3 和例 10-5,模仿这两个例子中 Math 函数的使用方法,编写一个使用 Math 函数的程序。
4. 在本章的例 10-8 中,通过对 innerHTML 属性的控制实现了反复单击一个菜单项时的展开和隐藏功能。与这个方法不同的是,还可以事先定义一个 div 对象,通过控制 div 对象的是否显示的属性完成单击菜单时隐藏和展现菜单内容的类似效果。请回忆 div 对象的相关知识,并按上面的提示编写程序,实现一个树状菜单。完成后请进一步思考一下,这两种实现方式哪种比较好?为什么?

第 11 章 Cookie 与 JavaScript 安全

11.1 Cookie

在开发网站的过程中,经常需要在浏览器端保存一些数据,例如用户的状态信息等。要实现此功能,常用的技术手段有 Cookie、隐藏表单域和查询字符串。本章主要讲述 Cookie 的使用方法,包括创建 Cookie、读写 Cookie、修改 Cookie 以及删除 Cookie,同时还将为读者介绍 Cookie 的各种特性。

11.1.1 Cookie 概述

1. Cookie 的定义

Cookie 是一小段文本,存储着与某个特定网页或网站相关的信息,以便在不同页面之间、浏览器与服务器之间传递数据,即 Cookie 与某个特定网站关联在一起,对于不同站点的 Cookie,浏览器会分别进行保存。用户每次访问站点时,Web 应用程序都可以读取或向客户端发送相关的 Cookie 信息(日期、时间等)。例如,用户访问 www.ABC.com 站点,则 ABC 网站将不仅仅返回所请求的页面给此用户,还将发送必要的 Cookie 信息并保存在用户硬盘相应的文件夹内,当用户下次再访问 www.ABC.com 站点时,浏览器就会在本地硬盘上查找与该 URL 相关联的 Cookie,如果该 Cookie 存在,浏览器就将它与页面请求一起发送到此站点。

JavaScript 通过 document 对象的 Cookie 属性来实现 Cookie 机制,Cookie 属性可以存储一些少量的数据,也就是说,它是一个有容量限制的变量。

2. Cookie 工作机制

Cookie 可以通过 Http 协议实现,即服务器通过在 Http 的响应头中加入一行特殊的指示,以提示浏览器生成相应的 Cookie。除此之外,也可以编写 JavaScript 或其他脚本程序来实现。当 Cookie 与服务器进行通信时,浏览器按照一定的原则将相关的 Cookie 信息发送给服务器。

Cookie 的基本格式如下:

Cookiename + Cookievalue; expire = expirationdategmt; path = urlpath; domain = sitedomain

Cookie 内容中各项之间用分号分开,首先是 Cookie 的名字和值,接着是有效期、关联路径和域。其中"域"可以是一个域名也可以是主机名。存储在硬盘上的 Cookie 可以在不同的浏览器进程间共享，例如两个 Internet Explorer 窗口。

为了深入认识 Cookie 可以使用一些软件截取 Web 程序中用来设置 Cookie 头的代码进行分析，图 11-1 所示就是用 HTTPLook 软件截得的 Cookie 头的代码。

图 11-1　HTTPLook 所截得的 Cookie 头信息

3. Cookie 的局限性

首先，浏览器限制了 Cookie 的大小。一般情况下，浏览器支持容量为 4KB 的 Cookie。如果程序员想把少量的数据保存在 Cookie 中，则 Cookie 的容量已经足够，但如果想要保存大量的数据（超过 4KB），就不能使用 Cookie。

此外，浏览器限制了站点可以在用户计算机上保存的 Cookie 数。一般情况下，浏览器允许每个站点在客户端保存 20 个 Cookie。如果试图保存更多的 Cookie，则最先保存的 Cookie 就会被删除。还有些浏览器会对来自所有站点的 Cookie 总数作出限制，这个限制通常为 300 个 Cookie。

另外，由于用户可以自己在浏览器上设定是否接受 Cookie。所以，如果用户设置为不接受，则无法通过 Cookie 来保存数据。

4. 判断 Cookie 是否打开

Cookie 可以在浏览器端被用户关闭，但程序员可以编写一段小程序来判断客户端是否支持 Cookie 操作，即 Cookie 是否被关闭。

例 11-1　测试 Cookie 是否已经打开（TestCookieState.htm）

```
<html>
  <head>
    <meta http-equiv = "Content-Type" content = "text/html;charset = gb2312" />
    <title>测试 Cookie 是否已经打开</title>
  </head>
```

```
<script language="JavaScript">
    <!-加此标识为了避免不兼容的浏览器
    var CookieValide = "false";
    //如果浏览器是 Internet Explorer 4.0 以上版本或 NetScape 6.0 以上版本,则用此方法判断
    if(navigator.CookieEnabled)
    {
        CookieValide = true;
    }
    //如果浏览器不是 Internet Explorer 4.0 以上版本或 NetScape 6.0 以上版本,则可以
      用此段代码判断
    if (typeof navigator.CookieEnabled == "undefined" && ! CookieEnabled)
    {
        document.cookie = "buaa";
        if(document.cookie == "buaa")
        {
            CookieValide = true;
            document.cookie = "";
        }
    }
    if (CookieValide)
    {
        alert("此客户端支持 Cookie 操作!");
    }
    else
    {
        alert("此客户端不支持 Cookie 操作!");
    }
    //避免不兼容的浏览器-->
</script>
<body>
</body>
</html>
```

当浏览器支持 Cookie 时,例 11-1 运行的结果如图 11-2 所示。

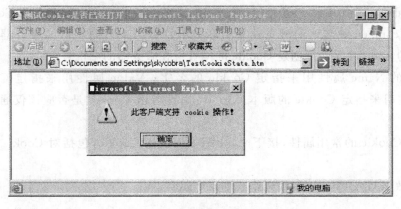

图 11-2　测试 Cookie 是否已经打开的运行结果(打开时)

当浏览器不支持 Cookie 时,例 11-1 的运行结果如图 11-3 所示。

图 11-3　测试 Cookie 是否已经打开的运行结果(关闭时)

11.1.2　使用 Cookie

1. Cookie 属性简介

在介绍如何使用 Cookie 之前,先介绍一下 Cookie 对象所拥有的属性。由于 Cookie 是一个类似字符串的对象,所以每个 Cookie 都有自己的一些重要属性,例如名字、值、生存期、可见性以及安全性。

控制 Cookie 生存期的属性是 Expires。例如,Response.Cookies("myCookie").Expires=Date+31;此语句设定 Cookie 的生存期为 31 天。超过 31 天后,将自动从硬盘中删除此 Cookie。在默认情况下,Cookie 的生存期是浏览器会话所持续的时间。

Cookie 的 Path 属性用来指定与 Cookie 相关联的网页,默认情况下,Cookie 还会与处在此网页的同一目录以及子目录下的所有网页建立关联。例如,一个 Cookie 与 www.ABC.com/cool/abc.html 建立了关联,则也会与 www.ABC.com/cool/gh/def.html 建立关联。另外,也可以指定 Path 属性使 Cookie 与同一个网站内的所有网页都建立关联,这需要用到另一个属性 domain,如果设 Path="/"和 domain=".sina.com.cn",那么此 Cookie 将与所有位于 sina.com.cn 域名下的网页建立关联。不管是否来自同一网络服务器。默认情况下,Cookie 的 domain 属性是创建 Cookie 的网页所在服务器的主机号。

Cookie 的 Name 属性用来指定 Cookie 的名字;Value 属性用来指定 Cookie 的值;Version 属性用来指定 Cookie 的版本;Secure 属性指出 Cookie 是否应该仅通过 Https 协议连接传输。

以上是 Cookie 的常用属性,接下来,介绍如何使用 Cookie,包括对 Cookie 写入和读取等操作。

(1) 把数据写入 Cookie 的代码格式如下所示:

```
documents.cookie = "name = value;"
```

（2）读取 Cookie 值的代码如下所示：

```
//这句代码表示把 Cookie 中的值赋给 varables 变量（所有的 Cookie 值被一起读出）
var varables = documents.cookie;
```

2. 存取 Cookie 对象

例 11-2 演示了如何通过 JavaScript 存取 Cookie 对象。

例 11-2 简单的 Cookie 测试程序（CookieTest.htm）

```
<html>
  <head>
    <meta http-equiv = "Content-Type" content = "text/html;charset = gb2312" />
    <title>Cookie 测试程序</title>
  </head>
<script language = "JavaScript">
   <!-加此标识为了避免不兼容的浏览器
   //set Cookie value;
   function setCookieValue()
   {
     document.cookie = document.form1.CookieValue.value;
     alert("Cookie 的值已被设定为："+ document.cookie);
     location.reload(true);
   }
   //避免不兼容的浏览器-->
</script>
<body>
   <script language = "JavaScript">
   <!-加此标识为了避免不兼容的浏览器
   //read Cookie's value;
   document.write("当前的 Cookie 的值为："+ document.cookie);
   //避免不兼容的浏览器-->
   </script>
   <form id = "form1" name = "form1" method = "post" action = "">
   <label>输入新的 Cookie 值：</label>
   <br>
    <input type = "text" size = 50 name = "CookieValue" />
   <br><br>
   <input type = "button" name = "setValue" onclick = "setCookieValue()" value = "set Cookie Value" />
   </form>
   </body>
</html>
```

例 11-2 运行界面如图 11-4 所示。

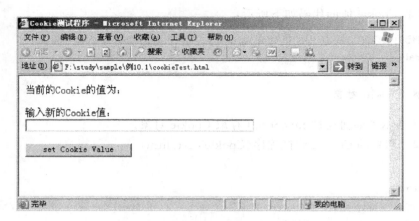

图 11-4　例 11-2 运行结果界面

从图 11-4 可以看出：初始情况下，Cookie 的值为空。在文本框中输入新的 Cookie 值，然后单击【set Cookie Value】按钮，则将目前网页所对应的 Cookie 值设成此文本框中的内容。同时，程序还会弹出对话框显示设定的值提醒用户，说明设定成功。运行的结果如图 11-5 所示。

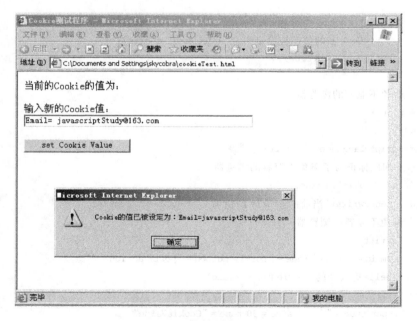

图 11-5　设定值后的运行结果

图 11-5 显示当前的 Cookie 值已经设定成功，当单击【确定】按钮后，将重新下载更新网页，结果如图 11-6 所示。

以上就是一个完整的 Cookie 测试程序，通过该程序说明了 JavaScript 可以灵活地操作 Cookie，实现写入与读取操作。例 11-2 包含两段 JavaScript，函数 setCookieValue 用来设定 Cookie 的值，而 body 中的脚本则用来读取并且显示 Cookie 值。

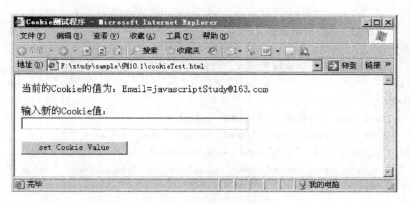

图 11-6 设定值并确定后的运行结果

3. 修改 Cookie 对象

Web 程序员要修改 Cookie,并不是直接修改客户端硬盘中的 Cookie 数据,因为 Web 服务器不能直接操作客户端的硬盘。修改 Cookie 实际就是创建新的 Cookie,然后发送给客户端,去覆盖客户端硬盘中原有的 Cookie 文件。例 11-3 演示了如何修改 Cookie。

例 11-3 修改 Cookie 操作演示(amendCookieState.htm)

```
<html>
    <head>
        <meta http-equiv = "Content-Type" content = "text/html;charset = gb2312" />
    <script language = "JavaScript">
    <!-加此标识为了避免不兼容的浏览器
        var exp = new Date();
        exp.setTime(exp.getTime() + (3000));
        var CookieString = document.cookie;
        if(CookieString == "")
        {
            document.cookie = "userName = tango;expires = " + exp.toGMTString();
            alert("目前 Cookie 中的值被设定成为:" + document.cookie);
        }
        //避免不兼容的浏览器-->
    </script>
    <script language = "JavaScript">
    <!-加此标识为了避免不兼容的浏览器
        function changeCookie()
        {
            var name = "userName";
            var value = document.form1.changedValue.value;
            var exp = new Date();
            exp.setTime(exp.getTime() + (3000));
            window.document.cookie = name + " = " + escape(value) + ";expires = " + exp.toGMTString();
            alert("目前 Cookie 中的值被修改成为:" + document.cookie);
```

```
        }
        //避免不兼容的浏览器-->
</script>
        <title>修改Cookie测试</title>
</head>
<body>
        <font size=6>修改Cookie演示</font>
        <form id="form1" name="form1" method="post" action="">
            <input type="text" name="changedValue" />
            <input type="button" name="chCook" onclick="changeCookie()" value="chCookie" />
        </form>
</body>
</html>
```

例 11-3 运行结果如图 11-7 所示。

图 11-7　例 11-3 运行的初始界面（设定 Cookie 的初始值）

当单击【确定】按钮后，运行结果如图 11-8 所示。

图 11-8　例 11-3 的 Cookie 修改界面

在文本框中输入修改后的值，单击【chCookie】按钮后，运行结果如图 11-9 所示，显示当前的 Cookie 值已经成功地修改为 UserName=BuaaSem。代码中包括了两部分脚本，其中第一部分用来设定初始的 Cookie 值，第二部分中的 changeCookie 函数用来修改已经存在的 Cookie 值。

图 11-9 例 11-3 运行修改成功后的界面

4. 删除 Cookie

删除 Cookie 即把存储在客户端硬盘中的 Cookie 文件删除,实际上是修改 Cookie 的一种形式。由于 Cookie 文件存储在客户端硬盘中,而站点不允许直接操作客户端硬盘,无法直接删除 Cookie 文件,所以实际上是通过浏览器删除与某站点相关联的 Cookie 文件。而浏览器本身也不能直接操作硬盘,只能通过修改 Cookie 的 Expires 属性来完成任务。例 11-4 演示了如何删除 Cookie。

例 11-4 删除 Cookie 操作演示(deleteCookie.html)

```
<html>
    <head>
        <meta http-equiv = "Content-Type" content = "text/html;charset = gb2312" />
    <script language = "JavaScript">
    <!-加此标识为了避免不兼容的浏览器
            var exp = new Date();
            exp.setTime(exp.getTime() + (3000));
            var CookieString = document.cookie;
            if(CookieString == "")
            {
                document.cookie = "userName = tango;expires = " + exp.toGMTString();
                alert("目前已经成功创建 Cookie,值被设定成为:" + document.cookie);
            }
    //避免不兼容的浏览器-->
    </script>
<script language = "JavaScript">
    <!-加此标识为了避免不兼容的浏览器
```

```
function deleteCookie()
{
    var name = "userName";
    var value = "tango";
    var exp = new Date();
    exp.setTime(exp.getTime() - 1000000);
    document.cookie = name + "=" + escape(value) + ";expires=" + exp.toGMTString();
    alert("Cookie 已经成功被删除");
    //check whether there is a Cookie in the current page.
    var checkCookie = document.cookie;
    if(checkCookie == "")
    {
        alert("当前网页已没有 Cookie");
    }
}
//避免不兼容的浏览器-->
</script>
    <title>删除 Cookie 操作演示</title>
</head>
<body>
    <form id="form1" name="form1" method="post" action="">
        <input type="button" name="deleteCook" onclick="deleteCookie()" value="删除 Cookie" />
    </form>
</body>
</html>
```

例 11-4 运行的结果如图 11-10～图 11-13 所示。

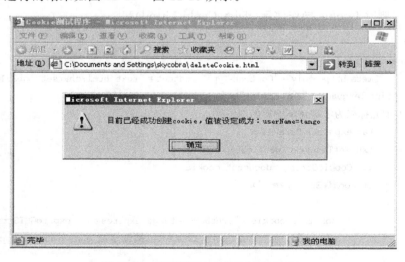

图 11-10 运行例 11-4 成功创建 Cookie

图 11-10 弹出对话框说明已经成功创建 Cookie，单击图 11-10 中的【确定】按钮后，出现图 11-11 所示界面。

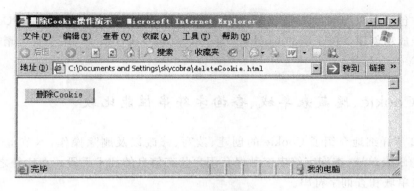

图 11-11　例 11-4 运行界面

单击图 11-11 中【删除 Cookie】按钮后,出现图 11-12 所示界面,显示成功删除当前网页在初始化时所创建的 Cookie。

图 11-12　例 11-4 成功删除 Cookie 界面

成功删除初始化时所创建的 Cookie 后,程序还将检查并判断当前网页的 Cookie 是否还存在于硬盘中。单击图 11-12 中的【确定】按钮后,出现图 11-13 所示界面,提示当前网页中的 Cookie 确实已经被删除。

图 11-13　例 11-4 删除 Cookie 成功后检测是否还有 Cookie

程序中包括两段脚本,其中第一段用于在网页打开时创建一个测试用的 Cookie 对象,并提示已经成功创建了一个新的 Cookie;第二段是 deleteCookie(),用于实现删除初始化时所创建的 Cookie 对象。

11.1.3 Cookie、隐藏表单域、查询字符串性能比较

11.1.2 节详细地介绍了 Cookie 的创建、读写、修改以及删除操作,本节将分析并比较 Cookie 与隐藏表单域、查询字符串三种保存用户状态信息的技术手段。在比较之前,先介绍一下隐藏表单域和查询字符串。

1. 隐藏表单域

隐藏表单域就是在 HTML 中添加一个隐藏域(在网页显示时不可见),用这个隐藏域的 value 属性来保存数据。

先在网页中添加如下代码:

```
<form id = "form1" name = "form1" method = "post" action = "">
  <input type = "hidden" name = "hiddenField" value = "BUAASEM" />
</form>
```

然后程序员就可以在 JavaScript 中,通过 document.form1.hiddenField.value 去访问此隐藏域中所保存的信息。为了使读者更深入地理解隐藏表单域的使用,下面将通过例 11-5 演示如何操作。

例 11-5 隐藏表单域操作演示(hiddenField.html)

```
<html>
    <head>
        <meta http-equiv = "Content-Type" content = "text/html;charset = gb2312" />
        <title>隐藏域操作演示</title>
        <script language = "JavaScript">
        <!-加此标识为了避免不兼容的浏览器
        function showValue()
        {
        var hdValue = document.form1.hiddenField1.value;
        alert(hdValue);
        }
        function amendHD()
        {
        var amendValue = document.form1.textfield1.value;
        document.form1.hiddenField1.value = amendValue;
        alert("隐藏域的值已修改为:" + document.form1.hiddenField1.value);
        }
        //避免不兼容的浏览器-->
        </script>
    </head>
```

```
<body>
    <form id = "form1" name = "form1" method = "post" action = "">
      <label>
      <input type = "button" name = "showHiden" onclick = "showValue()" value = "显示隐藏域值" />
      </br>
      <input type = "text" name = "textfield1" />
      </label>
      <label>
      <input type = "button" name = "amendHidden" onclick = "amendHD()" value = "修改隐藏域值" />
      </label>
      <input type = "hidden" name = "hiddenField1" value = "隐藏域的值为：Buaa-sem" />
    </form>
  </body>
</html>
```

例 11-5 运行结果如图 11-14～图 11-16 所示。

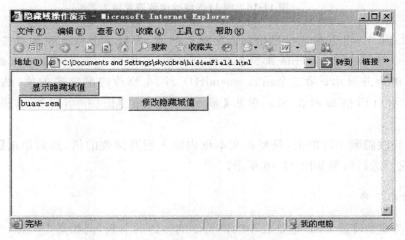

图 11-14　例 11-5 运行初始界面

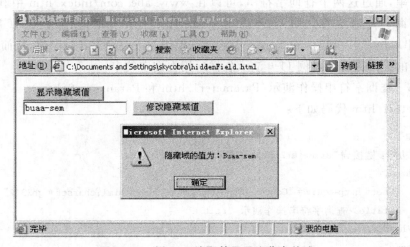

图 11-15　例 11-5 读取并显示隐藏表单域

图 11-16 例 11-5 修改隐藏表单域

在图 11-14 中,可以在文本框中输入要修改的值,而后单击修改隐藏域按钮来修改隐藏域的值。在程序中,JavaScript 部分包括两个函数,其中第一个函数 showValue()用来读取隐藏字段的值并显示;第二个函数 amendHD()用来修改隐藏字段的值,然后把修改后的值通过提示对话框显示出来。单击【显示隐藏域值】按钮后,运行结果如图 11-15 所示。

如果要修改隐藏字段的值,只要在文本框内输入所要修改的值,然后单击【修改隐藏域值】便可完成。运行结果如图 11-16 所示。

2. 查询字符串

查询字符串是通过 URL 地址在不同网页之间传递的参数,例如某个 URL 为 www.abc.com/index.htm? userId＝200201＆name＝tango,其中,userId＝200201＆name＝tango 就是查询字符串,通过这两个查询字符串,可以在 www.abc.com/index.htm 中利用 Request 对象读取查询字符串中的数据,也可以用 JavaScript 中 location 对象的 href 属性将整个 URL 字符串取出,然后利用 JavaScript 中的字符操作方法去操作其中的值,从而实现保存少量数据的目的。下面将通过例 11-6 演示怎样运用查询字符串。

例 11-6 查询字符串操作演示(Parameter1.htm 和 Parameter 2.htm)

Parameter1.htm 代码如下:

```
<html>
    <!--功能:链接到 Parameter2.htm,传递带查询字符串的 URL-->
    <head>
        <meta http-equiv = "Content-Type" content = "text/html;charset = gb2312" />
        <title>查询字符串操作演示</title>
    </head>
    <body>
```

```html
    <form id="form1" name="form1" method="post" action="">
      <label>
      <a href="./parameter2.htm?username=tango">链接到[./parameter2.htm?username=tango]</a>
      </label>
    </form>
  </body>
</html>
```

Parameter2.htm 的代码为：

```html
<html>
  <!--功能：利用 JavaScript 代码获取 Parameter1.htm 页面传递来的 URL,并取出查询字符串-->
  <head>
    <script language="JavaScript">
      <!-加此标识为了避免不兼容的浏览器
      function showStr()
      {
        var str = location.href;
        var len = str.length;
        var chStr = str.split("?");
        alert("查询字符串的值为："+chStr[1]);
      }
      //避免不兼容的浏览器-->
    </script>
    <meta http-equiv="Content-Type" content="text/html;charset=gb2312" />
    <title>查询字符串操作演示</title>
  </head>
  <body>
    <form id="form1" name="form1" method="post" action="">
      <label>
      <font size="5">查询字符串操作演示</font><br><br>
      <input type="button" name="showString" onclick="showStr()" value="显示查询字符串的值" />
      </label>
    </form>
  </body>
</html>
```

Parameter1.htm 页面运行结果如图 11-17 所示。

单击图 11-17 中的超级链接,转到 Parameter2.htm 界面,结果如图 11-18 所示。

单击【显示查询字符串的值】按钮后,通过 JavaScript 脚本将查询字符串的值显示出来,运行结果如图 11-19 所示。

图 11-17　例 11-6 中 Parameter1.htm 页面的运行结果

图 11-18　例 11-6 中 Parameter2.htm 页面的运行结果

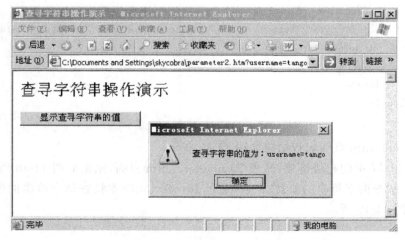

图 11-19　例 11-6 Parameter2.htm 网页的运行效果

3. Cookie、隐藏表单域及查询字符串的性能比较

(1) 保存信息的有效时间

Cookie 对象可以设定它的有效时间,从而实现长期保存,而隐藏表单域和查询字符串都不能实现长期保存,只是在会话期间有效。

(2) 存储容量

Cookie 对象是一个类似字符串的变量,最大可以保存 4KB,而隐藏表单域和查询字符串没有明确的限定。事实上,在编程时也不可能在隐藏表单域和查询字符串中保存大量的数据,往往只是一个很短的字符串。

(3) 不同浏览器的支持情况

大部分常用的浏览器都支持 Cookie 功能,而所有的浏览器都支持隐藏表单域和查询字符串功能。

(4) 服务器支持情况

不是所有的 Web 服务器都支持 Cookie 功能,但常见的 Web 服务器都支持,所以还是可以放心地运用;几乎所有的 Web 服务器都支持隐藏表单域和查询字符串功能。

(5) 系统开销

通过 Cookie 的工作机制就可以知道,Cookie 功能的实现是需要进行 I/O 操作,即读写硬盘的,而 I/O 操作占用系统资源比较多。此外,客户端中 Cookie 数据增多,会占用硬盘空间,同时还有可能出现其他问题,例如,安全问题。因为 Cookie 数据存储在客户端硬盘中,有可能被别人获取,从而暴露用户的一些隐私信息。而隐藏表单域和查询字符串数据都是存储在内存中,占用的资源相对来说比较少,并且因为数据读入了内存,所以访问速度比较快。

(6) 数量限制

浏览器对 Cookie 的数量是有限制的,不同的浏览器允许 Cookie 的数量不一样,而所有的浏览器对隐藏表单域和查询字符串没有数量的限制。但一般情况下,程序员也不会在网页中使用很多的隐藏表单域和查询字符串。

通过对比分析,读者可以深入认识到 Cookie、隐藏表单域和查询字符串各自的优势和不足。通常情况下,很难说哪个好,哪个不好,它们不是替代关系,而是互相补充。在某些情况下,可能 Cookie 比较好,而在另外的情况下,使用隐藏表单域更加方便、简洁。因此在开发 Web 程序时,应该根据具体的情况,灵活地选择最适合的策略。

11.2 JavaScript 中的安全概览

JavaScript 主要用在 Web 开发中,由于 Internet 具有完全的开放性,所以引入 JavaScript 必须保证安全性。进行 Web 开发时,由 JavaScript 编写的程序块将嵌入在 Web 页面中,当客户向服务器请求该页面时,服务器就会把 JavaScript 等相关内容发送给客户端,然后在客户端中执行,所以必须保证 JavaScript 的安全,不能包含恶意功能,破坏用户的

数据或隐私。目前有许多有效途径可以保证 JavaScript 的安全性,具体如下。

➢ **策略:去掉或不支持一些功能**

JavaScript 的功能很强大,但是为了保证安全,JavaScript 不能操作客户端中的文件系统,即不能访问用户的本地资源,包括查看文件、删除文件、修改文件以及对文件目录的任何操作。除了不提供操作文件系统的功能外,JavaScript 也不具有操作计算机网络的功能,即不能利用 JavaScript 实现与网络中的另一台计算机互连。

➢ **对 JavaScript 的某些特性加上限制**

对客户端 JavaScript 的某些特性加上安全限制,具体如下:

(1) 不具有 UniversalBrowserRead 特权,从而不能读取 history 对象的数据,因为这些信息是私有的。

(2) 没有 UniversalFileRead 功能,即程序员不能设定 FileUpload 对象的 Value 属性,从而不能上传那些不安全的文件。

(3) 不具有 UniversalSendMail 特权,在没有用户确认的情况下,JavaScript 不能把一些数据直接发送到一个指定的邮件地址内。

(4) JavaScript 要想关闭一个 Windows 窗口,必须取得用户的确认,否则就不能关闭,但如果窗口是 JavaScript 自己打开的,则可以直接关闭,这样可以防止恶意程序关闭用户自己的窗口,迫使程序退出。

(5) 不具有 UniversalBrowserWrite 特权,这样就不能修改用户浏览器的显示选项,例如状态栏、工具栏等,同时也不能设置 Event 对象属性等。

11.3 JavaScript 中的安全模型

这一节将主要介绍 JavaScript 中的安全模型,例如,同源策略、数据感染、脚本签名策略等。通过这些安全模型,更进一步保证 JavaScript 的安全性。

11.3.1 同源策略

JavaScript 安全模型中的同源策略安全机制影响很大,这条策略简称"同源(same origin)"策略。此安全策略要求 JavaScript 脚本只能读取与它来自同一个源的窗口或文件的属性,即必须是同一主机上的资源,通过同一端口下载,下载协议相同。如果 JavaScript 脚本要操作来自不同源的窗口或文档,则要求 JavaScript 具有 UniversalBrowerRead 或 UniversalBrowerWrite 特权,其中,UniversalBrowerRead 特权可以读取不同源的窗口或文档的属性。UniversalBrowerWrite 特权可以写或修改不同源的窗口或文档的属性。如果脚本同时具有这两种特权,就拥有 UniversalBrowerAccess 特权,对不同源的窗口和文档的属性既能进行读操作,也能进行写操作。

同源策略能保证私有信息不被恶意脚本所窃取。如果没有这一安全策略,一个带有恶意的窗口脚本就可以窃取另一个窗口中的信息,从而使用户的私有信息受到威胁。

当然,同源策略过于严格的安全制约有时也给程序员带来一些不便。例如,一个站点是多服务器的，一台服务器可能有时需要访问另一台服务，读取相关的属性或数据，这时同源策略是不允许的。对此，可以在 JavaScript 的 document 对象中加入 domain 属性，通过设置这一属性解决此问题。

11.3.2 数据感染

数据感染（Data Tainting）安全模型是在 Navigator 3 中引入的，而在 Navigator 4 已不再使用。该模型要求受污染的数据不能离开客户端，即不能提交污染数据。这一策略从理论上讲没有问题，但在实际中不大适用，默认情况下不能启动，必须在客户端进行繁杂的设置，因此不可能成为通用模型。数据感染安全模型已经被有签名的脚本和基于特权的安全模型所取代，因此在这不再详述。

11.3.3 脚本签名策略

1. 脚本签名简介

JavaScript 的签名安全模式来源于 Java 签名对象安全机制。签名的脚本可以请求扩展的特权以获取访问受限制的信息。JavaScript 脚本签名实际是一种数字签名，而数字签名是一种加密技术，是不能被伪造也不能被修改的，因此，一个带签名的脚本就能确定此脚本的来源，但不能确定此脚本的可信度。要确定脚本的可信度，则要根据此脚本的作者或来源进行判断，用户可有选择地授予某种特权。

如果想要给自己的 JavaScript 进行签名，则需要下载一个包，即 Netscape 提供的 signtool 程序，下载地址为：http://developer.netscape.com/software/signedobj/jarpack.html。如果 JavaScript 程序包含在不同的文件或由很多代码段组成，则需要给每个程序段都签名。

2. 进行脚本签名的准备工作

要使用 signtool 为一个 HTML 文件中的 JavaScript 脚本签名，需要在＜script＞标记中设置 archive 属性，用来指定数字签名的 jar 文件文件名和存放的位置，因为数字签名集中存放在一个 jar 文件中。一般情况下，JavaScript 程序只有一个文件，则只要设置一次 archive 属性，那个指定的 jar 文件就是其他 JavaScript 代码块默认的存放数字签名的位置；如果 JavaScript 程序有多个文件，则需要在每个 HTML 文件的第一个＜script＞标记中加入 archive 属性。

例 11-7 演示了如何设置 archive 属性。

例 11-7 设置 archive 属性

```
<--通过设置 src 属性，将一个单独的 JavaScript 文件包括到 HTML 文件中，则只要
    用 archive 属性指定它的 jar 文件即可，而不需要设定 id，因为此脚本已
    经拥有名字，此 JavaScript 文件将被放入 jar 文件中。
-->
<script language = "JavaScript" archive = "abc.jar" src = "./abc.js">
</script>
```

```
<--下面这段 JavaScript 是直接嵌入在 HTML 文件中,因此必须在<script>标签中加入 id 属性,以
    便给这一段脚本赋予名字,而没有必要设置 archive 属性,因为它隐式地使用第一个<script>
    标记中的 archive 属性
-->
<script language = "JavaScript" ID = js2>
    function showStr()
    {
        var str = location.href;
        var len = str.length;
        var chStr = str.split("?");
        alert("查询字符串的值为:" + chStr[1]);
    }
</script>
```

3. 测试证书

在进行数字签名之前,用户必须有自己的数字证书,即所谓的"测试证书"。这个证书由可信的第三方签署,用来证明您的身份。所幸的是,signtool 会为程序员生成一张测试证书,在开发与检测程序时可以使用。

4. 为脚本签名

如果在 HTML 文档中设置好各参数,同时拥有了测试证书,就可以用 signTool 工具来为一个脚本签名,即生成一个含有必要数字签名的 jar 文件。整个操作的过程如下:

(1) 创建一个新目录。

(2) 把 HTML 文件和 JavaScript 文件复制到步骤(1)所建的空目录中。

(3) 调用 signtool,用选项-J 指定它要签署的 HTML 文件和 JavaScript 文件,用选项-K 来指定签名所用的证书,把新创建的文件夹作为最后一个参数。

(4) 运行 signtool,完成之后,在新的目录将出现一个 jar 文件,文件的名字是在 HTML 文件<script>标记中指定的 archive 属性的 jar 文件名。同时还有一个后缀为.arc 的目录,是 jar 文件的解压版本。该目录不是必须的,可以删除。

到此为止,就完成了对一个脚本代码签名的全过程。

本章只提供 JavaScript 安全模型的一个概览,关于如何实现 JavaScript 脚本签名和其他更具体的信息请参阅其他资料。

本 章 小 结

➢ 本章首先介绍了 Cookie 对象和它的相关操作,同时还简要地介绍了其他两个能够实现保存用户状态信息的技术手段,即隐藏表单域和查询字符串。

➢ 本章在细致讲解 Cookie、隐藏表单域和查询字符串的基础上,还对三者进行了比较。

➢ 由于 JavaScript 应用广泛,所以其安全问题不容忽视。本章从 JavaScript 的安全模型

和安全策略出发,向读者详细介绍了 JavaScript 中关于安全方面的内容。

习 题 11

1. 什么是 Cookie 以及它的作用?
2. 如何创建 Cookie 对象?
3. 如何操作 Cookie,例如读写 Cookie 数据以及修改、删除等?
4. Cookie、隐藏表单域和查询字符串三种技术手段有什么不同?
5. JavaScript 的安全模型有哪些?

第12章 Ajax技术基础

技术的进步永远都只能用"日新月异"这个词来形容。在这新一次的"Web2.0"风潮中，Ajax毫无疑问地成为技术上的"领衔主演"。那么，到底什么是Ajax？它与本书的主题JavaScript又有什么联系呢？如何使用Ajax技术？在这一章里，笔者将从Ajax技术的定义开始，结合具体的示例，向读者介绍Ajax的核心对象XMLHttpRequest，以及如何利用XMLHttpRequest完成与服务器的交互。希望能通过这样一个简单、清晰地介绍，向读者揭开Ajax的神秘面纱。

12.1 Ajax简介

迄今为止，软件技术领域对Ajax技术尚且没有一个公认的、准确的定义。Ajax是Asynchronous JavaScript XML的缩写，即异步JavaScript XML，其特征就是允许浏览器与服务器通信而无须刷新当前页面。如今，Ajax泛指所有可以实现与服务器交互而不用刷新当前页面的技术。但是确切地说，Ajax不应该算是一种"新技术"，反而更像是由于浏览器（Mozilla 1.0和Safari 1.2）的新的支持而在原来技术的基础上产生的一种新的应用，常用的JavaScript正是Ajax技术的主要组成部分。

12.1.1 Web技术当前发展遇到的问题

任何技术的发展都会经历一个遇到问题、解决问题、再遇到新问题的过程，在这样一个过程中，技术得以发展，人们的生活得以改变。Web技术也是这样，从当初简单的静态页面，到如今栩栩如生、丰富多彩的动态交互，再到令人耳目一新的Web 2.0，Internet已经从最初的科学研究领域发展到了商业领域，又从商业领域发展到了每个人的生活中。每一次技术前进的脚步都那么让人记忆犹新。

1. 最初的静态页面

最初，当HTML语言还是一项新技术的时候，几乎所有的网站都是静态的。这些网站的Web页面只不过是使用HTML语言"格式化"的电子文本，通过网络协议把这些信息传输到请求它的地方。在Web技术发展的初级阶段，这种静态页面确实可以满足几乎所有的需求——科学家们利用它来做研究，高校的学者们利用它来交换论文和技术成果，一些政府机构还能利用它来向公众发布信息。然而，当企业家们也把目光投向 Web 技术的时候，单纯的静态页面就根本无法满足需要了，Web 用户需要有更丰富的用户体验和更强大的功能支持。

2."百家争鸣"的动态网页技术

为了克服静态网页交互性差、功能低下的缺点，各种动态网页技术如雨后春笋般涌现出来。

公共网关接口（Common Gateway Interface，CGI）是指定 Web 服务器如何使用外部程序的标准，遵循这些标准的程序就是 CGI 程序。利用 CGI 技术，就可以使用各种脚本语言，如 Perl 等来编写 CGI 脚本程序访问数据库，并显示返回的数据结果。CGI 技术的出现可谓是一场革命，它第一次真正实现了动态的 Web 页面。但是，由于在安全上存在不小的漏洞，而且编写程序过于复杂，现在大部分的网站已不再使用 CGI 了。

接下来就是 Java 小应用程序的应用。Java 小应用程序即 Applet，它不是独立的应用程序，无法在浏览器窗口以外执行。但是，相对于 CGI 而言，程序的编写比较简单，更加容易维护，特别是在与用户交互方面，提供了非常强大的功能。一个很常见的例子就是各个大网站的"地图"功能。例如百度的地图，显示了一些大城市的地理状况，可谓是一个简单的地理信息系统，其中用到的就是 Applet 技术。Applet 提供的丰富的用户体验甚至是当今最流行的 Web 页面设计语言都无法达到的，这也是其能够一直广泛应用的重要原因之一。

在 Applet 技术之后就是本书的主角 JavaScript 了。JavaScript 是著名的 Netscape 公司发明的一种 Web 脚本语言，设计的初衷是为了让不熟悉 Java 程序设计的网页设计人员也能轻松地开发 Applet。JavaScript 语法简单，并且和 Applet 以及 DOM（Document Object Model）综合运用之后能够获得非常强大的动态网页效果。但是，JavaScript 缺少强大的开发工具，错误的调试以及程序的维护都非常困难，而且在发布之初也并不是所有的浏览器都能够提供支持，因此，种种原因使得 JavaScript 的发展历程比较坎坷，甚至一度颇受非议。但是如今，Ajax 的兴起又使 JavaScript 重新回到了舞台的中央，这一点将在下一小节中进行介绍。

动态 Web 技术发展到今天，就是各个网页设计语言的鼎盛时期。如今主流的技术包括 Sun 公司的 Servlet 和 JSP（Java Server Pages）技术，Microsoft 公司的 ASP（Active Server Pages）及其后继的 ASP.NET，以及异军突起的脚本语言 PHP（Hypertext Preprocessor）等。与之前的那些技术相比而言，它们又有了一个很大的进步。具体表现在：一是使网页的界面设计和业务逻辑的处理得到了不同程度的分离，使美工人员可以专注于网页的美工设计，程序设计人员可以专注于业务流程的处理，大大提高了开发效率，降低了系统维护的难度和成本；二是都能够动态地生成 HTML，出色地完成与服务器的交互。

3.当前 Web 技术发展面临的新困难

Web 技术发展达到今天，无论是从界面的美工设计还是与服务器交互的强大功能，都仿佛是达到了一个巅峰，似乎无论什么样的用户需求都可以得到解决，然而实际情况却并非如此。当 Web 用户越来越习惯于今天的交互体验之后，更高的要求就油然而生：能不能网页刷新的速度再快一点？页面呈现的内容能不能更加动态和精彩？能不能不用在单击【提交】按钮的时候才把所有的数据都发送到服务器进行验证？网上冲浪的时候能不能有非常酣畅淋漓的感觉？……

所有的这些需求都对如今的 Web 技术提出了挑战。这些需求无疑都一一击中了 B/S 架构技术的痛处，即 B/S 架构技术不适合处理大数据量的访问。例如，如果一个网上商店里面的某一类商品共有 500 种，那么在用户要单击某张网页查看一类商品的时候，开发人员要怎么做呢？一般来说有两种做法：一种是一次把所有的数据都从数据库中取出来，但是这种做法明显太过于占用系统资源，一旦商店的访问量有所上升，比如同时有几十或者几百人在线，那么服务器可能会马上崩溃；另外一种就是一次只取少量的数据，比如 20 条，用户再次单击网页，希望查看更多信息的时候再去访问数据库，同样的，在网站访问量较大的时候，会由于对数据库的过度访问而导致类似的事情发生。即使网站能够勉强维持运行，页面的刷新也会让用户觉得回到了拨号上网的时代。那么，应该如何处理这类问题呢？

一般来说，如果数据量的确很大的话，将优先选择采用 C/S 架构和胖客户端技术，有的甚至会使用 Flash。它们有的对大量数据的处理比较有优势，有的能够给用户非常不错的体验。但是这样的方案也存在缺点，其中最大的缺点就是必须在每个客户端上都安装客户端软件并进行不同复杂程度的部署，特别是每次版本升级的时候，如果客户端不能进行智能更新的话，那将是一件非常麻烦的事情。所以，这也不能算是一个好的解决方案，至少对于全世界上亿的用户来说，不能指望每个人在享受服务前都有耐性去下载新的客户端进行安装。

其实，问题的症结就在于，当初 Internet 的应用目的就是给科学家和学术机构之间作信息交流之用，其根本上是一种"请求/响应"的模式，那个时候没有考虑会话状态，也没有考虑用户体验。正是因为"请求/响应"模式带来的一种"同步性"造成了今天不尽如人意的用户体验，用户每发送一次请求就必须重新刷新页面，这实在是一个很大的缺陷。

全世界的开发人员并没有对这个明显的缺点视而不见，相反，他们提出了很多的解决方案。例如，Microsoft 公司就对交互式的应用提出了"远程脚本（remote scripting）"的概念。远程脚本允许开发人员创建以异步方式与服务器交互的页面，在进行某一项更新时不需要刷新整个页面，这的确是一个不小的进步。但是局限是远程脚本仅仅局限于 Microsoft 公司自己的平台和技术中，这也是 Microsoft 一向的风格。

12.1.2 Ajax 的出现

如今，随着 Web2.0 的浪潮，Ajax 使得开发人员在考虑客户需求的时候在技术上又多了一种选择。一方面，Ajax 不像胖客户端技术那样，它无须进行任何的客户端部署工作；另一方面，由于 Ajax 是基于异步的服务器调用，所以它能提供像胖客户端那样获得丰富的用户体验。可以说，Ajax 是 Web 技术发展的又一个里程碑。

正如前面提到的，Ajax 准确地说不能算是一门技术，只能算是一种新的应用，或者说是技巧，甚至有人评价说 Ajax 只不过是"新瓶装旧酒"，并没有什么技术上的突破。公允地说，确实是这样的。首先，Ajax 的主要组成是 JavaScript 语言，Ajax 的核心理念就是通过 JavaScript 语言和一些其他的技术来实现对服务器的异步调用；其次，Ajax 用到了一个叫做 XMLHttpRequest 的对象，这个对象是实现 Ajax 的核心，但是实际上这也不是什么新东西，

XMLHttpRequest 对象其实早在 Microsoft 公司在 2000 年左右发布 Internet Explorer 5.0 的时候就已经作为 ActiveX 的组件出现了；最后，Ajax 的实现还与 DOM 有关。所有的这些技术都是旧的，但是就在最近，由于浏览器（Mozilla1.0 和 Safari1.2）对 XMLHttpRequest 对象的广泛支持，特别是随着 Google Maps、Google Suggest 等的应用，XMLHttpRequest 对象已经成为了事实上的工业标准，也正是这一点促使了 Ajax 技术的诞生和迅速发展。

　　Ajax 技术的核心和关键就是改变了传统的 Internet 的"请求/响应"模式。Web 应用的开发人员现在可以利用 Ajax 技术轻松实现对服务器的异步调用，也就是说，现在可以在浏览器中完成许多以前只能在胖客户端上完成的工作。

　　例如，读者都有在某个网站上注册的经历，很多的网站对用户注册时填写的数据都是有要求的，如不能有重复的用户名，因此如果要想知道所填写的用户名是否已经存在，只有当填完所有数据，单击【确定】按钮的时候，程序通过把浏览器中的表单数据返回服务器进行检验之后才能知道。这是一个"痛苦"的过程，因为大量的数据需要服务器进行处理。但是，如果这个网站使用了 Ajax 技术，那么这项工作就可以在你填写表单的过程中"神不知鬼不觉"地完成。当作为事件触发源的域有变化，例如接受用户输入的文本框在得到焦点之后又失去了焦点，这就会触发一个事件，向服务器传递参数并发送请求，来验证填写的用户名是否重复，并且不影响用户的当前输入，即不会对页面的数据进行刷新。这样一来，用户在单击【确定】按钮的时候，检验用户身份这一类的工作都已经事先处理好了，与服务器的交互很快就可以完成，想象一下，用户的感觉必定会非常的痛快。而这些变化，恰恰是 Ajax 提供给程序员的。

12.1.3　Ajax 相关技术

　　对于 Ajax 来说，它实际上是一种客户端技术，而且 Ajax 并不关心与之交互的服务器端技术，无论运行在服务器上的程序是 Java、.NET、Ruby、PHP 还是 CGI，在客户端都可以实现 Ajax。

　　与之前的传统的 Internet 交互模式"请求/响应"不同，Ajax 是异步调用服务器的，并且每次对服务器的调用很可能只是返回当前页面中的某一部分数据。而当今主流的 Web 技术都是同步对服务器进行调用，而且传递的数据往往是整个表单。这是 Ajax 技术与传统 Web 技术的区别。

　　Ajax 主要的技术是 JavaScript，要想用好 Ajax，必须对 JavaScript 有一定的理解和编程经验；另外还需要会使用 DOM 以及网页设计的基础知识，如 HTML、CSS 等，如果读者对 XML 还有一定的了解，那么对于学习 Ajax 就是再好不过了。读者没有必要精通上述的这些技术，但是基本的掌握还是必要的。

12.1.4　使用 Ajax 的注意事项

　　在使用 Ajax 之前，需要说明以下三点：

　　（1）Ajax 的使用条件，那就是必须保证用户使用的浏览器版本必须在 Internet Explorer 5.0、Mozilla 1.0 和 Safari 1.2 之上，否则将不能有效地支持 Ajax 技术，也就无法领略辛辛苦苦打造出的一片天地。

（2）Ajax 技术的确能够给用户体验带来很大的改善，但是同样希望读者能够了解并不是所有的用户都喜欢太过于花哨的东西。正如前面所举的例子，用 Ajax 来实现表单数据的验证就是一个不错的想法，可以从这里开始尝试着如何能为自己客户提供更好的网上体验而又不会招致他们的反感。

（3）在开源社区里面有着越来越多的 Ajax 方面的技术，应该对这些技术保持关注，并考虑是否可以把它们之中的好点子用到自己的网站中去。

12.2　简单的 Ajax 实例

在 12.1 节中，主要是简单回顾了 Web 技术发展的历史，并详细介绍了 Ajax 这一新技术。在接下来的这一节里面，首先要讨论 Ajax 技术实现的一个关键——XMLHttpRequest 对象，并了解其常用的方法和属性，最后以一个简单但是完整的实例向大家讲解如何利用 XMLHttpRequest 对象完成与服务器的交互。

有一点需要说明的是，XMLHttpRequest 对象并不符合 W3C 的标准，所以它的实现在不同的浏览器中会有区别。但是这并不会对 XMLHttpRequest 对象的广泛使用产生太大影响，当前业界的主要浏览器都对 XMLHttpRequest 对象提供了支持。

12.2.1　XMLHttpRequest 对象的创建

在使用一个 XMLHttpRequest 对象与服务器进行交互之前，必须先用 JavaScript 语言创建一个 XMLHttpRequest 对象。

由于 XMLHttpRequest 对象并不是一个 W3C 标准，不同的浏览器在实现 XMLHttpRequest 对象的时候，方法是不同的。例如，在 Microsoft 公司的 Internet Explorer 中，是把 XMLHttpRequest 当作一个 ActiveX 对象；而在其他的主流浏览器中，如 Firefox、Safari 和 Opera 等，是把 XMLHttpRequest 当成一个本地 JavaScript 对象处理的。正是由于存在这些差别，在创建一个 XMLHttpRequest 对象的时候，必须考虑到这一点，从而创建出一个在任何浏览器中都能正常使用的 XMLHttpRequest 对象。

例 12-1　创建一个 XMLHttpRequest 对象

```javascript
var xmlHttpRequest;
function getXMLHttpRequest()
{
    if (window.ActiveXObject)
    {
        xmlHttpRequest = new ActiveXObject("Microsoft.XMLHTTP");
    }
    else if (window.XMLHttpRequest)
    {
        xmlHttpRequest = new XMLHttpRequest();
    }
}
```

从例 12-1 可以清楚地看到，创建一个 XMLHttpRequest 对象还是比较简单的。程序中首先声明了一个 JavaScript 全局变量 XML HttpRequest，目的是保存对将要创建出的 XMLHttpRequest 对象的引用。然后在 getXMLHttpRequest()中，通过一个 if 条件语句来判断当前的浏览器情况：如果当前的浏览器支持 windows 的 ActiveX 组件，那么 window.ActiveXObject 语句就会返回 true，表示当前的浏览器是 Internet Explorer，然后通过传入的"Microsoft.XMLHTTP"字符串，表示要创建一个 XMLHttpRequest 对象；如果 window.ActiveXObject 的调用失败，结果会返回 false，表示当前的浏览器不是 Internet Explorer，这样程序会转而执行判断浏览器是否支持把 XMLHttpRequest 作为一个本地的 JavaScript 对象，如果是的话，就会创建对象。

这样一来，XMLHttpRequest 对象的创建工作就顺利完成了。由于 XMLHttpRequest 在不同浏览器上的方法和属性都是相同的，开发人员在后面的调用中就不必再受到浏览器的限制了。

12.2.2 XMLHttpRequest 对象常用的方法与属性

在创建了一个 XMLHttpRequest 对象之后，就要学着如何来使用它了。首先，必须理解并牢牢记住它的常用方法和属性，这些内容在 Ajax 程序的设计中起到了至关重要的作用。表 12-1 列出了 XMLHttpRequest 对象的主要方法。

表 12-1　XMLHttpRequest 对象的主要方法

方　　法	说　　明
abort()	停止向服务器发送当前请求
getAllResponseHeaders()	当服务器对客户端发送的请求做出响应的时候，这个方法能把得到的所有响应的首部作为键/值对返回
getResponseHeader(string header)	当服务器对客户端发送的请求做出响应的时候，这个方法能把指定的首部的信息作为字符串返回。参数 header 即用来指定某个响应的头部
open(string method, string url, boolean asy, string username, string password)	建立与服务器的交互关系，其中，参数 method 指定向服务器传送数据的方法；参数 url 指定服务器资源所在的位置；参数 asy 指定本次交互是异步的还是同步的；参数 username 指定发送请求的用户名；参数 password 用于指定发送请求的密码
send(content)	向服务器发送请求，参数 content 可以是一个字符串，同时也可以是一个 DOM 对象
setRequestHeader（string header, string value)	当向服务器发送请求的时候，可以把指定的某个头部设置为所提供的值，其中，参数 header 指定一个请求的头部；参数 value 为要设定的值

下面我们就来一一解释一下这些重要的方法。

➢ abort()：该方法很简单，就是停止当前向服务器发送的请求。

➢ getAllResponseHeaders()：当服务器对于客户端发送的请求成功给予响应了之后，就会加上 Http 协议的头部来对返回的信息进行包装，再返回到客户端来。该方法就可以返回信息中 Http 头部的信息，包括 Content-Length 等。
- getResponseHeader(string header)：该方法与 getAllResponseHeaders() 方法是完全类似的，只不过多了一个字符串类型的参数 header，用来指定要获得返回信息中的哪一个头部。
- open(string method, string url, boolean asy, string username, string password)：该方法是 XMLHttpRequest 对象中最重要的方法，能够建立客户端和服务器之间的交互。该方法中，前两个参数是必要的，后三个参数是可选的。在 Http 的请求中，最常用的是采用 post 和 get 这两个方法来传递请求，参数 method 就用来指定当前的请求方法；参数 url 就是指明所要调用资源的 URL，可以是绝对的 URL，也可以是相对的 URL；参数 asy 用来指明当前传递的请求是异步的还是同步的，如果不选这个参数的话，那么默认值为 true，表示异步调用，除非有特殊的需求，否则一般情况下都是设置为 true；最后的两个参数则表示允许为这次交互指定一个用户名和密码。
- send(content)：该方法用来向服务器发送请求。其中，参数 content 的类型既可以是字符串又可以是 DOM 对象。通常用这个方法在向服务器发送的请求中设置查询条件等。还有一点值得注意的就是，当 open() 方法中设置为异步调用的时候，send() 方法发出的请求马上会被返回，否则它就会等待直到接收到服务器的响应才会返回。

除了 XMLHttpRequest 对象常用的方法之外，还需要了解很多重要的属性。表 12-2 列出了 XMLHttpRequest 对象的主要属性。

表 12-2　XMLHttpRequest 对象的主要属性

属性	说明
onreadystatechange	相当于一个事件处理器，所发送请求的状态的每一次改变都会触发这个事件
readystate	反映请求的状态。请求一共有 5 个状态，0 表示未初始化，1 表示正在加载，2 表示已加载，3 表示交互中，4 表示已完成
responseText	表示服务器对请求所返回的响应，响应表示为一个字符串
responseXML	表示服务器对请求所返回的响应，响应表示为 XML，并且这个对象还可以解析为一个 DOM 对象
status	表示服务器的 Http 状态码（如 200, 404 等）
statusText	表示服务器的 Http 状态码所对应的相应文本（如 200 对应 OK，404 对应 NOT FOUND 等）

XMLHttpRequest 对象是 Ajax 技术实现的核心，理解它的这些重要的方法和属性对理解后面的内容将有很大的帮助。下面通过一个具体的实例来讲解在简单的服务器交互过程中，如何应用 XMLHttpRequest 对象的这些方法和属性。

12.2.3　简单的 Ajax 程序实例

在 12.2.2 节中，重点是介绍如何建立一个 XMLHttpRequest 对象，并了解了它的重要方法和属性。现在，将要做的是学会如何运用 XMLHttpRequest 对象向服务器发送请求并处理服务器返回的响应。

  首先,需要搭建一个服务器环境。读者可以在本机上安装任何一个服务器软件,例如,最常用的 Tomcat 或 IIS 服务器。然后正确配制好服务器环境,并设置好站点,这样在这个站点之下就可以进行 Ajax 程序的开发了。本章所有的例子都是基于 Tomcat 服务器的,关于 Tomcat 服务器的安装和配置请读者查阅相关资料和书籍,这里就不一一赘述了。

  接下来,从最简单的情况入手。该程序不会向服务器发送任何查询条件或者参数,仅仅是建立与服务器的连接,并调用服务器上的一个静态文本文件,客户端在接收到服务器的响应时,就会把文本文件的信息显示出来。

  例 12-2 就反映了这样一个过程。在该例中包括两个文件,一个是 simpleAjax.html 文件,另一个是 simpleAjax.xml 文件,并由 simpleAjax.html 文件调用 simpleAjax.xml 文件的内容。这两个文件都放在 Tomcat 服务器站点管理文件夹的 Ajax 目录下面。

例 12-2 简单的 Ajax 程序实例

首先是 simpleAjax.html 文件的内容。

```
<!DOCTYPE html PUBLIC "-//W3C//DTD XHTML 1.0 Strict//EN"
"http://www.w3.org/TR/xhtml1-strict.dtd">
<html xmlns = "http://www.w3.org/1999/xhtml">
    <head>
        <title>simpleAjax</title>
        <script type = "text/javascript">
          var xmlHttpRequest;
          function getXMLHttpRequest()
          {
            if(window.ActiveXObject)
            {
                xmlHttpRequest = new ActiveXObject("Microsoft.XMLHTTP");
            }
            else if(window.XMLHttpRequest)
            {
                xmlHttpRequest = new XMLHttpRequest();
            }
          }
          function sendRequest()
          {
            getXMLHttpRequest();
            xmlHttpRequest.onreadystatechange = stateChange;
            xmlHttpRequest.open("GET","simpleAjax.xml");
            xmlHttpRequest.send(null);
          }
          function stateChange()
          {
            if(xmlHttpRequest.readyState == 4)
            {
                if(xmlHttpRequest.status == 200)
```

```
                {
                    alert("The server replied with: " + xmlHttpRequest.responseText);
                }
            }
        }
    </script>
</head>
<body>
    <form action = "#">
        <input type = "button" value = "Send Asynchronous Request" onclick = "sendRequest();"/>
    </form>
</body>
</html>
```

然后是 simpleAjax.xml 文件的内容。这个文件内容只有一行文本信息。

```
This Information comes from the server.
```

程序运行结果如图 12-1 所示。从图 12-1 中浏览器的地址栏处可以清楚地看到，这的的确确是服务器接收到了客户端的请求，并对此作出了响应。那么，这个由客户端发送请求到服务器返回响应信息的具体过程是怎样的呢？

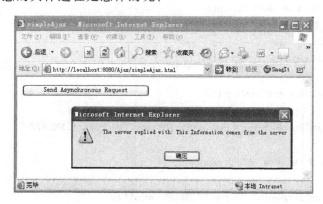

图 12-1　一个简单的 Ajax 程序示例

首先，这一系列的活动都是由客户端的 simpleAjax.html 页面上的一个按钮来触发的。单击【Send Ansynchronous Request】按钮，通过按钮的 onclick 事件调用了 JavaScript 脚本中的 sendRequest()。

而 sendRequest()首先调用 getXMLHttpRequest()，得到了一个 XMLHttpRequest 对象，并把对这个对象的引用保存到了 xmlHttpRequest 变量中；然后再告诉 XMLHttpRequest 对象（程序中即 xmlHttpRequest 变量）程序中哪个函数会去处理 XMLHttpRequest 对象状态的改变，本例中即 stateChange()，指定时要把 XMLHttpRequest 对象的 onreadystatechange 属性设置为指向这个 JavaScript 函数的指针；接下来使用 open()方法来给请求设置属性，一个是指定发送请求时候所用的方法，通常是 post 或者 get 方法，一个是指定要调用的服务器资源的 URL，本例中就是一个相对的 URL；另外默认是采用异步调用，并且没有用户名和密码；最后，sendRequest()使用 send()方法发送信息，在本例中，并没有在发送的信息中添加任何查询条件和参数，因此要设置 send()方法的 content 参数为 null。

在服务器接受请求并处理请求的过程中，XMLHttpRequest 的内部状态也在随着发生变化，具体反映在 onreadystatechange 属性上，并且会经历 5 个变化的阶段。在这 5 个阶段中的任何一个阶段都可以进行一些操作，但是一般来说程序员最感兴趣的还是最后的"完成"阶段，即服务器的响应结束时的状态。响应结束后，服务器就返回了调用的信息，在 stateChange()中对此进行了判断，直到服务器返回信息时，会弹出一个对话框，上面有来自服务器的信息——This Information comes from the server.。

到此为止，一个简单但是完整的 Ajax 程序就顺利完成了！

12.2.4 Ajax 程序与服务器的交互过程

虽然相对于 Ajax 强大的功能来说，例 12-2 稍显单薄，不过仍然可以在其基础上进行一些归纳和扩展，从而得到一般情况下 Ajax 技术与服务器交互的整个过程。图 12-2 清楚地展示了一个 Ajax 程序与服务器的交互过程。

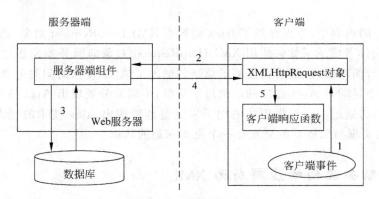

图 12-2　Ajax 程序与服务器交互的一般过程

下面就结合例 12-2 详细分析一下这个交互的过程。

第 1 步，整个交互的开始是由客户端事件触发的。在客户端，有很多事件来触发交互，例如单击按钮、鼠标移动等。在例 12-2 中，触发交互的就是用户在客户端单击的按钮事件：

＜input type = "button" value = "Send Asynchronous Request" onclick = "sendRequest();"/＞

第 2 步，当客户端事件发生之后，会自动调用 JavaScript 函数创建一个 XMLHttpRequest 对象；然后使用这个 XMLHttpRequest 对象的 open()方法建立与服务器的调用关系，设置发送请求的 Http 方法和服务器资源的 URL；最后通过 send()方法发送请求，如果有必要的话还可以在 send()方法中添加相应的查询条件或者参数。在例 12-2 中，这一部分的工作是由 getXMLHttpRequest()和 sendRequest()来完成的。

第 3 步，服务器端组件接受到客户端发送的请求，并按照请求完成相应的动作。这里要说明的就是服务器端可以采用任何技术来响应请求，可以是 Tomcat 服务器和 Servlet，也可以是 IIS 服务器加 ASP.NET 技术等。另外，在例 12-2 中，程序仅仅是访问了一个服务器端的 xml 文件,实际上服务器端还可以做其他很多事情,比如访问数据库和其他组件等。

第 4 步,服务器把响应的结果发送回客户端。

第 5 步,XMLHttpRequest 对象的状态一直随着交互过程的进行而发生改变。要监视这个改变,就要在发送请求前把 XMLHttpRequest 对象的 onreadystatechange 属性设置为指向某一个 JavaScript 函数的指针。在例 12-2 中,它指向的就是 stateChange()。这样一来,每当 XMLHttpRequest 对象的状态改变一次,就调用 stateChange()一次,判断是否达到了要求的状态,一旦达到,就马上执行后面的程序。程序里要求的状态是 xmlHttpRequest.readyState==4 && xmlHttpRequest.status==200,一旦达到要求,就执行操作 alert("The server replied with: "+xmlHttpRequest.responseText),即弹出一个提示对话框。当然,可以根据需要做其他很多的事情。

从上面的整个过程中可以看到,这与传统的"请求/响应"模式是有所不同的。Web 开发人员可以在交互的各个阶段都做一些事情,这也正是 Ajax 的魅力所在。

12.3 Ajax 与服务器的交互

在 12.2 节的内容中,重点介绍了 Ajax 的核心 XMLHttpRequest 对象,然后以一个简单的 Ajax 例子向读者展示了如何使用 XMLHttpRequest 对象向服务器发送信息并对服务器返回的响应进行简单处理,最后通过例子总结归纳出了 Ajax 技术访问服务器的一般交互过程。但是美中不足的是 Ajax 程序的示例过于简单,不能充分展现出 Ajax 技术的强大功能,在这一节里面,将通过一个较为正式的例子来完整地展现出 Ajax 技术的魅力,并让读者对 Ajax 技术如何实现与服务器的交互有一个更加深刻的认识。

12.3.1 把服务器的响应解析为 XML

在例 12-2 中,有这样一个对 XMLHttpRequest 对象的调用:alert("The server replied with: "+xmlHttpRequest.responseText)。这句代码的作用就是把从服务器得到的响应信息以字符串的形式表示出来,也即 responseText 属性的功能。类似地,XMLHttpRequest 对象还有一个 responseXML 的属性,其功能是把从服务器得到的响应信息提供为一个 XML 对象。对于一些简单的响应,例如输出一个文本信息或者警告信息,responseText 属性就应该够用了,但是若要实现更加强大的功能,就必须使用好 responseXML 属性。换句话说,就是要利用 responseXML 属性把服务器的响应解析成 XML 对象。

在继续讲述 responseXML 属性的使用之前,需要读者先明白两点。(1)服务器发送响应的方式取决于 Content-Type 响应首部的设置,如果首部设置为 text/plain,那么就表示服务器将以文本字符串的形式返回响应信息;如果首部设置为 text/xml,那么就表示服务器将以 XML 的格式来发送信息。(2)服务器以 XML 的格式发送回信息之后,又要通过 DOM 来对返回的 XML 对象进行处理。DOM 是面向文档的 API,为文档提供了结构化的表示,并且对于结构化的文档,如 HTML 和 XML,提供了很多的属性和方法进行描述,从而方便程序设计人员访问。表 12-3 和表 12-4 分别列出了这些重要的方法和属性。

表 12-3 DOM 对象的主要方法

方　　法	说　　明
getElementById(string id)	在文档中，获得其 ID 属性值为参数 id 的文档元素
getElementsByTagName(string name)	在文档中，以数组形式返回当前元素中其子元素的名称为 name 的所有子元素
hasChildNodes()	返回一个布尔值，表示元素是否有子元素
getAttribute(string name)	返回文档中某元素的属性值，具体的属性名称由参数 name 指定

表 12-4 DOM 对象的主要属性

属　　性	说　　明
childNodes	以数组形式返回当前元素的所有子元素
firstChild	返回当前元素的第一个下级子元素
lastChild	返回当前元素的最后一个下级子元素
nextSibling	返回紧跟在当前元素后面的那个元素
nodeValue	对某个元素的值属性进行读操作或者写操作
parentNode	返回元素的父节点
previousSibling	返回与当前元素紧紧相邻的前一个元素

上面的这些方法和属性在处理服务器返回的 XML 对象的时候，都会起到重要的作用。接下来，就以一个稍微复杂一点的例子来展示一下如何把服务器的响应解析为 XML，以及如何利用 DOM 对象来对获得的对象进行处理。

例 12-3　获取服务器响应并解析为 XML

首先是 books.html 文件的内容。

```
<!DOCTYPE html PUBLIC "-//W3C//DTD XHTML 1.0 Strict//EN"
"http://www.w3.org/TR/xhtml1-strict.dtd">
<html xmlns = "http://www.w3.org/1999/xhtml">
  <head>
  <title>books</title>
  <script type = "text/javascript">
var xmlHttpRequest;
var requestType = "";
function createXMLHttpRequest()
{
   if (window.ActiveXObject)
   {
       xmlHttpRequest = new ActiveXObject("Microsoft.XMLHTTP");
   }
   else if (window.XMLHttpRequest)
   {
       xmlHttpRequest = new XMLHttpRequest();
   }
}
```

```
function startRequest(requestedList)
{
  requestType = requestedList;
  createXMLHttpRequest();
  xmlHttpRequest.onreadystatechange = stateChange;
  xmlHttpRequest.open("GET","books.xml",true);
  xmlHttpRequest.send(null);
}
function stateChange()
{
  if(xmlHttpRequest.readyState == 4)
  {
    if(xmlHttpRequest.status == 200)
    {
      if(requestType == "java")
      {
        listJavaBooks();
      }
      else if(requestType == "all")
      {
        listAllBooks();
      }
    }
  }
}
function listJavaBooks()
{
  var xmlDOC = xmlHttpRequest.responseXML;
  var javaNode = xmlDOC.getElementsByTagName("java")[0];
  var out = "Java Books";
  var javaBooks = javaNode.getElementsByTagName("book");
  output ("Java Books",javaBooks);
}
function listAllBooks()
{
  var xmlDOC = xmlHttpRequest.responseXML;
  var allBooks = xmlDOC.getElementsByTagName("book");
  output ("All Books",allBooks);
}
function output (title,books)
{
  var out = title;
  var currentBook = null;
  for(var i = 0;i<books.length;i++)
  {
    currentBook = books[i];
    out = out + "\n-" + currentBook.childNodes[0].nodeValue;
```

```
            }
            alert(out);
        }
    </script>
</head>
<body>
    <b>Handle XML Response</b><p/>
    <form action = "#">
        <input type = "button" value = "All" onclick = "startRequest('all');"/><p/>
        <input type = "button" value = "java" onclick = "startRequest('java');"/><p/>
    </form>
</body>
</html>
```

然后是 books.xml 文件的内容。文件里面是关于 Java 和 .Net 的一些书籍的简单信息。

```
<?xml version = "1.0" encoding = "UTF-8"?>
<books>
    <java>
        <book>JAVA</book>
        <book>Spring</book>
        <book>Hibernate</book>
    </java>
    <dotnet>
        <book>C# Objects</book>
        <book>DotNet Remoting</book>
        <book>Smart Client</book>
    </dotnet>
</books>
```

程序运行的结果为：当单击【All】按钮的时候，会在弹出的提示信息中列出所有的书籍名称；当单击【Java】按钮的时候，相应地只会列出所有的 Java 书籍的名称。图 12-3 单击【All】按钮后的运行结果。

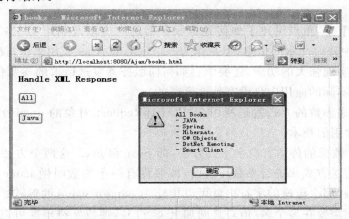

图 12-3　获取服务器响应并解析为 XML

下面来详细解释一下例 12-3 中 XMLHttpRequest 对象解析服务器响应为 XML，并利用 DOM 实现上述功能的过程。

仔细对比例 12-2 和例 12-3，其实两个例子的差别不是很大，主要的差别就表现在：在例 12-2 中，服务器返回的是一个字符串信息，并且该字符串是由 stateChange() 利用 responseText 属性获取后直接输出的；而在例 12-3 中，服务器返回的是一个 XML 格式的对象，客户端的 stateChange() 对于不同的按钮事件分别调用 listJavaBooks() 和 listAllBooks() 两个函数，利用 responseXML 属性将结果获取为 XML 文档，然后再调用 output() 函数来完成输出。例 12-3 的重点就在于 listJavaBooks()、listAllBooks() 和 output() 这三个函数上。

listJavaBooks() 函数首先声明了一个 xmlDOC 变量，目的是用来保存由 xmlHttpRequest 对象通过 responseXML 属性获得的 XML 文档对象，这时候的 xmlDOC 变量就含有整个 books.xml 文档的内容。然后又声明了一个 javaNode 变量，利用 DOM 的 getElementsByTagName() 方法得到了文档中所有的 java 元素。但是由于文档中只有一个 java 元素，而 getElementsByTagName() 方法返回的是一个数组类型的数据，所以就写为了 getElementsByTagName("java")[0] 的形式。接下来采用类似的方法，得到了 javaBooks 对象中所有名称为 book 的元素，和前面设定的输出字符串一起，作为参数传递给了 output()。

listAllBooks() 的过程与 listJavaBooks() 类似，而且更加简单，这里就不多说了。至于 output()，它的作用就是完成输出字符串的构建。首先声明了 out 变量得到了标题名称，然后声明了一个 currentBook 变量，通过一个 for 循环，把 books 数组中的值一个一个设置到字符串 out 中，最后完成了构建并直接输出结果。

在上面整个过程中，最容易让人产生理解上的错误的就是 output() 中利用 for 循环一个元素一个元素设置字符串的时候。很多人可能会认为 currentBook 得到的就是某一个 book 元素，所以直接就可以通过 book 元素获得文本。但是实际上，XML 中文本不是文本，而是一种元素，并且必须是某一种元素的子元素，所以正确的做法应该是先获得某个 book 元素的文本子元素，然后再通过这个文本子元素获得文本内容。

12.3.2 如何向服务器发送请求参数

在上一个小节中，重点讲述了如何处理服务器的响应以及利用 DOM 对象的属性和方法从 XML 对象中获得元素的信息，但是作为一个实际的 Ajax 应用来讲，仅有这一点还是不够的。为了能够实现强大的功能，还要学会如何向服务器发送请求的参数信息，一个没有数据参数的请求在实际的应用中是没有什么意义的。

最常用的传递参数的方式就是利用 XMLHttpRequest 对象的 open() 方法这也是之前的 Web 开发中常用的技术。

Http 下对于数据的传递有两个主要方法，即 post 和 get。这两个方法都是采用一种叫做"名/值对"的传送方式来进行参数传递的，即假设有一个参数叫做 name，而 name 参数对应的数值为 value，那么传递的字符串就可以构建为 name=value 的形式；如果有多个参数需要传递，那么就需要在多个名/值对之间加上 & 符号，参数字符串就可以构建成 name1=value1& name2=value2…的形式。但是，post 和 get 在发送参数的实现细节上却是不同的。get 方法的参数传递比较简单，在构建好字符串后，直接添加在 URL 之后进行传递，参数字符串与 URL 之间要用？隔开；而在 post 方法中，请求参数的字符串是放置在请求体中发送的，即在调用 XMLHttpRequest 对象的 send() 方法的时候发送查询字符串。

除了在发送方式上的区别之外，post 和 get 方法在传递的请求类型和传输的数据量大小方面还有不同。一般来说，如果用户的请求仅仅只是要查询一些数据信息，那么选用 get 方法可能会好一些；但是如果用户的请求里面包含了对数据的增、删、改的操作，那么应该使用 post 方法。同时，使用 get 方法对数据的传输量是有限制的，而 post 方法就不用考虑这方面的问题，它可以发送任意量的数据。

下面就通过例 12-4 展示如何向服务器发送带有参数的请求。在这个例子当中，客户端接受用户输入的数据作为发送的请求参数，分别通过 get 和 post 方法来传递请求信息，服务器会分别给予响应。

例 12-4 获取用户输入作为请求参数向服务器发送

首先是 getandpost.html 文件的内容。

```
<!DOCTYPE html PUBLIC "-//W3C//DTD XHTML 1.0 Strict//EN"
"http://www.w3.org/TR/xhtml1-strict.dtd">
<html xmlns = "http://www.w3.org/1999/xhtml">
    <head>
        <title>getandpost</title>
    <script type = "text/javascript">
        var xmlHttpRequest;
        function createXMLHttpRequest()
        {
          if(window.ActiveXObject)
          {
              xmlHttpRequest = new ActiveXObject("Microsoft.XMLHTTP");
          }
          else if(window.XMLHttpRequest)
          {
             xmlHttpRequest = new XMLHttpRequest();
          }
        }
        function createQueryString()
        {
          var name = document.getElementById("name").value;
          var password = document.getElementById("password").value;
          var queryString = "name = " + name + "&password = " + password;
          return queryString;
        }
        function get()
        {
          createXMLHttpRequest();
          var queryString = "GetAndPost?";
          queryString = queryString + createQueryString() + "&timeStamp = " + new Date().getTime();
```

```javascript
            xmlHttpRequest.onreadystatechange = stateChange;
            xmlHttpRequest.open("GET",queryString,true);
            xmlHttpRequest.send(null);
        }
        function post()
        {
            createXMLHttpRequest();
            var url = "GetAndPost? timeStamp = " + new Date().getTime();
            var queryString = createQueryString();
            xmlHttpRequest.open("POST",url,true);
            xmlHttpRequest.onreadystatechange = stateChange;
            xmlHttpRequest.setRequestHeader("Content-Type","application/x-www-form-urlencoded;");
            xmlHttpRequest.send(queryString);
        }
        function stateChange()
        {
            if(xmlHttpRequest.readyState == 4)
            {
                if(xmlHttpRequest.status == 200)
                {
                    showResult();
                }
            }
        }
        function showResult()
        {
            var result = document.getElementById("server");
            if(result.hasChildNodes())
            {
                result.removeChild(result.childNodes[0]);
            }
            var text = document.createTextNode(xmlHttpRequest.responseText);
            result.appendChild(text);
        }
    </script>
</head>
<body>
    <b>Enter your name and password please! </b><p/>
    <table>
        <tbody>
            <tr>
                <td>Name:</td>
                <td><input type = "text" id = "name"></td>
            </tr>
            <tr>
```

```html
        <td>Password:</td>
        <td><input type = "text" id = "password"></td>
      </tr>
    </tbody>
  </table>
  <form action = " # ">
    <input type = "button" value = "get" onclick = "get();"/><p/>
    <input type = "button" value = "post" onclick = "post();"/><p/>
  </form>
  <p/>
  <b>Server Response:</b>
  <div id = "server">
  </div>
</body>
</html>
```

然后是 GetAndPost.java 文件的内容。GetAndPost.java 是服务器端的程序,是一个 servlet 文件,专门用来处理客户端的请求。关于 servlet 环境的配置、站点的目录结构设置等工作,请读者查阅相关文档和技术书籍自行完成,这里就不再赘述了。

```java
import java.io. * ;
import java.net. * ;
import javax.servlet. * ;
import javax.servlet.http. * ;
public class GetAndPost extends HttpServlet
{
  protected void processRequest(HttpServletRequest request,HttpServletResponse response,
  String method)throws ServletException,IOException
  {
    //Set content type of the response
    response.setContentType("text/xml");
    //Get the input information
    String name = request.getParameter("name");
    String password = request.getParameter("password");
    String responseText = "Hello " + name + ". Your password is " + password + "." + "(Method: " + method + ")";
    //Write back to the client
    PrintWriter print = response.getWriter();
    print.println(responseText);
    print.close();
  }
  protected void doGet(HttpServletRequest request,HttpServletResponse response) throws
  ServletException,IOException
  {
    processRequest(request,response,"GET");
  }
  protected void doPost(HttpServletRequest request,HttpServletResponse response) throws
```

```
     ServletException,IOException
  {
     processRequest(request,response,"POST");
  }
}
```

在浏览器的地址栏中键入客户端文件的地址（http://localhost：8080/Ajax/getandpost.html)会显示相应的页面。然后在文本框中填入自己的名称和密码,单击【get】按钮,客户端就会以 get 方法向服务器发送请求信息；单击【post】按钮,客户端就会以 post 方法向服务器发送请求信息。图 12-4 是用户输入信息后,单击【get】按钮时的情况。

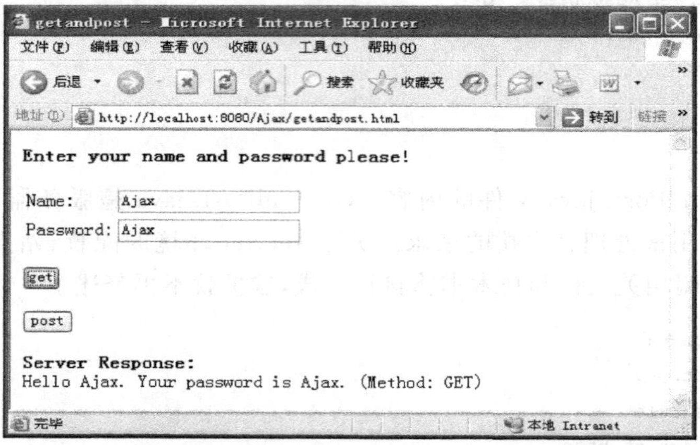

图 12-4　获取用户输入作为请求参数向服务器发送

下面首先来看看客户端的 Ajax 程序代码。其中大部分的代码与前面的几个例子差不多,但是增加了对用户输入数据的获取和设置访问服务器的方法等函数,这些就是关注的重点。

先看 createQueryString()。这个函数的作用就是获取用户的输入并将这些输入转换成发送请求的参数。通过 document.getElementById 这样一个方法,把用户在页面上的输入数据保存到定义好的变量 name 和 password 中,然后设置访问字符串并把它保存在 queryString 变量中,最后返回 queryString 变量。

然后再看 get()和 post()。客户端在单击"get"按钮后就触发了这个函数的动作。get()先调用其他函数创建一个 XMLHttpRequest 对象,然后设置查询字符串,把参数追加到 URL 的尾部,最后使用 open()方法指定了访问服务器的方法和 URL,并发送请求。post()的作用也是类似的,与 get()的区别在于两点：一是请求参数并不是追加在 URL 后面,而是在 send()方法中设置为 content 参数进行发送；二是为了确保服务器知道请求体中有请求参数,在建立好了与服务器的调用之后,对请求的头部进行了设置,这在 get()中自然是不用考虑的。

最后是 showResult()。它的作用是接受到服务器的返回信息,并在显示这个返回信息之前先对要显示信息的 div 元素进行检查,如果在 div 中存在信息,那么就把这些旧的信息移除掉,再设置为新的信息,其中主要用到了 DOM 的各种属性和方法。

用户在填入信息并单击相应的按钮后,就会在页面上显示出用户输入的信息和向服务器传送请求时采用的传输方法。

然后再来看一看服务器端的程序。例 12-4 在服务器端是采用一个 servlet 接受客户端的请求的。这个 servlet 必须定义一个 doGet 方法和一个 doPost 方法,从而根据客户端的方法(get 或者 post)来进行调用。而在这里,doGet 和 doPost 方法都会调用同一个方法 processRequest 来对请求进行处理。processRequest 方法将使用 getParameter 方法获得 2 个输入的参数,并建立一个简单的字符串响应信息,再将这个响应信息写到输出流里面,最后关闭输出流。

本 章 小 结

- Ajax 即异步 JavaScript XML,它是一种有别于传统的"请求/响应"模式的 Web 客户端技术。利用 Ajax 可以在浏览器上实现部分页面刷新,得到类似于胖客户端的用户体验。
- 本章首先对 Web 技术的发展和现状做了一个简单的回顾与分析,同时向读者介绍了 Ajax 技术的产生背景、主要特性以及使用该技术的注意事项等。
- 本章接下来向读者讲解了如何创建 Ajax 技术的核心——XMLHttpRequest 对象,并对 XMLHttpRequest 对象的常用方法和属性进行了解释;然后通过一个简单的实例,展示了 Ajax 程序与服务器的交互过程,增加了读者对 Ajax 技术的感性认识。
- 然后,本章将重点转向 Ajax 与服务器的交互。作为理解 Ajax 与服务器交互的前提和基础,本章首先介绍了在 Ajax 中常用的 DOM 相关的方法及属性;然后给出了一个具体的例子解释如何把服务器的响应解析为 XML;最后还是通过实例向读者讲解了如何利用 get 和 post 方法向服务器发送请求参数。

习 题 12

1. Ajax 技术是什么的简称?它的主要特点和核心理念是什么?Ajax 的实现主要涉及到了哪些技术?
2. 什么是 XMLHttpRequest 对象?如何才能建立一个在多种浏览器中都可以进行访问的 XMLHttpRequest 对象?XMLHttpRequest 对象常用的方法和属性都有哪些?
3. 请详细叙述一下 Ajax 程序与服务器的交互过程。
4. XMLHttpRequest 对象中,responseText 属性和 responseXML 属性各有什么样的作用?如何把服务器的响应解析为 XML?
5. 在 Http 下对于客户端向服务器端的数据传递主要有哪些方法?在 Ajax 程序中如何利用 XMLHttpRequest 对象向服务器发送请求参数?

附录 A JavaScript 语言中的重要对象

1. Date 对象

JavaScript 使用 Date 对象操作与时间和日期相关的内容。Date 对象由 new 关键字和 Date() 构造函数创建,但 Date() 构造函数有多种形式,不同的形式创建的 Date 对象也不相同。本节将对 Date 对象的构造函数、属性和方法进行详细介绍。

1.1 Date 对象的构造函数

➢ new Date()

这种创建 Date 对象的方式比较简单,构造函数中没有指定任何参数,将把创建的 Date 对象设置为当前的日期和时间。

➢ new Date(dateValue)

这种创建 Date 对象的构造函数中包含 1 个参数,但是参数类型不同,创建的 Date 对象也不相同。如果参数 dateValue 为一个数字,那么创建的 Date 对象表示的时间为距 GMT 时间 1970 年 1 月 1 日凌晨零时 dateValue ms 的时间,例如 new Date(1000) 创建的 Date 对象指定的时间为 1970 年 1 月 1 日 0 时 0 分 1 秒(以世界时间计算);如果 dateValue 为一个字符串,那么可以通过这个字符串直接指定所创建 Date 对象的日期和时间,例如 new Date("05-01-2005") 创建的 Date 对象指定的时间是 2005 年 5 月 1 日 0 时 0 分 0 秒。

➢ new Date(year,month,[day,][hours,][minutes,][seconds,][ms])

这种构造函数包含 7 个参数,分别指定了所创建 Date 对象的详细的日期和时间,不过后 5 个是可选的,系统会根据参数数量按顺序指定 Date 对象的年、月、日、小时、分钟、秒和毫秒。

year:该参数表示年份,是一个 4 位的整数。
month:该参数表示月份,是一个从 0(1 月)到 11(12 月)的整数。
day:该参数表示一个月中的某一天,是一个从 1~31 的整数。
hours:该参数表示小时数,是一个从 0~23 的整数。
minutes:该参数表示分钟数,是一个从 0~59 的整数。

seconds：该参数表示秒数，是一个从 0～59 的整数。

ms：该参数表示毫秒数，是一个 0～999 的整数。

例如，new Date(2006,09,01)创建的 Date 对象代表的时间为 2006 年 9 月 1 日 0 时 0 分 0 秒。

1.2 Date 对象的方法

Date 对象中没有可以直接操作的属性，如果要获取 Date 对象的相关信息只能使用 Date 对象的方法。另外，通过相应的方法，还可以在程序中操作 Date 对象，动态设置 Date 对象的日期和时间，附表 1 列出了 Date 对象中常用的方法。

附表 1 Date 对象的方法

方　　法	描　　述
getDate()	获取 Date 对象中的日子部分(一个月中的第几天)
getDay()	获取 Date 对象中的日子部分(一个星期中的第几天)
getFullYear()	获取 Date 对象中的年份部分(四位年份)
getHours()	获取 Date 对象中的小时部分
getMilliseconds()	获取 Date 对象中的毫秒部分
getMinutes()	获取 Date 对象中的分钟部分
getMonth()	获取 Date 对象中的月份部分
getSeconds()	获取 Date 对象中的秒部分
getTime()	获取 Date 对象中的内部毫秒部分
getTimezoneoffset()	获取 Date 对象与 GMT 之间的时差
getUTCDate()	获取 Date 对象中的以世界时间计算的日子部分(一个月中的第几天)
getUTCDay()	获取 Date 对象中的以世界时间计算的日子部分(一个星期中的第几天)
getUTCFullYear()	获取 Date 对象中的以世界时间计算的年份部分
getUTCHours()	获取 Date 对象中的以世界时间计算的小时部分
getUTCMilliseconds()	获取 Date 对象中的以世界时间计算的毫秒部分
getUTCMinutes()	获取 Date 对象中的以世界时间计算的分钟部分
getUTCMonth()	获取 Date 对象中的以世界时间计算的月份部分
getUTCSeconds()	获取 Date 对象中的以世界时间计算的秒部分
getYear()	获取 Date 对象中的年份部分
setDate()	设置 Date 对象中的日子部分(一个月中的第几天)
setFullYear()	设置 Date 对象中的年份部分(四位年份)
setHours()	设置 Date 对象中的小时部分
setMilliseconds()	设置 Date 对象中的毫秒部分
setMinutes()	设置 Date 对象中的分钟部分
setMonth()	设置 Date 对象中的月份部分
setSeconds()	设置 Date 对象中的秒部分
setTime()	设置 Date 对象中的各个部分(以 ms 为单位)
setUTCDate()	设置 Date 对象中的日子部分(使用世界时间)
setUTCFullYear()	设置 Date 对象中的年份部分(使用世界时间、四位年份)
setUTCHours()	设置 Date 对象中的小时部分(使用世界时间)

续表

方法	描述
setUTCMilliseconds()	设置 Date 对象中的毫秒部分(使用世界时间)
setUTCMinutes()	设置 Date 对象中的分钟部分(使用世界时间)
setUTCMonth()	设置 Date 对象中的月份部分(使用世界时间)
setUTCSeconds()	设置 Date 对象中的秒部分(使用世界时间)
setYear()	设置 Date 对象中的年份部分
toGMTString()	将 Date 对象转换成字符串,使用 GMT 时间
toLocaleString()	将 Date 对象转换成字符串,使用地方时间
toString()	将 Date 对象转换成字符串
toUTCString()	将 Date 对象转换成字符串,使用世界时间

2. Math 对象

Math 提供了一套数学常量和函数,在 JavaScript 用于处理与数学相关的内容。Math 对象与 Date 对象不同,它的所有常量和函数都是静态的,在程序中可以直接使用。

2.1 Math 对象中的常量

引用 Math 对象中包含的常量时,直接使用 Math.name 即可,其中,name 表示所引用常量的名称,例如使用 Math.E 即可获得常量 e 的值。附表 2 列出了 Math 对象中常用的常量。

附表 2 Math 对象中的常量

常量	描述
Math.E	常量 e
Math.LN10	10 的自然对数
Math.LN2	2 的自然对数
Math.LOG$_{10}$E	以 10 为底 e 的对数
Math.LOG$_2$E	以 2 为底 e 的对数
Math.PI	常量 π

2.2 Math 对象中的函数

Math 对象中的函数也是静态的,可以直接通过 Math.name() 进行访问,其中,name() 表示所引用的函数名称,例如 Math.abs() 可用来计算绝对值,附表 3 列出了 Math 对象中的函数。

附表 3　Math 对象中的函数

函　　数	描　　述
Math.abs()	该函数用来计算绝对值
Math.acos()	该函数用来计算反余弦值
Math.asin()	该函数用来计算反正弦值
Math.atan()	该函数用来计算反正切值
Math.atan2()	该函数用来计算 X 轴与一个点和原点连线之间的弧度值
Math.ceil()	该函数用来对一个数进行向上舍入
Math.cos()	该函数用来计算余弦值
Math.exp()	该函数用来计算 e 的指数
Math.floor()	该函数用来对一个数进行向下舍入
Math.log()	该函数用来计算自然对数
Math.max()	该函数用来获取两个数中较大的一个
Math.min()	该函数用来获取两个数中较小的一个
Math.pow()	该函数用来计算 X^y
Math.radom()	该函数用来获取一个 0~1 之间的随机数
Math.round()	该函数用来四舍五入到最接近的整数
Math.sin()	该函数用来计算正弦值
Math.sqrt()	该函数用来计算平方根
Math.tan()	该函数用来计算正切值

3. String 对象

String 对象使得 JavaScript 可以把字符串当作对象来访问,它是由 new 关键字和 String() 构造函数创建的,其语法如下:

`new String(value); //其中参数 value 表示要创建的 String 对象的初始值`

3.1　String 对象的属性

String 对象中的属性不多,常用的只有 length 属性,该属性表示 String 对象中字符的数量。

3.2　String 对象的方法

String 对象中包含了一系列的方法,从而使得 JavaScript 代码可以非常细致的访问和控制字符串的整体和特定的部分。附表 4 列出了 String 对象的常用方法。

附表 4 String 对象中的方法

方法	描述
charAt()	该方法获取字符串中某个特定位置的字符
charCodeAt()	该方法获取字符串中某个特定位置的字符编码
contact()	该方法把一个或者多个值连接到字符串上
indexof()	该方法在字符串中检索一个字符或者字符串
lastIndexof()	该方法在字符串中向前检索一个字符或者字符串
match()	该方法使用正则表达式进行模式匹配
replace()	该方法使用正则表达式进行查找替换的操作
search()	该方法检索字符串中与正则表达式匹配的字符串
slice()	该方法获取字符串中的一个子串
split()	该方法用于分割字符串
substring()	该方法用于获取字符串中的子串
toLowerCase()	该方法将字符串中所有的字符转换成小写
toUpperCase()	该方法将字符串中所有的字符转换成大写

附录 B　HTMLElement 对象

HTMLElement 对象是所有 HTML 元素的 JavaScript 类的父类，本书中讲解的 form 对象、input 对象以及 anchor 等其他对象都继承于它。HTMLElement 对象中定义了许多属性和方法，并且支持若干个事件处理器。

HTMLElement 对象的属性(Internet Explorer 支持)

- all[]：该属性表示当前元素中包含的所有元素。
- children[]：该属性表示当前元素的直接子元素。
- className：表示 class 属性的值。
- document：该属性表示 HTML 文档。
- innerHTML：该属性表示当前元素中的 HTML 文本。
- innerText：该属性表示当前元素的纯文本值。
- offsetHeight：该属性表示当前元素的高度。
- offsetLeft：该属性表示当前元素的 X 坐标。
- offsetTop：该属性表示当前元素的 Y 坐标。
- offsetWidth：该属性表示当前元素的宽度。
- outerHTML：该属性表示元素的 HTML 文本。
- outerText：该属性表示构成文档的纯文本。
- parentElement：该属性表示当前元素的直接父元素。
- sourceIndex：该属性表示当前元素在 document.all[] 数组中的下标。
- style：该属性表示当前元素所使用的 CSS 样式。
- tagName：该属性表示创建当前元素所使用标签的名称。
- title：该属性表示 title 标签中的内容。

HTMLElement 对象的方法(Internet Explorer 支持)

- contains()：该方法用于检测当前元素是否包含指定的内容。
- getAttribute()：该方法获取当前元素的一个命名属性的属性值。
- insetAdjacentHTML()：该方法将 HTML 文本插入到与当前元素相邻的文档中。

- insetAdjacentText()：该方法将纯文本内容插入到与当前元素相邻的文档中。
- removeAttribute()：该方法用于删除元素的某个属性及其属性值。
- scrollIntoView()：该方法可以在滚动浏览器窗口时，使当前元素出现在窗口的顶部或者底部。
- setAttribute()：该方法用于设置当前元素某个属性的值。

HTMLElement 对象支持的事件处理器(Internet Explorer 支持)

- onClick：当 HTML 元素被单击时触发的事件处理器。
- onDbClick：当 HTML 元素被双击时触发的事件处理器。
- onHelp：当系统帮助被请求时触发的事件处理器。
- onKeyDown：当键盘按键被按下时触发的事件处理器。
- onKeyPress：当键盘按键被按下或者被松开时触发的事件处理器。
- onKeyUp：当键盘按键被松开时触发的事件处理器。
- onMouseDown：当鼠标按键被单击时触发的事件处理器。
- onMouseMove：当鼠标被移动时触发的事件处理器。
- onMouseOut：当鼠标从一个 HTML 元素上移开时触发的事件处理器。
- onMouseOver：当鼠标移动经过一个 HTML 元素上时触发的事件处理器。
- onMouseUp：当鼠标按钮被松开时触发的事件处理器。

附录 C input 对象

input 对象被称为输入元素，描述的是存储在 form 对象 elements[]数组中的元素，它可以是 button、submit、reset、radio 以及 checkbox 等按钮对象，也可以是 text、textarea、password、fileUpload 等文本对象，还可以是 select 等其他对象。大部分 input 对象是由 HTML 中<input>标签创建的，但有一些是由<select>、<option>、<textarea>等专用标签创建的。

input 对象继承了 HTMLElement 对象的属性和方法，并为它所描述的各种输入元素定义了许多共同的属性和方法，同时许多输入元素也支持相同的事件处理器。input 对象支持的属性、方法和事件处理器主要包括：

input 对象的属性

- checked：该属性为一个布尔值，表示表单元素在当前状态下是否被选中。
- defaultChecked：该属性为一个布尔值，表示表单元素在默认状态下是否被选中。
- defaultValue：该属性为一个字符串，表示表单元素在默认状态下的值。
- form：该属性表示包含该表单元素的表单。
- length：该属性表示输入元素的数量。对于 select 对象而言，它代表 options[]数组中选项（option 对象）的数量；对于 radio 对象而言，它代表同一组中单选按钮（radio 对象）的数量；对于 checkbox 对象而言，它代表同一组中复选按钮（checkbox 对象）的数量。
- name：该属性为一个字符串，表示输入元素的名称，JavaScript 可以通过这个属性引用输入元素。
- options[]：select 对象使用该属性存放 option 对象，数组中的每一个元素代表一个 option 对象。
- type：该属性表示输入元素的类型。
- value：该属性表示提交表单后，发送给服务器的输入元素的值。

input 对象的方法

- blur()：该方法使当前的输入元素失去焦点。

- click()：该方法使鼠标单击当前输入元素。
- focus()：该方法使当前输入元素获得焦点。
- select()：该方法将选中当前输入元素中的内容，不过只有文本对象才具有这个方法。

input 对象支持的事件处理器

- onBlur：当当前输入元素失去焦点时触发的事件处理器。
- onChange：对于文本元素而言，当其内容发生变化时触发的事件处理器。
- onClick：对于按钮元素而言，当其被单击时触发的事件处理器。
- onFoucus：当输入元素获得焦点时触发的事件处理器。

输入元素对 input 对象属性方法的可用性

大部分输入元素都继承了 input 对象的属性和方法，并且支持 input 对象支持的事件处理器，但这并不是说 input 对象所有的属性、方法和事件处理器在不同输入元素中都是可用的，例如，button 对象支持 onClick 事件处理器，但不支持 select() 方法，而 text 对象支持 select() 方法，却不支持 onClick 事件处理器。附表 5 给出了不同输入元素对 input 对象属性、方法和事件处理器的支持情况。当然，读者还可以通过本书前文的章节了解不同输入元素支持的属性、方法和事件处理器（它们可能与 input 对象所支持的属性、方法和事件处理器略有不同）。

附表 5　表单元素对 input 对象属性、方法和事件处理器的支持

特性＼元素	checked	defaultChecked	defaultValue	form	length	name	options	type	value	blur()	click()	focus()	select()	onBlur	onChange	onClick	onFocus
button				√		√		√	√	√	√	√		√		√	√
submit				√		√		√	√	√	√	√		√		√	√
reset				√		√		√	√	√	√	√		√		√	√
radio	√	√		√		√		√	√	√	√	√		√		√	√
checkbox	√	√		√		√		√	√	√	√	√		√		√	√
text			√	√		√		√	√	√		√	√	√	√		√
textarea			√	√		√		√	√	√		√	√	√	√		√
password			√	√		√		√	√	√		√	√	√			√
hidden				√		√		√	√								
fileUpload				√		√		√	√	√		√	√	√	√		√
select				√	√	√	√	√	√	√		√		√	√		√

参 考 文 献

1. David Flanagan. JavaScript 权威指南(第三版). 北京：中国电力出版社，2001
2. James Jaworski. JavaScript 从入门到精通. 北京：电子工业出版社，2002
3. 阮文江. JavaScript 程序设计基础教程. 北京：人民邮电出版社，2004
4. 王征编. JavaScript 网页特效实例大全. 北京：清华大学出版社，2006
5. 袁建洲、尹喆. JavaScript 编程宝典. 北京：电子工业出版社，2006
6. 赵丰年. JavaScript 实例教程. 北京：电子工业出版社，2001
7. 屈鹏飞. JavaScript 网页编程案例教程. 北京：清华大学出版社，2002
8. Jerry Bradenbaugh. JavaScript 应用程序经典实例. 北京：中国电力出版社，2001
9. R. Allen Wyke. JavaScript 技术大全. 北京：机械工业出版社，2001
10. 张凯. 新概念 JavaScript 教程. 北京：北京科海电子出版社，2002
11. Don Gosselin. 全面理解 JavaScript. 北京：清华大学出版社，2002
12. 张宝亮. 实用 JavaScript 网页特效编程百宝箱. 北京：清华大学出版社，2001
13. John Pollock. JavaScript 编程起步. 北京：人民邮电出版社，2001
14. 王彦丽、骆力明. 边学边用 JavaScript. 北京：清华大学出版社，2003
15. Bryan Pfaffenberger，Bill Karow. HTML 4 实用大全. 北京：中国水利出版社，2001
16. 黄斯伟. HTML 完全使用详解. 北京：人民邮电出版社，2006
17. Cay S. Horstmann，Gary Cornell. Java^2 核心技术 卷Ⅰ：基础知识. 北京：机械工业出版社，2003
18. Ryan Asiesson，Nathaniel T. Schutta. Ajax 基础教程. 北京：人民邮电出版社，2006

读者意见反馈

亲爱的读者：

  感谢您一直以来对清华版计算机教材的支持和爱护。为了今后为您提供更优秀的教材，请您抽出宝贵的时间来填写下面的意见反馈表，以便我们更好地对本教材做进一步改进。同时如果您在使用本教材的过程中遇到了什么问题，或者有什么好的建议，也请您来信告诉我们。

地　址：北京市海淀区双清路学研大厦 A 座 602 室　计算机与信息分社营销室　收
邮　编：100084　　　　　　　　　　　电子邮箱：jsjjc@tup.tsinghua.edu.cn
电　话：010-62770175-4608/4409　　　邮购电话：010-62786544

教材名称：JavaScript 程序设计
ISBN 978-7-302-14829-6

个人资料
姓名：_____　年龄：_____　所在院校/专业：_____
文化程度：_____　通信地址：_____
联系电话：_____　电子信箱：_____

您使用本书是作为：□指定教材 □选用教材 □辅导教材 □自学教材

您对本书封面设计的满意度：
□很满意 □满意 □一般 □不满意　改进建议_____

您对本书印刷质量的满意度：
□很满意 □满意 □一般 □不满意　改进建议_____

您对本书的总体满意度：
从语言质量角度看　□很满意 □满意 □一般 □不满意
从科技含量角度看　□很满意 □满意 □一般 □不满意

本书最令您满意的是：
□指导明确 □内容充实 □讲解详尽 □实例丰富

您认为本书在哪些地方应进行修改？（可附页）
_____
_____

您希望本书在哪些方面进行改进？（可附页）
_____
_____

电子教案支持

敬爱的教师：

  为了配合本课程的教学需要，本教材配有配套的电子教案（素材），有需求的教师可以与我们联系，我们将向使用本教材进行教学的教师免费赠送电子教案（素材），希望有助于教学活动的开展。相关信息请拨打电话 010-62776969 或发送电子邮件至 jsjjc@tup.tsinghua.edu.cn 咨询，也可以到清华大学出版社主页（http://www.tup.com.cn 或 http://www.tup.tsinghua.edu.cn）上查询。

图书资源支持

感谢您一直以来对清华版图书的支持和爱护。为了配合本书的使用,本书提供配套的素材,有需求的用户请到清华大学出版社主页(http://www.tup.com.cn)上查询和下载,也可以拨打电话或发送电子邮件咨询。

如果您在使用本书的过程中遇到了什么问题,或者有相关图书出版计划,也请您发邮件告诉我们,以便我们更好地为您服务。

我们的联系方式:

地　　址:北京海淀区双清路学研大厦A座707
邮　　编:100084
电　　话:010-62770175-4604
资源下载:http://www.tup.com.cn
电子邮件:weijj@tup.tsinghua.edu.cn
QQ:883604(请写明您的单位和姓名)

用微信扫一扫右边的二维码,即可关注清华大学出版社公众号"书圈"。

扫一扫
资源下载、样书申请
新书推荐、技术交流